5G网络规划设计技术丛书　　　　华信咨询设计研究院专家团队

面向5G-Advanced 的关键技术

张建国　周海骄　杨东来　李　伟　曹懿军　芮　杰　何华伟◎编著

人民邮电出版社
北　京

图书在版编目（ＣＩＰ）数据

面向5G-Advanced的关键技术 / 张建国等编著. --
北京 : 人民邮电出版社，2024.3
（5G网络规划设计技术丛书）
ISBN 978-7-115-63353-8

Ⅰ. ①面… Ⅱ. ①张… Ⅲ. ①第五代移动通信系统—
通信技术 Ⅳ. ①TN929.538

中国国家版本馆CIP数据核字(2023)第244410号

内 容 提 要

本书首先简要介绍了移动通信发展历程，使读者对通信标准有个初步的认识。其次，本书介绍了 Rel-15 物理层，包括 NR-RAN 架构、物理层设计要点和帧结构，为读者后续章节的学习打下基础。再次，本书重点分析了 Rel-16/Rel-17 的 NR-V2X、5G NTN 和 5G 定位等关键技术，尤其是详细解读了 C-V2X 技术演进、C-V2X 的特点及应用，NR-V2X 直连通信技术，NR-V2X 频谱和信道安排，NR-V2X 直连通信物理层、物理层设计及资源分配过程、NR-V2X 容量能力、覆盖能力、C-V2X 直连通信安全机制、5G 定位技术分类、5G 蜂窝定位的需求和基本原理、5G 网络辅助的 GNSS 定位、5G DL-TDoA 定位和 5G UL-TDoA 定位。最后，本书对 5G 专网关键技术和 5G RedCap 涉及的关键技术进行了详细论述，同时展望了未来 5G-Advanced 技术的发展。

本书不仅适合从事 5G 移动通信网络规划、设计、优化和网络维护的工程技术人员参考使用，还适合通信设备研发企业、智能网联汽车和卫星通信研发企业的相关技术人员使用，也可以供高等院校移动通信相关专业的师生参考。

♦ 编　　著　张建国　周海骄　杨东来　李　伟
　　　　　　曹懿军　芮　杰　何华伟
　　责任编辑　刘亚珍
　　责任印制　马振武

♦ 人民邮电出版社出版发行　　北京市丰台区成寿寺路 11 号
　　邮编　100164　电子邮件　315@ptpress.com.cn
　　网址　https://www.ptpress.com.cn
　　固安县铭成印刷有限公司印刷

♦ 开本：775×1092　1/16
　　印张：19.5　　　　　　　　2024 年 3 月第 1 版
　　字数：402 千字　　　　　　2024 年 3 月河北第 1 次印刷

定价：129.80 元

读者服务热线：(010)81055493　印装质量热线：(010)81055316
反盗版热线：(010)81055315
广告经营许可证：京东市监广登字 20170147 号

编委会

序 PREFACE

当前，第五代移动通信技术（5th Generation Mobile Communication Technology，5G）已日臻成熟，国内外各大主流电信运营商积极准备 5G 网络的演进升级。促进 5G 产业发展已经成为国家战略，我国政府连续出台相关文件，加快推进 5G 商用，加速 5G 网络建设进程。5G 和人工智能、大数据、物联网及云计算等的协同融合成为信息化新时代的引擎，为消费互联网向纵深发展注入后劲，为工业互联网的兴起提供新动能。

作为信息社会通用基础设施，当前国内 5G 产业建设和发展如火如荼。在网络建设方面，5G 带来的新变化、新问题需要不断探索和实践，尽快找出解决办法。在此背景下，在工程技术应用领域，亟须加强针对 5G 网络技术、网络规划和设计等方面的研究，为 5G 大规模建设做好技术支持。"九层之台，起于累土"，规划建设是网络发展之本。为抓住机遇，迎接挑战，做好 5G 建设工作，华信咨询设计研究院有限公司组织编写了相关丛书，为 5G 网络规划建设提供参考和借鉴。

作者团队长期跟踪移动通信技术的发展和演进，多年从事移动通信网络规划设计工作，已出版有关 3G、4G 网络规划、设计和优化的图书，也见证了 5G 移动通信标准诞生、萌芽、发展、应用的历程，参与了 5G 试验网的规划设计，积累了 5G 技术和工程建设方面的丰富经验。本丛书有助于工程设计人员更深入地了解 5G 网络，更好地进行 5G 网络规划和工程建设。

中国工程院院士

郭龙龙

前言 PREFACE

工业和信息化部在 2018 年 12 月向中国电信、中国移动、中国联通发放了 5G 试验网频率许可，在 2019 年 6 月 6 日向中国电信、中国移动、中国联通、中国广电发放了 5G 商用牌照，我国正式进入了 5G 商用元年。目前，我国已建成全球规模最大、技术最先进的 5G 网络。根据工业和信息化部发布的数据，截至 2023 年年底，我国累计建成开通 5G 基站 337.7 万个，5G 移动电话用户达 8.05 亿户，5G 行业虚拟专网超 2.9 万个，5G 标准必要专利声明数量全球占比达 42%。5G 应用已广泛融入 97 个国民经济大类中的 71 个。5G 应用在工业、矿业、电力、港口、医疗等行业深入推广。随着用户对移动通信服务需求的不断增长和通信技术的不断发展，5G 网络的应用场景不断扩大，泛在覆盖、万物互联已经逐渐成为 5G 演进（5G-Advanced）网络乃至未来 6G 网络所需具备的基本能力。

3GPP Rel-15 作为第一个版本的 5G 标准，满足部分 5G 需求，在 2019 年冻结，Rel-16 完成第二版本 5G 标准，满足国际电信联盟（International Telecommunications Union，ITU）所有国际移动通信系统 -2020（International Mobile Telecommunications 2020，IMT-2020）（5G）需求，在 2020 年 7 月 3 日冻结；2022 年 6 月 9 日，Rel-17 版本冻结。Rel-16/Rel-17 版本引入了一些新的特征，例如，新空口车联万物（New Radio-Vehicle to Everything，NR-V2X）技术、5G 非地面网络（Non-Terrestrial Network，NTN）技术、5G 定位技术、5G 专网、5G 降低能力（Reduced Capability，RedCap）（RedCap 也称为轻量化 5G）技术等，本书以 3GPP Rel-17 协议为主，结合作者多年对物理层的深入理解，详细地阐述了 NR-V2X 技术、5G NTN 技术、5G 定位技术、5G 专网、5G RedCap 技术，以便读者快速掌握 Rel-16/Rel-17 的新特征，为 5G 的规划、设计、优化、应用和研发提供理论支撑。

本书第 1 章是移动通信系统发展历程，主要介绍 2G、3G、4G、5G 的发展历程。第 2 章是 NR Rel-15 物理层简介，介绍了下一代无线接入网（Next Generation-Radio Access Network，NG-RAN）架构、NR 物理层设计要点、NR 帧结构。第 3 章是 NR-V2X 技术，主要说明了蜂窝车联网（Cellular Vehicle-to-Everything，C-V2X）技术标准演进、特点及应用，NR-V2X 直连通信简介、频谱和信道安排、物理层、物理层设计、资源分配过程，NR-V2X 的容量和覆盖能力，直连通信的安全机制。第 4 章是 5G NTN 技术，重点阐述了 NTN 简介，NTN 系统架构和部署场景，NTN 对 NR 规范的潜在影响，NTN 时频同步和定时关系增强，NTN 移动性管理，面向 Rel-18 和 6G 的 NTN 技术演进。第 5 章是 5G 定位技术，主要介绍了无线定位技术分类，5G 蜂窝网定位需求和原理，5G 网络辅助的全球导航卫星系统（Global Navigation Satellite System，GNSS）定位，5G 下行到达时间差（Down Link-Time Difference of Arrival，DL-TDoA）定位和上行到达时间差（Up Link-Time Difference of Arrival，UL-TDoA）定位。第 6 章是 5G 专网，重点描述了 5G 专网发展情况、关键技术和 5G 专网部署模式。第 7 章是 5G RedCap 技术，重点描述了 5G RedCap 简介，RedCap 关键技术，RedCap 用户设备（User Equipment，UE）的定义、接入和部分带宽（Band Width Part，BWP）选择。

本书在提供 Rel-16/Rel-17 新特征的同时，更重要的是，本书提供了学习 3GPP 协议的方法。读者可以单独阅读本书，也可以和 3GPP 协议同时阅读，读者在掌握了本书提供的学习方法后，如果 3GPP 协议有更新，则能快速学习和掌握 3GPP 后续版本引入的新功能和新特征。

在本书编写过程中，得到了华信咨询设计研究院有限公司朱东照、万俊青、于江涛、李虓江、彭宇、张守国等同事大力支持，在此表示感谢。

衷心感谢北京通信传媒有限责任公司对本书编辑出版工作的大力支持！

由于作者水平有限，加上 5G NR 技术标准与设备也在不断研发和完善中，书中难免存在疏漏和错误之处，敬请各位读者和专家批评指正。

张建国
2024 年 1 月于杭州

目录 CONTENTS

第1章　移动通信发展历程

1.1　2G的发展历程 / 2

1.2　3G的发展历程 / 5

1.3　4G的发展历程 / 10

1.4　5G的发展历程 / 13

1.5　本章小结 / 20

参考文献 / 21

第2章　NR Rel-15物理层简介

2.1　NR-RAN架构 / 24

2.2　NR物理层设计要点 / 30

2.3　NR帧结构 / 37

　　2.3.1　参数集（numerology） / 37

2.3.2　帧、时隙和OFDM符号 / 38

2.4　本章小结 / 43

参考文献 / 44

第3章　NR-V2X技术

3.1　C-V2X技术标准演进 / 46

　　3.1.1　车联网通信需求、挑战与

　　　　　技术标准 / 46

　　3.1.2　C-V2X关键技术 / 49

　　3.1.3　C-V2X技术标准演进 / 51

3.2　C-V2X的特点及应用 / 53

3.3　NR-V2X直连通信简介 / 56

　　3.3.1　直连通信的整体架构 / 56

3.3.2　直连通信的无线协议结构 / 60

3.3.3　逻辑信道、传输信道和物理

　　　　信道 / 64

3.4　NR-V2X频谱和信道安排 / 66

　　3.4.1　NR-V2X工作频段 / 66

　　3.4.2　NR-V2X信道带宽 / 69

　　3.4.3　NR-V2X信道安排 / 72

3.5　NR-V2X直连通信的物理层 / 77

3.5.1 波形和参数 / 77

3.5.2 时频资源 / 78

3.5.3 物理信道和信号结构 / 85

3.6 NR-V2X直连通信的物理层
设计 / 88

  3.6.1 直连通信HARQ（混合自动
重传请求）/ 88

  3.6.2 直连通信的功率控制 / 89

  3.6.3 直连通信CSI的测量和
反馈 / 89

  3.6.4 直连通信的同步过程 / 90

3.7 NR-V2X直连通信的资源分配
过程 / 95

  3.7.1 NG-RAN调度资源分配
过程 / 95

  3.7.2 UE自主资源选择分配 / 97

3.8 NR-V2X的容量能力 / 99

  3.8.1 PC5接口的峰值速率分析 / 99

3.8.2 NR-Uu接口的峰值速率
分析 / 105

3.8.3 PC5接口承载的用户数
分析 / 106

3.8.4 NR-Uu接口承载的用户数
分析 / 108

3.9 NR-V2X的覆盖能力 / 110

  3.9.1 PC5接口的覆盖能力 / 110

  3.9.2 NR-Uu接口的覆盖能力 / 115

  3.9.3 NR-V2X覆盖规划建议 / 118

3.10 C-V2X直连通信安全机制 / 119

  3.10.1 C-V2X车联网系统的安全
风险 / 119

  3.10.2 C-V2X车联网系统安全
需求 / 121

  3.10.3 C-V2X直连通信安全机制 / 122

3.11 本章小结 / 126

参考文献 / 126

第4章 5G非地面网络技术

4.1 5G NTN简介 / 130

  4.1.1 NTN的应用场景 / 130

  4.1.2 NTN的系统挑战 / 133

4.2 5G NTN系统架构 / 135

  4.2.1 5G NTN网络组成与
架构 / 135

  4.2.2 基于NTN的NG-RAN
架构 / 140

4.3 5G NTN部署场景 / 147

  4.3.1 NTN的参考场景 / 148

4.3.2 传播时延和多普勒频移
特征 / 149

4.4 NTN对NR规范的潜在影响 / 151

  4.4.1 NTN网络面临的约束 / 152

  4.4.2 NTN对5G NR规范的潜在
影响 / 154

  4.4.3 NTN对5G NR随机接入的
影响分析 / 157

  4.4.4 NTN对5G NR解调参考
信号的影响分析 / 160

4.5　5G NTN时频同步和定时关系
　　　增强 / 162
　　4.5.1　时频同步补偿 / 163
　　4.5.2　定时关系增强 / 167
　　4.5.3　随机接入过程 / 169
　　4.5.4　HARQ重传 / 174
4.6　5G NTN移动性管理 / 175
　　4.6.1　连接态的移动性管理 / 176
　　4.6.2　连接态的测量管理 / 190
　　4.6.3　寻呼和空闲态的管理 / 195

4.7　面向Rel-18和6G的NTN技术
　　　演进 / 200
　　4.7.1　3GPP Rel-17 NTN技术演进
　　　　　的需求 / 200
　　4.7.2　3GPP Rel-18 NTN主要关键
　　　　　技术 / 201
　　4.7.3　面向6G的NTN技术演进 / 203
4.8　本章小结 / 204
参考文献 / 205

第5章　5G定位技术

5.1　无线定位技术分类 / 208
　　5.1.1　卫星定位 / 208
　　5.1.2　蜂窝网定位 / 210
　　5.1.3　无线局域网定位 / 211
　　5.1.4　其他定位技术 / 211
5.2　5G蜂窝网定位需求和原理 / 213
　　5.2.1　5G定位服务的性能需求 / 213
　　5.2.2　5G蜂窝网定位系统架构 / 214
　　5.2.3　5G蜂窝网定位方法 / 218
　　5.2.4　5G蜂窝网定位技术 / 221
　　5.2.5　5G蜂窝网定位误差分析 / 225
5.3　5G网络辅助的GNSS定位 / 227

　　5.3.1　5G网络辅助的GNSS定位
　　　　　原理 / 227
　　5.3.2　UE辅助的GNSS定位精度
　　　　　分析 / 228
　　5.3.3　5G无线网络负荷分析 / 230
5.4　5G DL-TDoA定位 / 231
　　5.4.1　PRS的结构和配置原则 / 231
　　5.4.2　DL-TDoA定位性能分析 / 236
5.5　5G UL-TDoA定位 / 239
5.6　本章小结 / 241
参考文献 / 241

第6章　5G专网

6.1　5G专网发展情况 / 244
　　6.1.1　5G产业发展概述 / 244
　　6.1.2　中国5G专网发展情况 / 247

6.2　关键技术 / 248
　　6.2.1　QoS优先级 / 248
　　6.2.2　网络切片 / 252

6.2.3 定制数据网络名称 / 256

6.2.4 多接入边缘计算 / 257

6.2.5 本地分流 / 258

6.2.6 专网安全保障 / 260

6.2.7 安全管控 / 264

6.3 5G专网部署模式 / 267

6.3.1 总体部署原则 / 267

6.3.2 5G专网典型业务场景
需求 / 267

6.3.3 5G专网部署模式 / 268

6.4 展望 / 271

6.5 本章小结 / 272

参考文献 / 272

第7章 5G RedCap技术

7.1 5G RedCap简介 / 274

7.1.1 标准化研究进展 / 274

7.1.2 RedCap典型应用场景和
需求 / 275

7.2 5G RedCap关键技术 / 278

7.2.1 RedCap UE特性差异 / 279

7.2.2 RedCap UE复杂度减少的
技术 / 281

7.2.3 RedCap UE节能技术 / 286

7.2.4 RedCap UE覆盖增强技术 / 288

7.3 5G RedCap UE的定义、接入和
BWP选择 / 291

7.3.1 RedCap UE的定义 / 291

7.3.2 RedCap UE的识别 / 292

7.3.3 专属初始下行BWP / 295

7.3.4 专属初始上行BWP / 297

7.4 本章小结 / 298

参考文献 / 298

移动通信发展历程

chapter 1

第1章

通信系统包括通信网络和用户设备两大部分。其中，通信网络由交换机等设备组成，通信网络还包括传输设备、接入网等；用户设备通常被称为用户终端，用户利用用户终端获得通信网络服务。根据用户终端的不同，通信系统分为固定通信系统和移动通信系统两种。其中，固定通信系统中用户终端的位置是固定的；移动通信系统中用户终端的位置是可移动的。

移动通信系统中的用户终端利用无线电波来传递信息，帮助人们摆脱了电话线的束缚，用户可以行动自如，大大拓展了活动空间。1979 年美国出现了模拟移动通信系统，模拟移动通信系统是第 1 代移动通信系统，简称 1G（Generation）。模拟移动通信系统基本实现了移动用户之间的通信，具有划时代的意义。但是模拟移动通信在功能上有安全保密性差、系统容量小、终端功能弱等明显缺点。于是人们开始研究新的移动通信系统——数字移动通信系统，数字移动通信系统经历了第 2 代、第 3 代、第 4 代，目前，正在部署的是第 5 代移动通信系统。

●● 1.1　2G 的发展历程

第 2 代移动通信系统简称 2G，欧洲在 20 世纪 90 年代初完成了全球移动通信系统（Global System for Mobile communications，GSM）标准并成功实施，美国在同期发展了窄带码分多址（Code Division Multiple Access，CDMA）（空中接口是 IS-95A）。第 2 代移动通信系统比较完美地解决了移动中的语音通信需求并提供了一些数据业务。

GSM 的原意是"移动通信特别小组"，而随着设备的开发和数字蜂窝移动通信网的建立，GSM 逐步成为泛欧数字蜂窝移动通信系统的代名词。欧洲的专家特意将 GSM 重新命名为"Global System for Mobile communications"，使之成为"全球移动通信系统"的简称。

GSM 的相关工作由欧洲电信标准化协会（European Telecommunications Standards Institute，ETSI）承担，在评估了 20 世纪 80 年代中期提出的基于时分多址（Time Division Multiple Access，TDMA）、CDMA 和频分多址（Frequency Division Multiple Access，FDMA）提案之后，最终确定 GSM 标准的制定基于 TDMA 技术。GSM 是一种典型的开放式结构，具有以下主要特点。

① GSM 系统由几个分系统组成，各分系统之间定义了明确且详细的标准化接口方案，保证任何厂商提供的 GSM 系统设备可以互联。同时，GSM 系统与各种公用通信网之间详细定义了标准接口规范，使 GSM 系统可以与各种公用通信网实现互联互通。

② GSM 系统除了可以承载基本的语音业务，还可以承载数据业务。

③ GSM 系统采用 FDMA/TDMA 及跳频的复用方式，频率重复利用率较高，同时其具有灵活方便的组网结构，可以满足用户的不同容量需求。

④ GSM 系统的抗干扰能力较强，系统的通信质量较高。

20 世纪 90 年代中后期，GSM 引入了通用分组无线业务（General Packet Radio Service，GPRS），实现了分组数据在蜂窝系统中的传输，GPRS 采用与 GSM 相同的高斯最小频移键控（Gaussian Minimum frequency-Shift Keying，GMSK）调制方式，GPRS 通常被称为 2.5G。

GSM 的增强被称为 GSM 演进的增强型数据速率（Enhanced Data Rate for GSM Evolution，EDGE），通常称为 2.75G。EDGE 通过在 GSM 系统内引入更为先进的无线接口来获得更高的数据速率，包括高阶调制 8 相移键控（8 Phase Shift Keying，8PSK）、链路自适应等，既包括电路交换型业务，也包括 GPRS 分组交换型业务。

3GPP 组织成立之后，GSM/EDGE 的标准化工作由 ETSI 转移到 3GPP，其无线接入部分称为 GSM/EDGE 无线接入网络（GSM/EDGE Radio Access Network，GERAN）。

演进的 GERAN 复用了现有的网络架构，并对基站收发信机（Base Transceiver Station，BTS）、基站控制器（Base Station Controller，BSC）和核心网络硬件的影响降为最小，同时在频率规划和遗留终端共存方面实现与现有 GSM/EDGE 的后向兼容。演进的 GERAN 还具有一系列其他性能目标，包括改进频谱效率、提高峰值数据速率、改善网络覆盖、改善业务可行性以及降低传输时延等。所考虑的演进技术包括双天线终端、多载波 EDGE、减小的传输时间间隔（Transmission Time Interval，TTI）和快速反馈、改进的调制和编码机制、更高的符号速率等。

GSM/EDGE 的网络结构如图 1-1 所示。基站子系统（Base Station Subsystem，BSS）包括 BTS 和 BSC。其中，BTS 主要负责无线传输，通过空中接口 Um 与移动台（Mobile Station，MS）相连，通过 Abis 接口（BTS 与 BSC 之间的接口）与 BSC 相连。BSC 主要负责控制和管理，通过 BTS 和 MS 的远端命令管理所有的无线接口，主要进行无线信道的分配、释放以及越区切换的管理等，BSC 是 BSS 中的一款交换设备；同时，BSC 通过 A 接口及网络与交换子系统（Network and Switch Subsystem，NSS）相连，提供语音业务等功能，通过 Gb（SGSN 与 BSC 之间的接口）接口与 GPRS 核心网相连，提供分组数据业务功能。

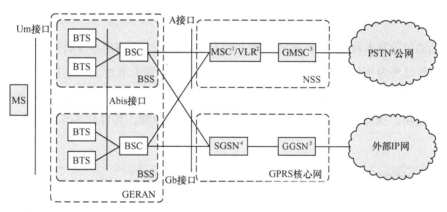

1. MSC（Mobile Switching Center，移动交换中心）。
2. VLR（Visiter Location Register，漫游位置寄存器）。
3. GMSC（Gateway MSC，关口移动交换中心）。
4. SGSN（Serving GPRS Support Node，GPRS 服务支持节点）。
5. GGSN（Gateway GPRS Support Node，GPRS 网关支持节点）。
6. PSTN（Public Switched Telephone Network，公用电话交换网）。

图1-1　GSM/EDGE的网络结构

窄带 CDMA 空中接口规范由美国电信产业协会（Telecommunication Industry Association，TIA）制定。TIA 于 1993 年完成了窄带 CDMA 空中接口规范 IS-95A 的制定工作，1995 年最终定案。1997 年 TIA 在 IS-95A 规范基础上完成了 IS-95B 规范，增加了 64kbit/s 的传输能力。

需要说明的是，IS-95A 和 IS-95B 是窄带 CDMA 的空中接口标准。

CDMA 的网络结构如图 1-2 所示，与 GSM 的网络结构相似。CDMA 系统主要由网络与交换子系统（NSS）、基站子系统（BSS）和移动台（MS）三大部分组成。NSS 具有 CDMA 系统的交换功能和用于用户数据与移动性管理、安全性管理所需的数据库功能；BSS 由 BTS 和 BSC 组成；MS 定义为移动台（终端）。

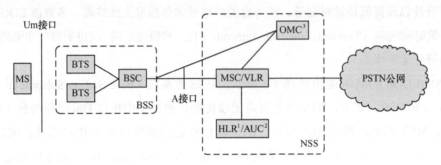

1. HLR（Home Location Register，归属位置寄存器）。
2. AUC（Authentication Center，鉴权中心）。
3. OMC（Operation Maintenance Center，操作维护中心）。

图1-2　CDMA的网络结构

CDMA 空中接口的关键技术包括扩频技术、功率控制技术、分集接收技术和切换等。

1. 扩频技术

扩频通信的基本特点是其传输信息所用信号的带宽远大于信息本身的带宽，在 CDMA 系统，信号速率为 9600bit/s，而带宽达到了 1.23MHz，带宽是信号速率的 100 多倍，因此，该系统可以降低对接收机信噪比的要求，这样做可以使系统的抗干扰性变强、误码率变低、易于同频使用、提高了无线频谱利用率、抗多径干扰性增强，其自身具有加密功能、保密性增强。

2. 功率控制技术

CDMA 系统中各个设备使用的频率相同，形成系统内部的互相干扰，为了减少距离基站近的终端对距离基站远的终端的干扰，CDMA 系统中需要调整终端的发射功率，使各个终端到达基站的功率基本相同，这就需要功率控制。终端功率控制有开环功率控制和闭环功率控制两种。其中，开环功率控制只涉及终端；闭环功率控制需要基站和终端共同参与。闭环功率控制又进一步可细分为内环功率控制和外环功率控制。

3. 分集接收技术

为了对抗信号衰落，CDMA 使用多种分集技术，包括频率分集、空间分集和时间分集。其中，时间分集也就是通常所说的 Rake（耙子）接收，即同时使用多个解调解扩器（Finger）对接收信号进行解调解扩，然后将结果合并，从而达到提高信噪比、降低干扰的目的。

4. 切换

CDMA 系统支持多种切换方式，包括同一个载频间的软切换和更软切换，以及不同载频间的硬切换。软切换和更软切换是 CDMA 系统特有的切换方式。其中，软切换的定义是终端在切换时同时和相邻的几个基站保持联系；更软切换的定义是终端在同一个基站的几个扇区内切换。软切换和更软切换二者建立在 Rake 接收的基础上，具有切换成功率高，成功避免了"乒乓效应"等优点。

●●1.2 3G 的发展历程

第 3 代（3G）移动通信系统的研究工作起步于 1990 年年初，1996 年国际电信联盟（International Telecommunications Union，ITU）命名第 3 代移动通信系统为国际移动通信系统 -2000（IMT-2000），这个命名包含 3 层含义：系统工作在 2000MHz 频段、最高业务速率可达 2000kbit/s、预期在 2000 年左右得到商用。

IMT-2000 最主要的工作是确定第 3 代移动通信系统的空中接口，1999 年最终确定在第 3 代移动通信系统中使用 5 种技术方案。其中，宽带码分多址（Wideband Code Division Multiple Access，WCDMA）、CDMA2000、时分同步码分多址（Time Division-Synchronous Code Division Multiple Access，TD-SCDMA）三大流派采用 CDMA 技术，是 3G 使用的主流技术，WCDMA 和 TD-SCDMA 由 3GPP 组织制定，CDMA2000 由 3GPP2 组织制定。单载波时分多路访问（Single Carrier-Time Division Multiple Access，SC-TDMA）和多载波时分多路访问（Multi-Carrier-Time Division Multiple Access，MC-TDMA）采用了时分多路访问（Time Division Multiple Access，TDMA）技术。因为 SC-TDMA 和 MC-TDMA 与我国并没有多大关系，本书集中讨论 CDMA 技术。

IMT-2000 定义的第 3 代移动系统的需求主要包括以下内容。

① 最高可达 2Mbit/s 的比特速率。

② 根据不同的带宽需求支持可变比特速率。

③ 支持不同服务质量要求的业务，例如，语音、视频和分组数据复用到一条单一的连接中。

④ 时延要求涵盖了从时延敏感型的实时业务到比较灵活的尽力而为型的分组数据。

⑤ 质量要求涵盖从 10% 的误帧率到 10^{-6} 的误比特率。

⑥ 具有与 2G 系统共存及支持为了增加覆盖范围和负载均衡，可在两种系统之间进行切换的功能。

⑦ 支持上下行链路业务不对称的服务。

⑧ 支持频分双工（Frequency Division Duplex，FDD）、时分双工（Time Division Duplex，TDD）两种模式的共存。

日本和欧洲分别于 1997 年和 1998 年选择了 WCDMA 空中接口技术。全球 WCDMA 技术规范活动归并为 3GPP 的目的是，在 1999 年年底制定首套技术规范，史称 Release99。WCDMA 的无线接入方式称为通用移动通信系统（Universal Mobile Telecommunications System，UMTS）陆地无线接入网（UMTS Terrestrial Radio Access Network，UTRAN）。UTRAN 是 UMTS 中最重要的无线接入方式，使用范围最广。

UTRAN 的网络结构如图 1-3 所示。UTRAN 包含一个或多个无线网络子系统（Radio Network Subsystem，RNS），RNS 是 UTRAN 内的一个子网，它包括一个无线网络控制器（Radio Network Controller，RNC）、一个或多个 NodeB，RNC 通过 Iur 接口彼此互联，而 RNC 和 NodeB 通过 Iub 接口相连。RNC 负责控制无线资源的网元。其逻辑功能相当于 GSM 的 BSC，RNC 通过 Iu CS 接口连接到电路交换（Circuit Switched，CS）域的移动业务交换中心（Mobile Switching Centre，MSC），通过 Iu PS 连接到分组交换（Packet Switched，PS）域的服务通用分组无线服务支撑节点（Serving General Packet Radio Service Support Node，SGSN）。NodeB 的主要功能是进行空中接口物理层的处理，例如，信道编码和交织、速率匹配、扩频等，它也执行一些基本的无线资源管理工作，例如，内环功率控制，从逻辑上讲，NodeB 对应的是 GSM 基站。

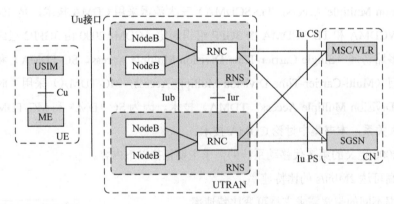

1. CN（Core Network，核心网）。

图1-3　UTRAN的网络结构

WCDMA 空中接口的主要特征包括以下 7 项。

① WCDMA 是一个宽带直接序列码分多址（Direct Sequence-Code Division Multiple

Access，DS-CDMA）系统，即通过将用户数据与由 CDMA 扩频码产生的伪随机比特（称为"码片"）相乘，从而把用户信息比特扩展到较宽的带宽上去。

② 使用 3.84Mchip/s 的码片速率需要大约 5MHz 的载波带宽，WCDMA 固有的宽载波带宽使其能支持高用户数据速率以及支持多径分集增强。

③ WCDMA 支持两种基本的工作模式：FDD 和 TDD。其中，在 FDD 模式下，上行链路和下行链路分别使用单独的 5MHz 的载波；在 TDD 模式下，只使用一个 5MHz 的载波，在上下行链路之间分时共享。

④ WCDMA 支持异步基站工作模式，不需要使用一个全局的时间基准。因为不需要接收全球定位系统（Global Positioning System，GPS）信号，所以室内小区和微小区的部署就变得简单了。

⑤ WCDMA 在设计上要与 GSM 协同工作，因此，WCDMA 支持与 GSM 之间切换。

⑥ 由于信号带宽较宽，存在复杂的多径衰落信号，所以 WCDMA 使用快速功率控制和 Rake 接收机在内的分集接收能力存在缓解信号功率衰落的问题。

⑦ WCDMA 支持软切换和更软切换，可以有效地减轻远近效应造成的干扰。

Release99 版本刚完成，其负责部门相关人员的工作就开始集中到对 Release99 做必要的修改和确定一些新特性上。由于版本的命名方式有所调整，2001 年 3 月发布的版本称为 Rel-4，Rel-4 只对 Release99 版本做了细微的调整。Rel-5 版本则有较多的补充，包括高速下行分组接入（High Speed Downlink Packet Access，HSDPA）和基于 IP 的传输层，Rel-6 版本中引入了高速上行分组接入（High Speed Uplink Packet Access，HSUPA）和多媒体多播广播业务（Multimedia Broadcast Multicast Service，MBMS）。Rel-5 和 Rel-6 版本对移动带宽接入定义了基准要求，而在 Rel-7、Rel-8 和 Rel-9 版本中，高速分组接入（High Speed Packet Access，HSPA）的能力在演进中提升了，并且在 Rel-10 和 Rel-11 版本中继续有所发展。

WCDMA 版本演进的一个显著特征是通过高阶调制方式、多载波技术和多输入多输出（Multiple Input Multiple Output，MIMO）技术，实现了更高的峰值速率。Rel-6 版本中的峰值比特速率下行链路为 14Mbit/s，上行链路为 5.76Mbit/s。随着双小区高速分组接入技术（Dual Cell-High Speed Packet Access，DC-HSPA）、3 载波和 4 载波的使用，加之更高阶调制方案的实施（下行链路为 64QAM，上行链路为 16QAM）和多天线解决方案（即 MIMO 技术），下行链路和上行链路的数据速率都有明显提升。Rel-9 版本中的峰值比特速率下行链路为 84Mbit/s，上行链路为 24Mbit/s。HSPA 极限峰值速率的演进路线如图 1-4 所示，同时，图 1-4 中给出了达到极限峰值速率的条件。

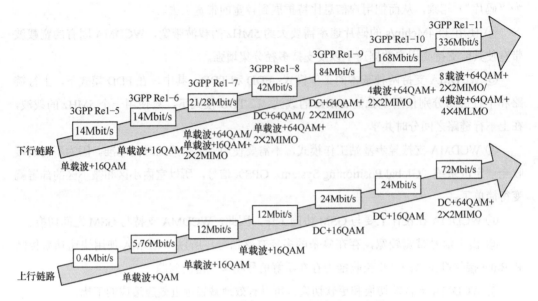

图1-4　HSPA极限峰值速率的演进路线

TD-SCDMA 的技术细节由 3GPP 完成，1999 年 12 月，3GPP RAN 第 7 次全会上正式确定了 TD-SCDMA 和 UTRA TDD 标准的融合原则。在 2001 年 3 月的 3GPP RAN 第 11 次全会上，TD-SCDMA 被正式列入 3GPP 关于第 3 代移动通信系统的技术规范，包含在 3GPP Rel-4 版本中。TD-SCDMA 的行业标准由中国通信标准化协会（China Communications Standards Association，CCSA）的第 5 技术委员会（TC5）制定，包括系统体系、空中接口和网元接口的详细技术规范，并由原信息产业部（现为工业和信息化部）在 2006 年 1 月 20 日正式颁布。

除了采用 TDD 而非 FDD 双工方式，TD-SCDMA 与 WCDMA/HSPA 的主要差别在于低码片速率（1.28Mchip/s），及由此导致的大约 1.6MHz 载波带宽，以及可选的高阶调制方式（8PSK）和不同的 5ms 时隙帧结构。

TD-SCDMA 反映到 3GPP 标准中的一些功能包括以下两项具体内容。

① 多频点操作

在此模式下，单小区可支持多个 1.28Mchip/s 的载波。只在主载波频点上发送广播信道（Broadcast CHannel，BCH）以便降低小区间的干扰，主频点上的载波包含所有公共信道，而业务信道既可以在主载波上传输，也可以在辅载波上传输，各终端只能在单个 1.6MHz 载波上运行。

② 多载波 HSDPA

在采用多载波 HSDPA 的小区中，高速下行共享信道（High Speed-Downlink Shared

CHannel，HS-DSCH）可以在多于一个载波上发送给终端。

CDMA 标准经历了与 WCDMA/HSPA 类似的演进过程，在其不同的演进过程中，CDMA 标准关注的焦点从语音和电路交换型数据逐步转移到尽力而为数据和宽带数据，所采用的基本原理与 HSPA 非常类似。

CDMA2000 的演进路线如图 1-5 所示，CDMA 20001x 标准正式被 ITU 接纳为 IMT-2000 之后，为了更好地支持数据业务而启动了两条并行的演进路线：第一条称为演进－只支持数据（EVolution-Data Only，EV-DO）继续作为演进主线，也称为高速分组数据（High Rate Packet Data，HRPD）；另一条并行路线为演进－集成数据与语音（EVolution-Data and Voice，EV-DV），以便在同一载波上同时支持数据和电路交换业务。需要注意的是，现在 EV-DV 已经不再继续演进。

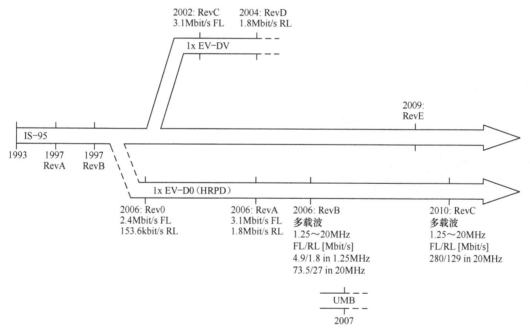

图1-5 CDMA2000的演进路线

图 1-5 还展示了超移动宽带（Ultra Mobile Broadband，UMB），一个基于正交频分复用（Orthogonal Frequency Division Multiplexing，OFDM）的标准，包括支持多天线传输和最高达 20MHz 的信道带宽等。它与长期演进（Long Term Evolution，LTE）所采用的技术和功能类似。其中，一个主要区别在于 UMB 在上行链路上使用 OFDM，而 LTE 采用单载波调制，UMB 不支持 CDMA2000 的后向兼容。目前，UMB 虽然没有得到应用，但是来自 UMB 的一些功能，尤其是基于 OFDM 的多天线方案，已被采纳作为 EV-DO 版本 C 中相应功能的基础。

●● 1.3 4G 的发展历程

为了应对宽带接入技术的挑战，同时为了满足新型业务需求，3GPP 标准组织在 2004 年年底启动 LTE 技术（也称为 Evolved-UTRAN，E-UTRAN）和系统架构演进（System Architecture Evolution，SAE）的标准化工作。在 LTE 系统设计之初，其目标和需求就已经非常明确，4G 的相关特征参数的具体说明如下。

1. 带宽

4G 支持 1.4MHz、3MHz、5MHz、10MHz、15MHz、20MHz 的信道带宽，支持成对的频谱和非成对的频谱。

2. 用户面时延

系统在单用户、单流业务以及小 IP 包条件下，单向用户面时延小于 5ms。

3. 控制面时延

空闲态到激活态的转换时间小于 100ms。

4. 峰值速率

下行峰值速率达到 100Mbit/s（2 天线接收），上行峰值速率达到 50Mbit/s（1 天线发送），频谱效率达到 3GPP Rel-6 的 2 ~ 4 倍。

5. 移动性

在低速（0 ~ 15km/h）的情况下性能最优，高速移动（15 ~ 120km/h）的情况下，4G 仍支持较高的性能，系统在 120 ~ 350km/h 的移动速度下可用。

6. 系统覆盖

在小区半径 5km 的情况下，系统吞吐量、频谱效率和移动性等指标符合需求定义要求；在小区半径 30km 的情况下，上述指标略有降低，系统能够支持 100km 的小区覆盖。

2008 年 12 月，3GPP 组织正式发布了 LTE Rel-8 版本，它定义了 LTE 的基本功能。

在无线接入网架构方面，为了达到简化流程和缩短时延的目的，E-UTRAN 舍弃了 UTRAN 的传统 RNC/NodeB 两层结构，完全由多个 eNodeB（简称 eNB）的一层结构组成，E-UTRAN 的网络架构如图 1-6 所示。eNodeB 之间在逻辑上通过 X2 接口相互连接，也就是通常所说的 Mesh（网格）型网络，可以有效地支持 UE 在整个网络内的移动性，保证用户的无缝切换。每个 eNodeB 通过 S1 接口与移动性管理实体（Mobility Management Entity，MME）/ 服务网关（Serving GateWay，S-GW）相连接，1 个 eNodeB 可以与多个 MME/S-GW 互连。与 UTRAN 系统相比，E-UTRAN 将 NodeB 和 RNC 融合为一个网元 eNodeB，因此，系统中不再存在 Iub 接口，而 X2 接口类似于原系统中的 Iur 接口，S1 接口类似于 Iu 接口。

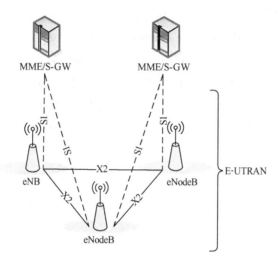

图1-6　E-UTRAN的网络架构

　　eNodeB 是在 UMTS 系统 NodeB 原有功能的基础上，增加了 RNC 的物理层、媒体接入控制（Medium Access Control，MAC）层、无线资源控制（Radio Resource Control，RRC）层，以及调度、接入控制、承载控制、移动性管理和小区间无线资源管理等功能，即 eNodeB 实现了接入网的全部功能。MME/S-GW 则可以看成一个边界节点，作为核心网的一部分，类似 UMTS 的 SGSN。

　　E-UTRAN 无线接入网的结构可以带来的好处体现在以下 3 个方面。

　　一是网络扁平化使系统时延减少，从而改善了用户体验，可使系统开展更多业务。

　　二是网元数目减少，使网络部署更简单，网络维护更容易。

　　三是取消了 RNC 的集中控制，避免单点故障，有利于提高网络的稳定性。

　　在物理层方面，LTE 系统同时定义了频分双工和时分双工两种方式。

　　LTE 下行传输方案采用传统的带循环前缀（Cylic Prefix，CP）的 OFDM，每个子载波间隔是 15kHz（MBMS 也支持 7.5kHz），下行数据主要采用 QPSK、16QAM、64QAM 这 3 种调制方式。业务信道以 Turbo 码 [1] 为基础，控制信道以卷积码为基础。MIMO 被认为是

---

1. Turbo 码是 Claude、Berrou 等人在 1993 年首次提出的一种级联码。

达到用户平均吞吐量和频谱效率要求的最佳技术，是 LTE 提高系统效率的最主要手段，下行 MIMO 天线的基本配置为：基站侧有 2 个发射天线，UE 侧有 2 个接收天线，即"2×2"的天线配置。

LTE 的上行传输方案采用带循环前缀的峰均比较低的单载波频分多路访问（Single Carrier-Frequency Division Multiple Access，SC-FDMA），使用离散傅里叶变换（Discrete Fourier Transform，DFT）获得频域信号，然后插入零符号进行扩频，扩频信号再通过反向快速傅里叶变换（Inverse Fast Fourier Transform，IFFT），这个过程也可简写为离散傅里叶变换扩频的正交频分复用（Discrete Fourier Transform Spread Orthogonal Frequency Division Multiplexing，DFT-S-OFDM）。上行调制主要采用 QPSK、16QAM、64QAM，上行信道编码与下行相同。上行单用户 MIMO 天线的基本配置为：UE 侧有 1 个发射天线，eNodeB 有 2 个接收天线，上行虚拟 MIMO 技术也被 LTE 采纳，作为提高小区边缘数据速率和系统性能的主要手段。

Rel-8 和 Rel-9 是 LTE 的基础，提供了高能力的移动宽带标准，为了满足新的需求和期望，在 Rel-8 和 Rel-9 版本的基础上，LTE 又进行了额外的增强，并增加了一些新的特征，LTE 版本的演进如图 1-7 所示。

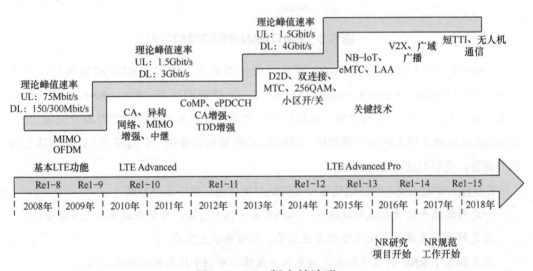

图1-7 LTE版本的演进

Rel-10 版本在 2010 年年底完成，标志着 LTE 演进的开始，Rel-10 无线接入技术完全满足 IMT-Advanced 的需求，因此，REL-10 及其后的版本也被命名为 LTE-Advanced，简称 LTE-A。Rel-10 支持的新特征包括载波聚合（Carrier Aggregation，CA）、中继（Relay）、异构网络（Heterogeneous Network，HN），同时对 MIMO 技术进行了增强。

Rel-11 版本进一步扩展了 LTE 的性能和能力，在 2012 年年底冻结，Rel-11 支持的新特征包括协作多点（Coordinated Multiple Point，CoMP）传输和接收，引入了新的控制信道，即增强物理下行控制信道（enhanced Physical Downlink Control CHannel，ePDCCH），支持跨制式（即 FDD 和 TDD）的载波聚合。

Rel-12 版本在 2014 年完成，主要聚焦在小基站（small cell）的特征，例如，双连接、小基站开/关、动态（或半动态）TDD 技术，引入了设备到设备（Device-to-Device，D2D）通信和低复杂度的机器类通信（Machine-Type Communications，MTC）。

Rel-13 版本在 2015 年冻结，标志着 LTE Advanced Pro 的开始，有时候，Rel-13 也被称为 4.5G 技术，被认为是第一个 LTE 版本和 5G NR 空口的中间技术。作为对授权频谱的补充，Rel-13 引入了授权频谱辅助接入（License-Assisted Access，LAA）以支持非授权频谱，改善了对机器类通信的支持（即 eMTC 和 NB-IoT），同时在载波聚合、多天线传输、D2D 通信等方面进行了增强。

Rel-14 版本在 2017 年完成，除了在非授权频谱等方面对前面的版本进行增强，Rel-14 支持车辆对车辆（Vehicle-to-Vehicle，V2V）通信和车辆对任何事（Vehicle-to-everything，V2X）通信，以及使用较小的子载波间隔以支持广域广播通信。

Rel-15 版本在 2018 年完成，减少时延（即短 TTI）和无人机通信是 Rel-15 具有的两个主要特征。

总之，除了传统的移动宽带用户案例，后续版本的 LTE 也在支持新的用户案例并且在未来继续演进。LTE 支持的用户案例也是 5G 的重要组成部分，LTE 支持的功能仍然是非常重要的，而且是 5G 无线接入的非常重要的组成部分。

●●1.4 5G 的发展历程

从 2012 年开始，ITU 组织全球业界开展 5G 标准化前期研究工作，2015 年 6 月，ITU 正式确定 IMT-2020 为 5G 系统的官方命名，并明确了 5G 业务趋势、应用场景和流量趋势，ITU 的 5G 标准最终在 2020 年年底发布。

5G 标准的实际制定工作由 3GPP 组织负责，3GPP 组织最早是在 2015 年 9 月美国凤凰城召开的关于 5G 的 RAN workshop 会议上提出 5G。这次会议旨在讨论并初定一个面向 ITU IMT-2020 的 3GPP 5G 标准化时间计划。根据计划，Rel-14 主要开展 5G 系统框架和关键技术研究；Rel-15 作为第一个版本的 5G 标准，满足部分 5G 需求，在 2019 年冻结；Rel-16 完成第二版本 5G 标准，满足 ITU 所有 IMT-2020 需求，在 2020 年 7 月 3 日冻结；2022 年 6 月 9 日，3GPP RAN 第 96 次会议上，宣布 Rel-17 版本冻结。至此，5G 的首批 3 个版本标准已经全部完成。从 Rel-18 开始，将视为 5G 的演进，命名为 5G Advanced，我们预计仍将会有 3 个版本。

ITU 发布的 5G 相关白皮书定义了 5G 的三大场景，分别是增强移动宽带（enhanced

Mobile BroadBand，eMBB）、超高可靠低时延通信（ultra-Reliable and Low Latency Communications，uRLLC）和海量机器类通信（massive Machine Type Communications，mMTC），ITU 定义的 5G 三大应用场景如图1-8所示。实际上，由于不同行业往往在多个关键指标上存在差异化需求，所以 5G 系统还需支持可靠性、时延、吞吐量、定位、计费、安全和可用性的定制组合。此外，5G 系统还应能够为多样化的应用场景提供差异化的安全服务，保护用户隐私并支持提供开放的安全能力。

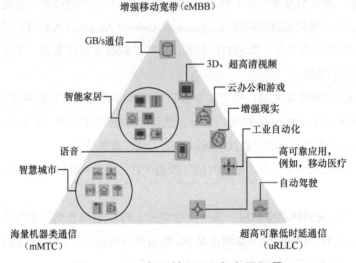

图1-8　ITU定义的5G三大应用场景

我国工业和信息化部向 ITU 输出的 5G 四大场景分别是连续广域覆盖、热点高容量、低功耗大连接和低时延高可靠。其中，连续广域覆盖和热点高容量场景对应的是 ITU 定义的 eMBB 场景，主要满足 2020 年及未来的移动互联网业务需求，也就是传统的 4G 主要技术场景；低功耗大连接和低时延高可靠性场景主要面向物联网业务，是 5G 新拓展的场景，重点解决传统移动通信网络无法很好支持的物联网和垂直行业应用。其中，低功耗大连接对应的是 ITU 定义的 mMTC 场景，低时延高可靠对应的是 ITU 定义的 uRLLC 场景。

连续广域覆盖场景是移动通信最基本的覆盖方式，以保证用户的移动性和业务连续性为目标，为用户提供无缝的高速业务体验。该场景的主要挑战在于随时随地（包括小区边缘、高速移动等恶劣场景）为用户提供 100Mbit/s 以上的用户体验速率。

热点高容量场景主要面向局部热点区域，为用户提供极高的数据传输速率，满足网络极高的流量密度需求。1Gbit/s 用户体验速率、数十 Gbit/s 峰值速率和每平方千米数十 Tbit/s 的流量密度需求是该场景面临的主要挑战。

低功耗大连接场景主要面向智慧城市、环境监测、智慧农业、森林防火等以传感和数据采集为目标的应用场景，具有小数据包、低功耗、海量连接等特点。这类终端分布范围广、数量众多，不仅要求网络具备超千亿连接的支持能力，满足每平方千米百万连接数密度指标要求，而且还要保证终端的超低功耗和超低成本。

低时延高可靠场景主要面向车联网、工业控制等垂直行业的特殊应用需求，这类应用对时延和可靠性具有极高的指标要求，需要为用户提供毫秒级的端到端时延和接近100%的业务可靠性保证。

连续广域覆盖、热点高容量、低时延高可靠和低功耗大连接4个5G典型场景具有不同的挑战性能指标，在考虑不同技术共存可能性的前提下，需要合理选择关键技术的组合来满足这些需求。

对于连续广域覆盖场景，受限于站址和频谱资源，为了满足100Mbit/s用户体验速率需求，除了需要尽可能多的低频段资源，还需要大幅提升系统的频谱效率。大规模天线阵列（massive-MIMO）是其中最主要的关键技术之一，新型多址技术可与大规模天线阵列相结合，进一步提升系统频谱效率和多用户接入能力。在网络架构方面，综合多种无线接入能力和集中的网络协同与服务质量（Quality of Service，QoS）控制技术，为用户提供稳定的体验速率保证。

对于热点高容量场景，极高的用户体验速率和极高的流量密度是该场景面临的主要挑战，超密集组网（Ultra-Density Network，UDN）能够更有效地复用频率资源，极大地提升单位面积内的频率复用效率。全频谱接入能够充分利用低频和高频的频率资源，实现更高的传输速率；大规模天线阵列、新型多址等技术与前两种技术相结合，可实现频谱效率的进一步提升。

对于低功耗大连接场景，海量的设备连接、超低的终端功耗与成本是该场景面临的主要挑战。新型多址技术通过多用户信息的叠加传输可成倍地提升系统的设备连接能力，还可以通过免调度，有效降低信令开销和终端功耗。基于滤波的正交频分复用（Filtered-Orthogonal Frequency Multiplexing，F-OFDM）和滤波器组多载波（Filter Bank MultiCarrier，FBMC）等新型多载波技术在灵活使用碎片频谱、支持窄带和小数据包、降低功耗与成本方面具有明显优势。此外，D2D通信可避免基站与终端间的长距离传输，可实现功耗的有效降低。

对于低时延高可靠场景，应尽可能降低空口传输时延、网络转发时延以及重传概率，以满足极高的时延和可靠性要求。为此，需要采用更短的帧结构和更优化的信令流程，引入支持免调度的新型多址和D2D等技术以减少信令交互和数据中转，并运用更先进的调制编码和重传机制以提升传输可靠性。此外，在网络架构方面，控制云通过优化数据传输路径，控制业务数据靠近转发云和接入云边缘，可有效降低网络传输时延。

5G四大场景的关键性能挑战和关键技术见表1-1。

表1-1 5G四大场景的关键性能挑战和关键技术

场景	关键性能挑战	关键技术
连续广域覆盖	用户体验速率：100Mbit/s	大规模天线阵列 新型多址技术
热点高容量	用户体验速率：1Gbit/s 峰值速率：数十 Gbit/s 流量密度：每平方千米数十 Tbit/s	超密集组网 全频谱接入 大规模天线阵列 新型多址技术
低功耗大连接	连接密度：$10^6/km^2$ 超低功耗，超低成本	新型多址技术 新型多载波技术 D2D 技术
低时延高可靠	空口时延：1ms 端到端时延：毫秒量级 可靠性：接近 100%	新型多址技术 D2D 技术 MEC[1]

注：1. MEC（Mobile Edge Computing，移动边缘计算）。

用户体验速率、连接数密度、端到端时延、移动性、流量密度、用户峰值速率 6 个关键性能指标的定义如下。

- 用户体验速率（bit/s）：真实网络环境下用户可获得的最低传输速率。
- 连接数密度（个 / 每平方千米）：单位面积上支持的在线设备总和。
- 端到端时延：数据包从源节点开始发送到被目的节点正确接收的时间。
- 移动性（km/h）：满足一定性能要求时，收发双方之间的最大相对移动速度。
- 流量密度（每平方千米 bit/s）：单位面积区域内的总流量。
- 用户峰值速率（bit/s）：单用户可获得的最高传输速率。

除了上述 6 个以绝对值表示的关键性能指标，5G 还有能效指标和频谱效率 2 个相对指标。5G 和 4G 关键性能指标对比见表 1-2。

表1-2 5G和4G关键性能指标对比

指标名称	流量密度	连接密度	空口时延	移动性	能效指标	用户体验速率	频谱效率	峰值速率
4G 参考值	每平方米 0.1Mbit/s	每平方千米 10 万个	10ms	350km/h	1 倍	10Mbit/s	1 倍	1Gbit/s
5G 参考值	每平方米 10Mbit/s	每平方千米 100 万个	1ms	500km/h	100 倍	0.1～1Gbit/s	3 倍	20Gbit/s
5G 相比 4G 提升	100 倍	10 倍	10 倍	43%	100 倍	10 倍	3 倍	20 倍

ITU 定义的三大场景和八大关键性能指标的关系如图 1-9 所示。

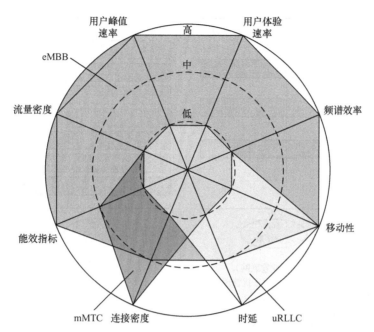

图1-9 ITU定义的三大场景和八大关键性能指标的关系

5G 的空中接口称为 New Radio，即 NR；5G 核心网称为 5G Core，即 5GC。

作为 5G 标准的第一个阶段，Rel-15 主要针对 eMBB 和部分 uRLLC 的场景，满足 5G 的商用需求，Rel-15 版本主要侧重以下 5 个重要功能。

① 在技术方面，Rel-15 最侧重的还是 eMBB 的提升，包括无线接入网最具创新性的 massive-MIMO 技术，其是实现频谱效率和容量密度目标的基础技术。

② 在频谱方面，Rel-15 引入了对 Sub-7 GHz 和毫米波的支持。

③ 在架构方面，Rel-15 支持可扩展和向前兼容。在核心网层面引入了服务化架构（Service Based Architecture，SBA）和软件定义网络（Software Defined Network，SDN）技术，首次真正实现了移动通信系统软硬件的解耦，为网络提供了更多的灵活性，同时也能更好地实现其一张物理网络满足不同场景用户需求。

④ Rel-15 还引入了对基础的 uRLLC 的支持，且 uRLLC 技术在 Rel-16、Rel-17、Rel-18 中不停地演进。

⑤ Rel-15 引入了增强型机器类通信（enhanced Machine-Type Communications，eMTC）/窄带物联网（Narrow Band Internet of Things，NB-IoT）技术支持的 mMTC。严格意义上来说，eMTC、NB-IoT 是从 4G 延续来的两项物联网技术，Rel-15 使这两项技术能够切入 5G 系统中运行。

Rel-16 在 Rel-15 的基础上，进一步完善了 uRLLC 和 mMTC 场景的标准规范，贡献了第一个 5G 完整标准，也是第一个 5G 演进标准。Rel-16 增加的新特征如图 1-10 所示。

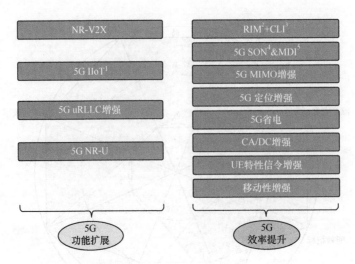

1. IIoT（Industrial Internet of Things，工业物联网）。
2. RIM（Remote Internet Management，远程干扰管理）。
3. CLI（Cross Link Interference，交叉链路干扰）。
4. SON（Self-Organized Network，自组织网络）。
5. MDI（Minimization Drive Test，最小化路测）。

图1-10　Rel-16增加的新特征

在 Rel-15、Rel-16 基础上，Rel-17 进一步从网络覆盖、移动性、功耗和可靠性等方面扩展 5G 能力基础。Rel-17 增加的新特征如图 1-11 所示。

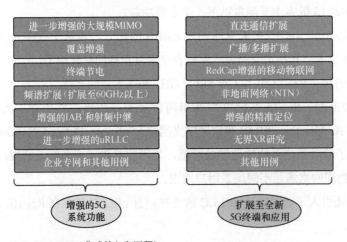

1. IAB（Integrated Access and Backhaul，集成接入和回程）。

图1-11　Rel-17增加的新特征

Rel-17 版本主要侧重于以下特征。

① 进一步增强的大规模 MIMO

增强的多波束运行，Rel-17 中引入了统一的传输配置指示（Transmission Configuration Indication，TCI）框架，通过一个信令实现了上下行多个波束的运行，从而降低时延和信令开销。

增强的多发射和接收节点（Transmission Reception Point，TRP）部署，小区内多TRP是指基站上有不同的天线集群，不只有一个天线的接收点，甚至有不同的基站可以同时支持用户通信需求，Rel-17引入了多种机制，可以让多TRP部署更有效。

增强的探测参考信号（Sounding Reference Signal，SRS）触发或切换，在Rel-15/Rel-16版本，SRS最多只能支持4根天线，在Rel-17版本，SRS切换可以支持多达8根天线。这个特性主要是为了满足用户前置设备（Customer Premise Equipment，CPE）和其他较大终端的需求。

信道状态信息（Channel State Information，CSI）的测量和报告，通过对CSI的测量和报告的进一步优化，上行和下行的信令会减少。

② 上行覆盖增强

针对Sub-7 GHz频段、毫米波、非地面网络的多样化部署，为上行控制和数据信道设计引入多个增强特性，包括物理上行共享信道（Physical Uplink Shared CHannel，PUSCH）增强、物理上行控制信道（Physical Uplink Control CHannel，PUCCH）增强、随机接入流程中的Message 3增强。

③ 终端能效增强

为进一步延长终端续航，为处于空闲态/非活跃态模式、连接态模式的终端带来节电增强特性。例如，通过唤醒接收机方式减少非必要的终端寻呼接收；当手机有呼叫的时候，为手机提供更多帮助同步的信号；对于连接态模式的手机，Rel-17版本引入了一个特性，让处于连接状态的手机不需要连续接收，这个连接状态可能是毫秒级或者是秒级的，可以让手机有更多的时间处于睡眠或者是更好的节电模式。

④ 频谱扩展

Rel-15/Rel-16定义的毫米波频段FR2-1能够提供400MHz的带宽，Rel-17版本定义的FR2-2的带宽可以高达2GHz；把子载波间隔从120kHz扩展到480kHz或者960kHz，从而实现更大带宽的支持；候选的同步信号块（Synchronization Signal Block，SSB）增加实例Case F（子载波间隔是480kHz）和实例Case G（子载波间隔是960kHz），从而在初始接入的时候就可以直接提高带宽，将毫米波频段扩展到71GHz，并且支持60GHz免许可频段。

⑤ 降低能力（RedCap）终端

为了高效地支持更低复杂度的物联网终端，例如，传感器、可穿戴设备、视频摄像头等，将Sub-7GHz载波宽度从100MHz缩至20MHz，同时将终端天线数从4根减少到1根或者2根，支持更低的发射功率和增强的节电模式，支持有限的移动性和切换，在提升能效的同时，也支持RedCap终端与其他NR终端共存。

⑥ 非地面网络（NTN）

Rel-17 正式引入了面向 NTN 的 5G NR 支持，包含两个不同的项目：一个是面向 CPE 的卫星回传通信和面向手持设备的直接低数据速率服务；另一个是支持 eMTC 和 NB-IoT 运行的卫星通信。

⑦ D2D 支持

基于 Rel-16 C-V2X 的 PC5（直通链路）设计，Rel-17 带来一系列全新的直连通信增强特性，例如，优化资源分配、节点、全新频段，还将直连通信扩展至公共安全、物联网，以及其他需要引入直连通信中继操作的全新用例。

⑧ NR 定位增强

Rel-17 进一步提升了 5G 定位，以满足厘米级精度等更严苛用例的需求，同时降低定位时延，提高定位效率以扩展容量，实现更优的全球导航卫星系统（Global Navigation Satellite System，GNSS）辅助定位性能。

Rel-18 作为 5G Advanced 的第一标准版本，已经完成了 Stage 1（阶段 1）的主要工作。Rel-18 增加的新特征如图 1-12 所示。

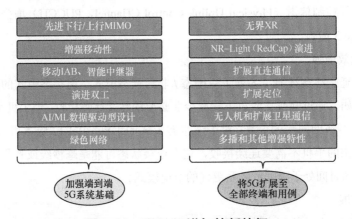

图1-12　Rel-18增加的新特征

●● 1.5　本章小结

本章简要回顾了 2G、3G、4G 和 5G 的发展历程。历代移动通信的发展都以典型的技术特征为代表，同时诞生出新的业务和应用场景。2G 主要采用 GSM 和窄带 CDMA 技术，主要满足语音业务需求，后期进一步演进来支持低速率的数据业务。3G 主要采用宽带 CDMA 技术，主要满足语音业务和中高速率数据业务，促进了移动互联网的应用。4G 主要采用 LTE 技术，数据业务占据了绝对主导，促进了移动社交网络视频化。5G 不再由某项业务能力或者某个典型技术特征所定义，它不仅是更高速率、更大带宽、更强能力的技术，而且是一个多业务多技术融合的网络，更是面向业务应用和用户体验的智能网络，最终打造以用户为中心的信息生态系统，实现万物互联、万物智联。

参考文献

[1] 张建国，杨东来，徐恩，等 . 5G NR 物理层规划与设计 [M]. 北京：人民邮电出版社，2020.

[2] 孙宇彤，赵文伟，蒋文辉 . CDMA 空中接口技术 [M]. 北京：人民邮电出版社，2004.

[3] 韩斌杰，杜新颜，张建斌 . GSM 原理及其网络优化 [M]. 北京：机械工业出版社，2012.

[4] 罗建迪，汪丁鼎，肖清华，等 . TD-SCDMA 无线网络规划与优化 [M]. 北京：人民邮电出版社，2010.

[5] 黄韬，刘韵洁，张智江，等 . LTE/SAE 移动通信网络技术 [M]. 北京：人民邮电出版社，2009.

[6] 张新程，田韬，周晓津，等 . LTE 空中接口技术与性能 [M]. 北京：人民邮电出版社，2009.

NR Rel-15 物理层简介

Chapter 2

第2章

物理层的设计是整个5G系统设计中最为核心的部分，ITU和3GPP组织对5G提出了更高且更为全面的关键性能指标要求，尤其是峰值速率、频谱效率、用户体验速率、时延、能耗等关键性能指标非常具有挑战性。这些关键性能指标的实现需要通过物理层的设计来实现。5G NR在充分借鉴LTE设计的基础上，也引入了一些全新的特征，例如，广播信道的波束赋形、部分带宽（Band Width Part，BWP）、自包含子帧／时隙等。

●●2.1 NR–RAN 架构

下一代无线接入网（Next Generation-Radio Access Network，NG-RAN）的网络架构如图 2-1 所示，一个 NG-RAN 节点或者是 gNB，或者是 ng-eNB。gNB 提供面向用户设备（User Equipment，UE）的 NR 用户面和控制面协议终结，也即 gNB 与 UE 之间是 NR 接口；ng-eNB 提供面向 UE 的 E-UTRA 用户面和控制面协议终结，也即 ng-eNB 与 UE 之间的是 LTE 接口。

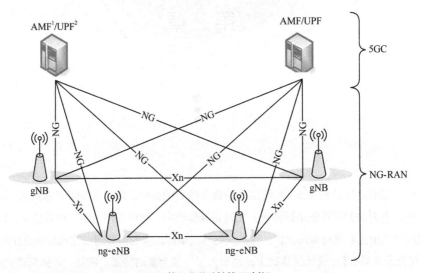

1. AMF（Access and Mobility Management Function，接入和移动性管理功能）。
2. UPF（User Plane Function，用户面功能）。

图2-1　下一代无线接入网（NG-RAN）的网络架构

gNB 之间、ng-eNB 之间以及 gNB 和 ng-eNB 相互之间都是通过 Xn 接口互相连接。同时，gNB 和 ng-eNB 通过 NG 接口连接到 5GC，也即通过 NG-C 接口连接到 AMF，通过 NG-U 接口连接到 UPF。

NG-RAN 的网络接口包括连接到 5GC 的 NG 接口和 NG-RAN 节点之间的 Xn 接口。其中，NG 接口包括 NG-C 接口和 NG-U 接口；Xn 接口包括 Xn-C 接口和 Xn-U 接口。

NG 用户面接口（即 NG-U）是 NG-RAN 节点和 UPF 之间的接口，NG-UP 栈如图 2-2 所示。传输网络层以 IP 传输为基础，GTP-U 在 UDP/IP 之上以便在 NG-RAN 和 UPF 之间传输用户面的协议数据单元（Protocol Data Unit，PDU），NG-U 并不保证用户面 PDU 的可靠传输。

NG 控制面接口（即 NG-C）是 NG-RAN 节点和 AMF 之间的接口，NG-CP 栈如图 2-3 所示。传输网络层以 IP 传输为基础，为了保证信令的可靠传输，在 IP 层之上增加了流控制传输协议（Stream Control Transmission Protocol，SCTP），NG-C 接口的应用层协议称为 NG 应用层协议（NG Application Protocol，NGAP）。SCTP 层为应用层信息提供可靠传送，在传输层，IP 层的点对点传输用于传送信令 PDU。

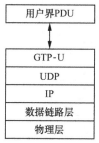

图2-2　NG-UP栈　　　　　　图2-3　NG-CP栈

NG-C 提供的功能包括 NG 接口管理、UE 上行文管理、UE 移动性管理、非接入层（Non-Access Stratum，NAS）信息的传送、寻呼、PDU 会话管理、配置转发、告警信息传送。

Xn 用户面接口（即 Xn-U）是两个 NG-RAN 节点之间的接口，Xn-UP 栈如图 2-4 所示。传输网络层以 IP 传输为基础，GTP-U 在 UDP/IP 之上以便传输用户面 PDU。Xn-U 并不保证用户面 PDU 的可靠传输，Xn-U 主要支持数据转发和流控制两个功能。

Xn 控制面接口（即 Xn-C）是两个 NG-RAN 节点之间的接口，Xn-CP 栈如图 2-5 所示。传输网络层以 SCTP 为基础，SCTP 层在 IP 层之上。Xn-C 接口的应用层协议称为 Xn 应用层协议（Xn Application Protocol，XnAP）。SCTP 层为应用层信息提供可靠传送，IP 层的点对点传输用于传送信令 PDU。

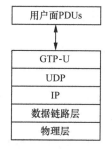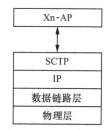

图2-4　Xn-UP栈　　　　　　图2-5　Xn-CP栈

Xn-C 接口支持的功能包括 Xn 接口管理、UE 移动性管理（包括上下文转发和 RAN 寻呼）、双连接。

NR 接口的用户面协议栈如图 2-6 所示，该协议栈由服务数据适配协议（Service Data Adaptation Protocol，SDAP）、分组数据汇聚层协议（Packet Data Convergence Protocol，PDCP）、无线链路控制（Radio Link Control，RLC）、介质访问控制（Medium Access Control，MAC）和 PHY（物理层）组成。

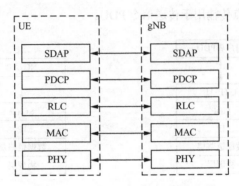

图2-6　NR接口的用户面协议栈

NR 接口的控制面协议栈如图 2-7 所示，该协议栈由 NAS、RRC、PDCP、RLC、MAC 和 PHY 组成。

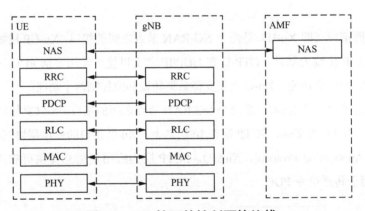

图2-7　NR接口的控制面协议栈

NR 接口的用户面协议架构（下行）如图 2-8 所示。图 2-8 中的实体并不是应用在所有情形，例如，基本系统消息的广播不需要 MAC 层调度，也不需要用于软合并的混合自动重传请求（Hybrid Automatic Repeat reQuest，HARQ）。NR 用户面协议架构在上行方向上与图 2-8 类似，但是在传输格式的选择等方面存在一些差异。

每层（子层）都以特定的格式向上一层提供服务，物理层以传输信道的格式向 MAC 子层提供服务；MAC 子层以逻辑信道的格式向 RLC 子层提供服务；RLC 子层以 RLC 信道的格式向 PDCP 子层提供服务；PDCP 子层以无线承载的格式向 SDAP 子层提供服务。无线承载分为两类：用于用户面数据的数据无线承载（Data Radio Bearer，DRB）和用于控制面信令的信令无线承载（Signalling Radio Bearer，SRB）；SDAP 子层以 QoS 流的格式向 5GC 提供服务。

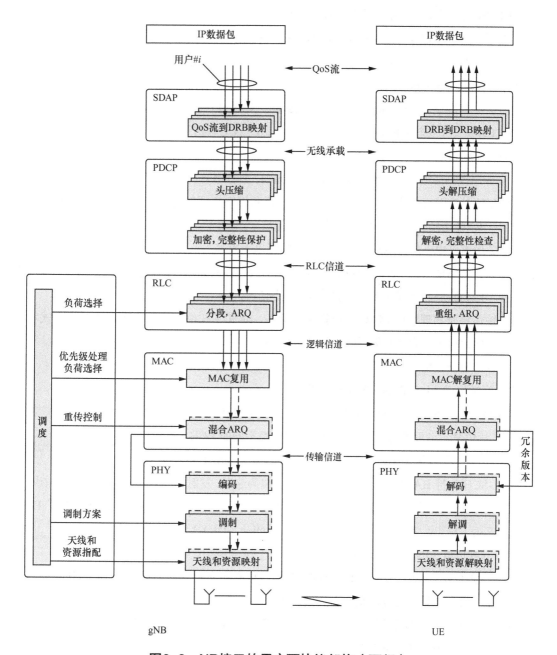

图2-8　NR接口的用户面协议架构（下行）

逻辑信道是 MAC 子层向 RLC 子层提供的服务，表示传输什么类型的信息，通过逻辑信道标识对传输的内容进行区分，逻辑信道分为控制信道和业务信道两类。

控制信道仅用于传输控制面信息，具体包括以下 4 个信道。

① 广播控制信道（Broadcast Control CHannel，BCCH）

BCCH 是下行信道，用于广播系统控制消息。

② 寻呼控制信道（Paging Control CHannel，PCCH）

PCCH 是下行信道，用于传输寻呼消息、系统消息更新通知以及持续的公共预警系统（Public Warning System，PWS）广播指示。

③ 公共控制信道（Common Control CHannel，CCCH）

CCCH 是用于传输 UE 和网络之间的控制信息，当 UE 与网络之间没有 RRC 连接的时候，使用公共控制信道。

④ 专用控制信道（Dedicated Control CHannel，DCCH）

DCCH 是点对点的双向信道，用于传输 UE 和网络之间的专用控制信息，当 UE 与网络之间有 RRC 连接的时候，使用专用控制信道。

业务信道仅用于传输用户面信息，具体包括以下内容。

专用业务信道（Dedicated Traffic CHannel，DTCH）：DTCH 是点对点信道，用于传输用户信息，上行方向和下行方向都有各自的专用业务信道。

传输信道是物理层向 MAC 子层提供的服务，定义了在空中接口上数据传输的方式和特征，传输信道也分为公共信道和专用信道两类。

下行传输信道包括以下 3 个。

① 广播信道（Broadcast CHannel，BCH）

BCH 有固定预先定义的传输格式，需要在小区的整个覆盖区域内进行广播，可以广播单个 BCH 信息，也可以通过波束赋形的方式广播不同的 BCH 实例。

② 下行共享信道（Down Link-Shared Channel，DL-SCH）

DL-SCH 支持 HARQ，通过调整调制方式、编码速率、发射功率以支持动态链路自适应；可能在整个小区进行广播，也可能使用波束赋形；支持动态和半静态的资源分配；为了 UE 节电，支持 UE 非连续接收（Discontinuous Reception，DRX）。

③ 寻呼信道（Paging CHannel，PCH）

为了便于 UE 节电，支持 UE 非连续接收，DRX 周期由网络通知给 UE，PCH 需要在小区的整个覆盖区域内进行广播，可以广播单个 PCH 信息，也可以通过波束赋形的方式广播不同的 PCH 实例，映射到可动态用于业务 / 其他控制信道的物理资源上。

上行传输信道包括以下 2 个。

① 上行共享信道（Up Link-Shared CHannel，UL-SCH）

UL-SCH 可能使用波束赋形，通过调整发射功率、潜在的通过调整调制方式和编码速率以支持动态链路自适应，支持 HARQ，支持动态和半静态的资源分配。

② 随机接入信道（Random Access CHannel，RACH）

RACH 只传输控制信息，有发生冲突的风险。

物理信道是一组对应着特定的时间、载波、扰码、功率、天线端口等资源的集合，即信号在空中接口传输的载体，映射到具体的时频资源上。物理信道属于特定的传输信道，具体包括以下 6 个信道。

① 物理广播信道（Physical Broadcast CHannel，PBCH）

PBCH 承载 UE 接入网络所需的部分系统消息，另外一部分系统消息由 PDSCH 承载。

② 物理下行共享信道（Physical Downlink Shared CHannel，PDSCH）

PDSCH 用于单播数据传输的主要物理信道，也用于传输寻呼消息和一部分系统消息。

③ 物理下行控制信道（Physical Downlink Control CHannel，PDCCH）

PDCCH 用于传输下行控制信息，主要包括用于 PDSCH 接收的调度分配和用于 PUSCH 发送的调度授权等信息，以及向以一组 UE 通知功率控制、时隙格式指示等信息。

④ 物理上行共享信道（Physical Uplink Shared CHannel，PUSCH）

PUSCH 是 PDSCH 的上行对应信道。

⑤ 物理上行控制信道（Physical Uplink Control CHannel，PUCCH）

PUCCH 用于传输上行控制信息，主要包括调度请求（Scheduling Request，SR）、HARQ-ACK 和 CSI。

⑥ 物理随机接入信道（Physical Random Access CHannel，PRACH）

PRACH 用于随机接入。

下行信道映射关系如图 2-9 所示，上行信道映射关系如图 2-10 所示。BCCH 的映射关系比较特别，其中，含有最重要系统消息的主消息块（Master Information Block，MIB）映射到 BCH 上，再映射到 PBCH 上，而其他的系统消息块（System Information Block，SIB）映射到 DL-SCH，再映射到 PDSCH 上。

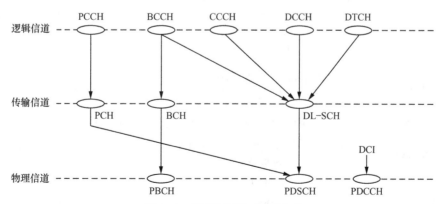

图2-9　下行信道映射关系

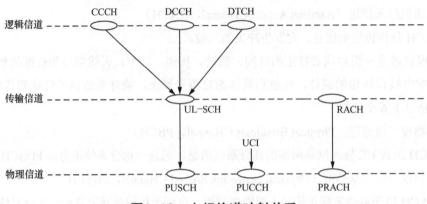

图2-10　上行信道映射关系

●●2.2　NR 物理层设计要点

物理层的设计是整个 5G 系统设计中最为核心的部分，ITU 和 3GPP 组织对 5G 提出了更高且更为全面的关键性能指标要求，尤其是峰值速率、频谱效率、用户体验速率、时延、能耗等关键性能指标非常具有挑战性。这些关键性能指标的实现需要通过物理层的设计来实现。5G NR Rel-15 在充分借鉴 LTE 设计的基础上，也引入了一些全新的特征。

5G NR Rel-15 和 LTE/LTE-A 的基本参数见表 2-1。

表2-1　5G NR Rel-15和LTE/LTE-A的基本参数

参数	5G NR Rel-15	LTE/LTE-A
频率范围	FR1：410 ～ 7125MHz； FR2：24250 ～ 52600MHz	< 6GHz
信道带宽	FR1：5MHz、10MHz、15MHz、 20MHz、25MHz、30MHz、40MHz、 50MHz、60MHz、70MHz、80MHz、 90MHz、100MHz； FR2：50MHz、100MHz、 200MHz、400MHz	1.4MHz、3MHz、5MHz、 10MHz、15MHz、20MHz
信道栅格	基于 100kHz 的信道栅格； 基于 SCS^1 的信道栅格	基于 100kHz 的信道栅格
同步栅格	间隔是 1.2MHz、1.44MHz、17.28MHz	与信道栅格相同，即 100kHz
子载波间隔	15MHz、30MHz、60MHz、120MHz、 240kHz	15kHz（也支持 7.5kHz）
最大子载波数量	3300 个	1200 个
无线帧长	10ms	10ms

注：1. SCS（Sub-Carrier Spacing，子载波间隔）。

续表

参数	5G NR Rel-15	LTE/LTE-A
子帧长度	1ms	1ms
时隙长度	1ms、0.5ms、0.25ms、0.125ms	0.5ms
上下时隙配比转换	0.5ms、0.625ms、1.25ms、2.5ms、5ms、10ms 周期性半静态转换，也支持动态转换	5ms、10ms 周期性半静态转换，支持周期为 10ms 的动态转换
波形（传输方案）	DL：CP-OFDM UL：CP-OFDM、DFT-S-OFDM	DL：CP-OFDM UL：DFT-S-OFDM
信道编码	控制信道：Polar 码、RM 码、重复码、Simplex 码 数据信道：LDPC 码	控制信道：卷积码 数据信道：Turbo 码
调制方式	下行：QPSK、16QAM、64QAM、256QAM 上行：CP-OFDM 支持 QPSK、16QAM、64QAM、256QAM，DFT-S-OFDM 支持 π/2-BPSK[2]、QPSK、16QAM、64QAM、256QAM	下行：QPSK、16QAM、64QAM（Rel-12 及以上支持 256QAM） 上行：QPSK、16QAM、64QAM（Rel-14 及以上支持 256QAM）
PDSCH/PUSCH 占用的符号数	PDSCH：2～14 个 OFDM 符号；PUSCH：1～14 个 OFDM 符号	PDSCH：1～13 个 OFDM 符号；PUSCH：14 个 OFDM 符号
PDCCH	复用方式：TDM/FDM 长度和位置：1～3 个 OFDM 符号，在时隙内的位置可灵活配置	复用方式：FDM 长度和位置：子帧内前面的 1～3 个（或 2～4 个）OFDM 符号
PUCCH	复用方式：TDM/FDM 长格式 PUCCH：4～14 个 OFDM 符号；短格式 PUCCH：1～2 个 OFDM 符号	复用方式：FDM 14 个 OFDM 符号
SS/PBCH	PSS：3 个 SSS：336 个 周期：初始接入 20ms；连接和空闲态 5ms、10ms、20ms、40ms、80ms、160ms 之一	PSS：3 个 SSS：168 个 周期：10ms
PRACH	长 PRACH：长度为 839 的 ZC 序列，SCS=1.25kHz 或 5kHz；短 PRACH：长度为 139 的 ZC 序列，SCS=15kHz、20kHz、60kHz 或 120kHz	长度为 839 或 139 的 ZC 序列，SCS=1.25kHz
参考信号	DL：DM-RS、PT-RS、CSI-RS；UL：DM-RS、PT-RS、SRS	DL：CRS、DM-RS、CSI-RS；UL：DM-RS、SRS

注：2. BPSK（Binary Phase Shift Keying，双相移键控）。

5G NR Rel-15 物理层设计要点的具体说明如下。

1. NR 支持的频率范围从中低频到超高频

3GPP 定义了两大频率范围（Frequency Rang，FR），分别是 FR1 和 FR2。其中，FR1 的频率范围是 410～7125MHz，主要用于实现连续广覆盖、高速移动性场景下的用户体验和海量设备连接；FR2 的频率范围是 24250～52600MHz，即通常所讲的毫米波频段，主要用于满足城市热点、郊区热点与室内场景等极高的用户体验速率和峰值容量需求。

2. NR 支持更大且更为灵活的信道带宽

为了满足高容量的需求和重耕原有的 2G/3G/4G 频谱，NR 支持更大且更为灵活的信道带宽，FR1 支持的信道带宽是 5～100MHz，FR2 支持的信道带宽是 50～400MHz。NR 保护带占信道带宽的比例是可变的，并且信道两侧的保护带大小可以不一致，这样的设计给 NR 的部署带来了很大的灵活性，即可以根据相邻信道的干扰条件灵活设置保护带，同时提高了 NR 的频谱利用率，FR1 和 FR2 的频谱利用率最高分别可以达到 98% 和 95%，较 LTE 的 90% 有了明显的提高。

3. NR 支持两类信道栅格

NR 定义了两类信道栅格：一类是基于 100kHz 的信道栅格；另一类是基于 SCS 的信道栅格，例如，15kHz、30kHz 等。因为 LTE 的信道栅格也是 100kHz，所以基于 100kHz 的信道栅格可以确保与 LTE 共存，主要集中在 2.4GHz 以下的频段。基于 SCS 的信道栅格可以确保在载波聚合的时候，聚合的载波之间不需要预留保护带，从而提高频谱利用率。

4. NR 的同步栅格

NR 单独定义了同步栅格，因此，同步信号（含 PBCH 及 DM-RS）可以不必配置在载波的中心，而是根据干扰情况，灵活配置在载波的其他位置。随着载波频率的增加，同步栅格的间隔分别是 1.2MHz、1.44MHz 和 17.28MHz，相比于 NR 的信道栅格，NR 的同步栅格的间隔更大。这样设计的原因是 NR 的信道带宽很大，较大的同步栅格可以显著减少 UE 初始接入时的搜索时间，从而降低了 UE 功耗、降低了搜索的复杂度。NR 分别定义信道栅格和同步栅格会使信令过于复杂。

5. 灵活的子载波间隔设计

对于 FR1，支持的子载波间隔是 15kHz、30kHz、60kHz；对于 FR2，支持的子载波间隔是 60kHz、120kHz、240kHz（240kHz 仅应用于同步信道）。NR 支持更为灵活的子载波间隔有如下 2 个原因。

① NR 支持的信道带宽差异极大，从 5MHz 到 400MHz 不等，为了使快速傅里叶变化（Fast Fourier Transformation，FFT）尺寸比较合理，小的信道带宽倾向于使用较小的子载波间隔，大的信道带宽倾向于使用较大的子载波间隔。

② NR 支持的频率范围极大，低频段的多普勒和相位噪声较小，使用较小的子载波间隔对性能影响不大，而高频段的多普勒频移和相位噪声较大，必须使用较大的子载波间隔。NR 子载波间隔的灵活性还体现在同一个载波上的同步信道和数据信道可以使用不同的子载波间隔，同一个终端可以根据移动速度、业务和覆盖场景使用不同的子载波间隔。

6. 灵活的帧结构设计

NR 的 1 个无线帧的长度固定为 10ms，1 个子帧的长度固定为 1ms，这点与 LTE 相同，因此，可以更好地支持 LTE 和 NR 共存，有利于 LTE 和 NR 共同部署模式下帧与子帧结构同步，简化小区搜索和频率测量。NR 的时隙长度为 1ms、0.5ms、0.125ms、0.0625ms（与子载波间隔有关）。NR 中的时隙类型更多，引入了自包含时隙（即在 1 个时隙内完成 PDSCH/PUSCH 的调度、传输和 HARQ-ACK 信息的反馈）；NR 的时隙配置更为灵活，针对不同的终端动态调整下行分配和上行分配，可以实现逐时隙的符号级变化。这样的设计使 NR 支持更多的应用场景和业务类型，例如，需要超低时延的 uRLLC 业务。

7. 自适应的部分带宽

部分带宽（Band Width Part，BWP）是 NR 提出的新概念，BWP 是信道带宽的一个子集，可以理解为终端的工作带宽。终端可以在初始接入阶段、连接态、空闲态使用不同的 BWP，也可以根据业务类型的不同，使用不同的 BWP。NR 引入 BWP 主要有以下 3 个目的。

① 让所有的 NR 终端都支持大带宽是不合理的，NR 引入 BWP 后，可对接收机带宽（例如，20MHz）小于整个载波带宽（例如，100MHz）的终端提供支持。

② 不同带宽大小的 BWP 之间的转换和自适应可以降低终端的耗电量。

③ 载波中可以预留频段，用于支持尚未定义的传输格式。

8. NR 的波形（传输方案）

对于下行，NR 采用带有循环前缀的正交频分复用（Cyclic Prefix-Orthogonal Frequency Division Multiplexing，CP-OFDM），其优点是可以使用不连续的频域资源，资源分配灵活，频率分集增益大；其缺点是峰值平均功率比（Peak-to-Average Power Ratio，PAPR）较高。

对于上行，NR 支持 CP-OFDM 和 DFT 扩频的正交频分复用（DFT Spread Orthogonal Frequency Division Multiplexing，DFT-S-OFDM）两种波形。DFT-S-OFDM 的优点是 PAPR 低，接近单载波，可以发射更高的功率，因此，其覆盖距离增加了。其缺点是对频域资源有约束，只能使用连续的频域资源。基站可以根据 UE 所处的无线环境，指示 UE 选择 CP-OFDM 或 DFT-S-OFDM 波形，实现系统性能和覆盖距离的平衡。

NR 的上下行都使用 CP-OFDM，当发生上下行间的相互干扰时，为采用更先进的接收机进行干扰消除提供了可能。

9. NR 的数据信道（PDSCH/PUSCH）

在时域上，NR 既可以采用时隙为单位进行资源分配，也可以采用符号为单位进行资源分配，其分配的数据信道长度可以为 2 ～ 12 个 OFDM 符号（对于下行）或 1 ～ 14 个 OFDM 符号（对于上行），而且不同时隙的时域资源分配可以动态转换，因此，非常有利于使用动态 TDD 或为上行控制信令预留资源，同时有利于实现超低时延的 uRLLC 业务。

在频域上，NR 支持两种类型的频域资源分配，基于位图的频域资源分配可以使用频率选择性传输提高传输效率，基于资源指示值（Resource Indication Value，RIV）的连续频率分配降低了相关信令所需要的开销。

NR 的 PDSCH 信道支持的调制方式是 QPSK、16QAM、64QAM 和 256QAM；PUSCH 支持的调制方式是 QPSK、16QAM、64QAM 和 256QAM（基于非码本的 PUSCH 传输）或 $\pi/2$-BPSK、QPSK、16QAM、64QAM 和 256QAM（基于码本的 PUSCH 传输）。为了满足高、中、低的码率传输，NR 分别定义了 3 个 MCS 表（对于下行）和 5 个 MCS 表（对于上行）。

NR 的数据信道使用低密度奇偶校验（Low Density Parity Check，LDPC）码。LDPC 码支持以中到高的编码速率支持较大的负荷，适用于高速率业务场景，同时，LDPC 码也支持以较低的码率提供较好的性能，适用于对可靠性要求高的场景。

NR 中引入了基于码块组（Code Block Group，CBG）的反馈方案，这是因为 NR 的传输块（Transport Block，TB）的尺寸可能非常大，把传输块分割成多个码块后，码块可以组成码块组，HARQ ACK/NACK 可以针对码块组进行反馈，即如果某个码块组传输出现错误，只需出错的码块组进行重传，而不必重传整个传输块，因此，提高了传输效率。

为了方便新技术的引入和扩展，而不产生后向兼容性问题，NR 为 PDSCH 引入了资源预留机制，这部分资源不能作为 PDSCH 资源使用，而是有特殊的用途，例如，为 LTE 的小区专用参考信号（Cell-specific Reference Signal，CRS）、控制信道资源、零功率信道状态信息参考信号（Zero-Power Channel State Information-Reference Signal，ZP CSI-RS）以及为未来用途使用预留资源。因为基站可以在上行授权的时候，只要不调度这些特殊的资源即可，所以在 PUSCH 上不需要专门定义预留资源。

10. NR 的控制信道（PDCCH/PUCCH）

NR 的下行控制区域只有 PDCCH，PDCCH 所在的时频域资源称为控制资源集合（Control-resource set，一般写作 CORESET），搜索空间则规定了 UE 在 CORESET 上的行为。CORESET 在频域上只占信道带宽的一部分；在时域上占用 1 ~ 3 个 OFDM 符号，CORESET 既可以在时隙内前面 1 ~ 3 个 OFDM 符号（与 LTE 类似）上传输，也可以在时隙内的其他 OFDM 符号上传输，因此，可以不必等到下一个时隙开始即可快速调度数据信道，非常适合于超低时延的 uRLLC 业务。

NR 的 PUCCH 支持长格式 PUCCH（4 ~ 14 个 OFDM 符号）和短格式 PUCCH（1 ~ 2 个 OFDM 符号）两种类型。短格式 PUCCH 可以在 1 个时隙的最后 1 个或 2 个 OFDM 符号上，对同一个时隙的 PDSCH 的 HARQ-ACK、CSI 进行反馈，从而达到低时延的目的，因此，适合于超低时延的 uRLLC 业务。PUCCH 共有 5 种格式，支持从 1 ~ 2 个比特的低负荷上行控制信息（Uplink Control Information，UCI）（例如，HARQ-ACK 反馈）到大负荷的 UCI（例如，CSI 反馈）。

11. SS/PBCH 块

NR 的同步信号和 PBCH 在一起联合传输，称为 SS/PBCH 块或同步信号块（Synchronization Signal Block，SSB）。根据子载波间隔的不同，SSB 共有 5 种实例（Case），每个频带对应 1 个或 2 个 Case，因此，UE 能够根据搜索到的频率，快速实现下行同步。

SSB 的周期是可变的，SSB 的周期可以配置为 5ms、10ms、20ms、40ms、80ms 和 160ms，在每个周期内，多个 SSB 只在某个半帧（5ms）上传输，SSB 的最大数量为 4 个、8 个或 64 个（与载波频率有关）。可以根据基站类型和业务类型，灵活设置 SSB 的周期，由于宏基站覆盖的范围较大，接入的用户数较多，所以可以设置较短的 SSB 周期以便 UE 快速同步和接入，而微基站由于覆盖的范围较小，接入的用户数较少，所以可以设置较长的 SSB 周期以节约系统开销和基站功耗。另外，还可以根据业务需求设置 SSB 的周期，如果某个小区承载低接入时延要求的 uRLLC 业务，则可以设置较短的 SSB 周期；如果某个小区承载高接入时延的 mMTC 业务，则可以设置较长的 SSB 周期。

NR 的主同步信号（Primary Synchronization Signal，PSS）有 3 种不同的序列，辅同步信号（Secondary Synchronization Signal，SSS）有 368 种不同的序列，因此，小区的物理小区标识（Physical Cell Identifier，PCI）共有 1008 个，使 NR 的 PCI 发生冲突的概率降低，与 NR 的小区覆盖范围较小、PCI 需要较大的复用距离相适应。

12. NR 的参考信号

NR 没有 CRS, SSB 中的 PBCH 的解调参考信号（Demodulation Reference Signal, DM-RS）信号承担了类似 CRS 的作用，即用于小区搜索和小区测量，但是 PBCH 的 DM-RS 具有以下两个显著特点。

① 周期（即 SSB 的周期）可以灵活设置。

② 在频域上只占用信道带宽的一部分。由于没有持续的全带宽的 CRS 发射，所以非常有利于节约基站的功耗。

PDSCH/PUSCH 的解调使用伴随的 DM-RS，即 DM-RS 只出现在分配给 PDSCH/PUSCH 的资源上。对于 DM-RS 配置类型 1 和 DM-RS 配置类型 2，分别支持最多 8 个 DM-RS 和 12 个 DM-RS，对于 SU-MIMO，每个 UE 最多支持 8 个正交的 DM-RS（对于下行）或最多支持 4 个正交的 DM-RS（对于上行）。NR 支持单符号 DM-RS 和双符号 DM-RS，双符号 DM-RS 较单符号 DM-RS 可以复用更多的 UE，但是也带来 DM-RS 开销较大的问题。另外，还可以在时域上为高速移动的 UE 配置附加的 DM-RS，从而使接收机进行更精确的信道估计，改善接收性能。

相位跟踪参考信号（Phase Tracking-Reference Signal, PT-RS）是 NR 新引入的参考信号，可以看作 DM-RS 的扩展，PT-RS 的主要作用是跟踪相位噪声的变化，相位噪声来自射频器件在各种噪声（随机性白噪声，闪烁噪声）等作用下引起的系统输出信号相位的随机变化，由于频率越高，相位噪声越高，所以 PT-RS 主要应用在高频段，例如，毫米波波段。PT-RS 具有时域密度较高，频域密度较低的特点，且 PT-RS 必须与 DM-RS 一起使用。

与 LTE 相比，5G NR 的信道状态信息参考信号（Channel State Information-Reference Signal, CSI-RS）在时频域密度等方面具有更大的灵活性，CSI-RS 天线端口数最高可以配置 32 个。CSI-RS 除了用于下行信道质量测量和干扰测量，还承担了层 1 的参考信号接收功率（Layer1 Reference Signal Receiver Power, L1-RSRP）计算（波束管理）和移动性管理功能，以及跟踪参考信号（Tracking Reference Signal, TRS）时频跟踪功能。TRS 可以看作特殊的 CSI-RS，引入 TRS 的主要目的是解决由于晶振不稳定导致的时间和频率抖动问题，TRS 的负荷较低，仅有 1 个天线端口，在每个 TRS 周期内仅有 2 个时隙存在 TRS。

探测参考信号（Sounding Reference Signal, SRS）用于基站获得上行信道的状态信息。与 LTE 类似，SRS 的带宽也采用的是树状结构，支持跳频传输和非跳频传输。NR 的 SRS 支持在连续的 1 个、2 个或 4 个 OFDM 符号上发送，有利于实现时隙内跳频和 UE 发射天线的切换。

13. NR 的 PRACH

PRACH 支持长序列格式（PRACH 的 SCS 与数据信道的 SCS 无关，PRACH 的 SCS 固定为 1.25kHz 或 5kHz）和短序列格式（PRACH 的 SCS 与数据信道的 SCS 相同），短序列格式的 PRACH 与数据信道的 OFDM 符号的边界对齐，这样设计的好处是允许 PRACH 和数据信道使用相同的接收机，从而降低系统设计的复杂度。

14. NR 的波束管理

NR 部署在高频段时，基站必须使用 massive-MIMO 天线以增强覆盖，但是 massive-MIMO 天线会导致天线辐射图中包含非常窄的波束，单个波束难以覆盖整个小区，需要通过波束扫描的方式覆盖整个小区，即在某一个时刻，基站发射窄的波束覆盖某个特定方向，基站在下一个时刻小幅改变波束指向，覆盖另外一个特定方向，直至扫描整个小区。之所以 NR 的波束赋形是 NR 必需的关键功能，是因为 NR 所有的控制信道和数据信道，以及同步信号和参考信号都是以窄的波束发射的，这就涉及波束扫描、波束测量、波束报告、波束指示、波束恢复等过程。可以说，NR 的信道和信号设计以及物理层过程是以波束管理为核心的。波束赋形可以带来增加覆盖距离、减少干扰、提高系统容量等优点，但是也带来信令过于复杂的缺点。

●●2.3 NR 帧结构

对于 NR，时域的基本时间单元是 $T_c = 1/\left(\Delta f_{\max} \cdot N_f\right)$。其中，最大的子载波间隔 $\Delta f_{\max} = 480 \times 10^3$ Hz，FFT 的长度是 $N_f = 4096$，因此，$T_c = 1/\left(48000 \times 4096\right) \approx 0.509$ns，对应的最大采样频率为 $1/T_c$，即 1966.08MHz。LTE 系统的基本时间单元是 $T_s = 1/\left(\Delta f_{\mathrm{ref}} \times N_{\mathrm{f,ref}}\right)$。其中，最大的子载波间隔 $\Delta f_{\mathrm{ref}} = 15 \times 10^3$ Hz，FFT 的长度是 $N_{\mathrm{f,ref}} = 2048$，因此，$T_s = 1/\left(15000 \times 2048\right) \approx 32.552$ns，对应的最大采样频率为 $1/T_s$，即 30.72MHz。T_s 与 T_c 之间满足固定的比值关系，即常量 $\kappa = \dfrac{T_s}{T_c} = 64$，这种设计有利于 NR 和 LTE 的共存，即 NR 和 LTE 部署在同一个载波上。

2.3.1 参数集（numerology）

NR 的参数集可以简单地理解为子载波间隔，参数集基于指数可扩展的子载波间隔 $\Delta f = 2^{\mu} \times 15$ kHz。其中，对于 PSS、SSS 和 PBCH（以下简称同步信道），$\mu \in \{0,1,3,4\}$；对于其他信道（以下简称数据信道），$\mu \in \{0,1,2,3\}$。所有的子载波间隔都支持正常 CP，只有 $\mu = 2$（SCS=60kHz）支持扩展 CP，这主要是因为扩展 CP 的开销相对较大，与其带来的好处相比，在大多数场景不成比例，且扩展 CP 在 LTE 中很少应用，预计在 NR 中应用的可能性也不高，但是作为一个特性，在协议中还是定义了扩展 CP，由于 FR1 和 FR2

都支持 $\mu=2$，所以只有 $\mu=2$ 支持扩展 CP。

虽然不同参数集的子载波间隔不同，但是每个物理资源块（Physical Resource Block，PRB）包含的子载波数都是固定的，即由 12 个连续的子载波组成。这意味着不同参数集的 PRB 占用的带宽随着子载波间隔的不同而扩展。根据 3GPP 协议，单个载波支持的最大公共资源块（Common Resource Block，CRB）数是 275 个（基站或 UE 实际传输的最大 PRB 数是 273 个），即支持的最大子载波数是 275×12=3300 个子载波，15kHz、30kHz、60kHz、120kHz 支持的最大信道带宽分别是 50MHz、100MHz、200MHz 和 400MHz。NR 支持的参数集见表 2-2。

表2–2　NR支持的参数集

μ	$\Delta f = 2^{\mu} \times 15$	循环前缀 /CP	支持的信道		FR1		FR2	
			数据信道	同步信道	是否支持	适用的信道带宽 /MHz	是否支持	适用的带宽 /MHz
0	15	正常	是	是	是	5 ～ 50	否	—
1	30	正常	是	是	是	5 ～ 100	否	—
2	60	正常、扩展	是	否	是	10 ～ 100	是	50 ～ 200
3	120	正常	是	是	否	—	是	50 ～ 400
4	240	正常	否	是	否	—	否	—

对于 FR1，（数据信道，同步信道）组合包括（15kHz，15kHz）（30kHz，15kHz）（60kHz，15kHz）（15kHz，30kHz）（30kHz，30kHz）（60kHz，30kHz）6 种；对于 FR2，（数据信道，同步信道）的组合包括（60kHz，120kHz）（120kHz，120kHz）（60kHz，240kHz）（120kHz，240kHz）4 种。

2.3.2　帧、时隙和 OFDM 符号

NR 的无线帧和子帧的长度都是固定的，1 个无线帧的长度固定为 10ms，1 个子帧的长度固定为 1ms，这点与 LTE 相同，从而可以更好地支持 LTE 和 NR 的共存，有利于 LTE 和 NR 共同部署模式下，帧与子帧在结构上保持一致，从而简化小区搜索和频率测量。

NR 无线帧的长度是 $T_f = \left(\Delta f_{\max} N_f / 100 \right) \times T_c = 10\text{ms}$，每个无线帧包含 10 个长度为 $T_{sf} = \left(\Delta f_{\max} N_f / 1000 \right) \times T_c = 1\text{ms}$ 的子帧，每个子帧中包括 $N_{symb}^{subframe,\mu} = N_{symb}^{slot} N_{slot}^{subframe,\mu}$ 个连续的 OFDM 符号，每个帧分成 2 个长度是 5ms 的半帧，每个半帧包含 5 个子帧，子帧 0 ～ 4 组成半帧 0，子帧 5 ～ 9 组成半帧 1。每个无线帧都有一个系统帧号（System Frame Number，SFN），SFN 周期等于 1024，即 SFN 经过 1024 个帧（10.24s）重复 1 次。

每个载波上都有一组上行帧和一组下行帧，UE 传输的上行帧号 i 在 UE 对应的下行帧

之前的 $T_{\mathrm{TA}} = \left(N_{\mathrm{TA}} + N_{\mathrm{TA,offset}} \right) T_{\mathrm{c}}$ 处开始，上行 - 下行定时关系如图 2-11 所示。

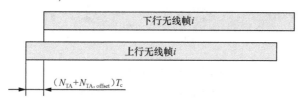

图2-11　上行-下行定时关系

$N_{\mathrm{TA,offset}}$ 的值与频段有关，$N_{\mathrm{TA,offset}}$ 的取值见表 2-3，N_{TA} 由 MAC CE 通知给 UE。

表2-3　$N_{\mathrm{TA,offset}}$的取值

用于上行传输的 FR	$N_{\mathrm{TA,offset}}$ / T_{c}
没有 LTE-NR 共存的 FR1 FDD 频段或没有 LTE-NR 共存的 FR1 TDD 频段	25600[1]
LTE-NR 共存的 FR1 FDD 频段	0[1]
LTE-NR 共存的 FR1 TDD 频段	39936 或 25600[1]
FR2	13792

注：1. UE 根据 n-TimingAdvanceOffset 识别 $N_{\mathrm{TA,offset}}$，如果 UE 没有接收到 n-TimingAdvanceOffset，则 FR1 的默认值是 25600。

对于子载波间隔配置 μ，子帧中的时隙按照升序编号为 $n_s^{\mu} \in \left\{ 0,1,\cdots,N_{\mathrm{slot}}^{\mathrm{subframe},\mu} - 1 \right\}$，无线帧中的子帧也是按照升序编号为 $n_{s,f}^{\mu} \in \left\{ 0,1,\cdots,N_{\mathrm{slot}}^{\mathrm{frame},\mu} - 1 \right\}$。每个时隙中包含 $N_{\mathrm{symb}}^{\mathrm{slot}}$ 个连续的 OFDM 符号。其中，$N_{\mathrm{symb}}^{\mathrm{slot}}$ 取决于表 2-4 和表 2-5 确定的循环前缀。每个子帧中时隙 n_s^{μ} 的开始与同一子帧中的 OFDM 符号 $n_s^{\mu} N_{\mathrm{symb}}^{\mathrm{slot}}$ 的开始在时间上保持一致。

在 Rel-15，NR 的下行传输方案使用 CP-OFDM，上行传输方案使用 CP-OFDM 或 DFT-S-OFDM，因此，与 LTE 的做法一样，为了对抗多径时延扩展带来的子载波正交性破坏的问题，通常在每个 OFDM 符号之前增加 CP，以消除多径时延带来的符号间干扰和子载波间干扰。正常 CP，每个时隙的 OFDM 数，每帧的时隙数以及每子帧的时隙数见表 2-4。扩展 CP，每个时隙的 OFDM 数，每帧的时隙数以及每子帧的时隙数见表 2-5。

表2-4　正常CP，每个时隙的OFDM数，每帧的时隙数以及每子帧的时隙数

μ	SCS/kHz	$N_{\mathrm{symb}}^{\mathrm{slot}}$ / 个	$N_{\mathrm{slot}}^{\mathrm{frame},\mu}$ / 个	$N_{\mathrm{slot}}^{\mathrm{subframe},\mu}$ / 个
0	15	14	10	1
1	30	14	20	2
2	60	14	40	4
3	120	14	80	8
4	240	14	160	16

表2-5 扩展CP，每个时隙的OFDM数，每帧的时隙数以及每子帧的时隙数

μ	SCS/kHz	N_{symb}^{slot} / 个	$N_{slot}^{frame,\mu}$ / 个	$N_{slot}^{subframe,\mu}$ / 个
2	60	12	40	4

由表 2-4 和表 2-5 可知，在不同子载波间隔配置下，每个时隙中的符号数是相同的，即都是 14 个 OFDM 符号（对于扩展 CP，是 12 个 OFDM 符号），但是每个无线帧和每个子帧中的时隙数不同。随着子载波间隔的增加，每个无线帧/子帧中包含的时隙数也成倍增加。这是因为子载波间隔 Δf 和 OFDM 符号长度 Δt 的关系为 $\Delta t=1/\Delta f$，由此可知，频域上子载波间隔增加，时域上的 OFDM 符号长度相应的缩短，NR 的无线帧结构如图 2-12 所示。需要注意的是，短的时隙长度有利于低时延传输。

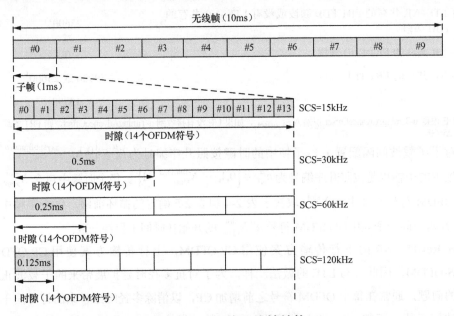

图2-12 NR的无线帧结构

NR 的 OFDM 符号（含 CP）的长度是 $\left(N_u^{\mu}+N_{CP,l}^{\mu}\right)\times T_c$，其中，$N_u^{\mu}$ 和 $N_{CP,l}^{\mu}$ 的取值如式（2-1）所示。

$$N_u^{\mu} = 2048\kappa\times 2^{-\mu}$$

$$N_{CP,l}^{\mu} = \begin{cases} 512\kappa\times 2^{-\mu} & \text{扩展CP} \\ 144\kappa\times 2^{-\mu}+16\kappa & \text{正常CP，} l=0\text{或}l=7\times 2^{\mu} \\ 144\kappa\times 2^{-\mu} & \text{正常CP，} l\neq 0\text{或}l\neq 7\times 2^{\mu} \end{cases} \qquad 式（2-1）$$

根据式（2-1），可以计算出正常 CP、不同子载波间隔配置下的符号长度和 CP 长度。正常 CP，不同子载波间隔配置下的符号长度和 CP 长度见表 2-6，正常 CP，不同子载波间

隔配置下的符号长度和 CP 长度如图 2-13 所示；扩展 CP 的符号长度和 CP 长度见表 2-7，扩展 CP，符号长度和 CP 长度如图 2-14 所示，图 2-13 和图 2-14 中的数值单位是 $\kappa \times T_c$，即 32.552ns。

表2-6　正常CP，不同子载波间隔配置下的符号长度和CP长度

μ	SCS/kHz	符号长度 / μs	$N_{\text{symb}}^{\text{slot}}$	CP 长度（$l=0$ 或 $l = 7 \times 2^\mu$）/ μs	CP 长度（其他符号）/ μs	时隙长度 / ms
0	15	66.67	14	5.21	4.69	1
1	30	33.33	14	2.86	2.34	0.5
2	60	16.67	14	1.69	1.17	0.25
3	120	8.33	14	1.11	0.57	0.125
4	240	4.17	14	0.81	0.29	0.0625

表2-7　扩展CP的符号长度和CP长度

m	SCS/kHz	符号长度 / μs	$N_{\text{symb}}^{\text{slot}}$	CP 长度 / μs	时隙长度 /ms
2	60	16.67	12	4.17	0.25

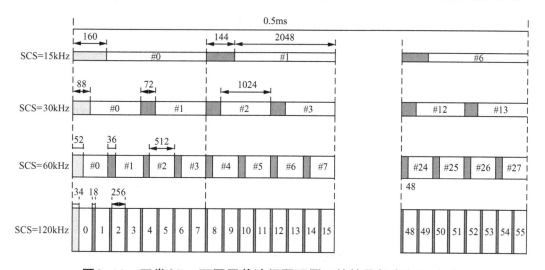

图2-13　正常CP，不同子载波间隔配置下的符号长度和CP长度

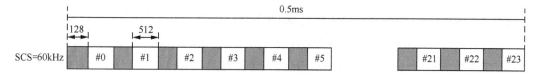

图2-14　扩展CP，符号长度和CP长度

对于正常 CP，每 0.5ms 的第 1 个 OFDM 符号的 CP 长度比其他 OFDM 符号中的 CP 略长，其原因是为了简化 0.5ms 长度中所包含的基本时间单元数目 T_c 不能被 7 整除的问题。需要注意的是，SCS=15kHz 时，NR 的帧、子帧、时隙数和 OFDM 符号数与 LTE 的完全相同，因此，便于实现 NR 和 LTE 的共存。

与 LTE 相比，NR 的时隙在设计上具有两个显著特点：一是多样性，NR 中的时隙类型更多，引入了自包含时隙；二是灵活性，LTE 的下行分配和上行分配只能实现子帧级变化（特殊子帧除外），而 NR 的下行分配和上行分配可以针对不同的 UE 进行动态调整，实现符号级变化。这样的设计可以支持更动态的业务需求来提高网络利用率，同时支持更多的应用场景和业务类型，从而可以给用户提供更好的体验。

NR 每个时隙中的 OFDM 符号可以分为下行符号（标记为 "D"）、灵活符号（标记为 "F"）或上行符号（标记为 "U"）。其中，下行符号仅用于下行传输；上行符号仅用于上行传输；灵活符号可用于上行传输、下行传输、保护间隔（Guard Period，GP）或作为预留资源。

对于不具备全双工能力的 UE，也即半双工频分双工（Half-duplex Frequency Division Duplex，H-FDD）的 UE，被宣布为下行的符号仅能用于下行传输，在下行传输时间内没有上行传输；同理，被宣布为上行的符号仅能用于上行传输，在上行传输时间内没有下行传输。UE 不假定灵活符号的传输方向，UE 监听下行控制信令，根据动态调度信令获取的信息来确定灵活符号是用于下行传输还是上行传输。

对于不具备全双工能力的 UE，在下行接收的最后一个符号结束后，需要在 $N_{Rx\text{-}Tx}T_c$ 后发送上行信号，$N_{Rx\text{-}Tx}$ 取值为 25600（FR1）或 13792（FR2），也即 UE 的接收—发送转换时间不小于 13μs（FR1）或 7μs（FR2）。对于不具备全双工的 UE，UE 上行发送的最后一个符号结束后，不再期望下行接收早于 $N_{Tx\text{-}Rx}T_c$，也即 UE 的发送 - 接收转换时间不小于 13μs（FR1）或 7μs（FR2）。

NR 的时隙类型可以分为 4 类，主要时隙类型如图 2-15 所示，每类时隙类型的特点如下。

① Type1：全下行时隙（DL-only slot），Type1 仅用于下行传输。

② Type2：全上行时隙（UL-only slot），Type2 仅用于上行传输。

③ Type3：全灵活时隙（Flexible-only slot），Type3 具有前向兼容性，可以为未来的未知业务预留资源，同时，Type3 的下行和上行资源可以自适应调整，适用于动态 TDD 场景。

④ Type4：混合时隙（Mixed slot），Type4 又细分为 Type4-1、Type4-2、Type4-3、Type4-4、Type4-5。其中，Type4-1 和 Type4-2 具有前向兼容性，可以为未来的未知业务预留资源，同时 Type4-1 和 Type4-2 具有灵活的数据发送开始和结束位置，适用于非授权频段、动态 TDD 等场景；Type4-3 适用于下行自包含子帧 / 时隙；Type4-4 适用于上行自包含子帧 / 时隙；Type4-5 是 7 符号 Mini-slot，支持更短的数据长度。

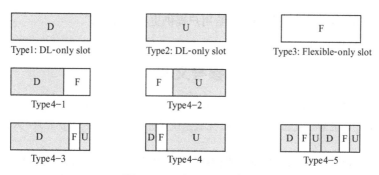

图2-15 主要时隙类型

与 LTE 相比，NR 引入了自包含（Self-Contained）子帧 / 时隙，也即同一个子帧 / 时隙内包含 DL、UL 和 GP。自包含子帧 / 时隙的设计目标主要有两个方面。一方面，更快的下行 HARQ-ACK 反馈和上行数据调度，以降低空口时延，用于满足超低时延的业务需求，尤其是在广 / 深覆盖且具有超低时延的场景。因为广 / 深覆盖场景使用低频段比较合理，但是低频段的时隙较长，不利于降低空口时延，而自包含子帧 / 时隙可以较好地解决低频段时隙较长的问题。对于 Mini-slot（Type4-5），1 个时隙内有两个下行—上行转换周期，可以进一步降低空口时延，能满足 5G 毫秒级的数据时延要求。另一方面，更短的 SRS 发送周期可以跟踪信道快速变化，提升 MIMO 性能。

自包含子帧 / 时隙有两种结构，即下行主导（DL-dominant）时隙和上行主导（UL-dominant）时隙，即图 2-15 中的 Type4-3 和 Type4-4。对于下行主导时隙，DL 用于数据传输，UL 用于上行控制信令，例如，用于对同一时隙下行数据的 HARQ 反馈，UL 也可以用于发送 SRS 信号或调度请求（Scheduling Request，SR）。对于上行主导时隙，UL 用于数据传输，DL 用于下行控制信令，例如，用于对同一时隙上行数据的调度。

●●2.4 本章小结

本章首先介绍了 NG-RAN 架构，NG-RAN 节点可以是 gNB，也可以是 ng-eNB，gNB 与 UE 之间是 NR 接口，ng-eNB 与 UE 之间的是 LTE 接口，接着重点分析了逻辑信道、传输信道和物理信道。其次，本章阐述了 NR 物理层设计要点，包括更大的频率范围、更大且更为灵活的信道带宽、多种信道栅格、同步栅格、灵活的子载波间隔、灵活的帧结构、自适应部分带宽以及在数据信道、控制信道、参考信号、PRACH 和波束管理方面的改进。最后，本章对 NR 帧结构进行了分析，NR 支持的子载波间隔可以是 15kHz、30kHz、60kHz、120kHz 和 240kHz，NR 的无线帧长度（10ms）和子帧的长度（1ms）与 LTE 相同，有利于 LTE 和 NR 共同部署模式下，帧与子帧在结构上保持一致。与 LTE 相比，NR 的时隙在设计上具有多样性和灵活性两个特点，可以支持更动态的业务需求来提高网络利用率，同时支持更多的应用场景和业务类型，给用户提供更好的体验。

参考文献

[1] 张建国，杨东来，徐恩，等 . 5G NR 物理层规划与设计 [M]. 北京：人民邮电出版社，2020.

[2] 刘晓峰，孙韶辉，杜忠达，等 . 5G 无线系统设计与国际标准 [M]. 北京：人民邮电出版社，2019.

[3] 张建国，徐恩，肖清华 . 5G NR 频率配置方法 [J]. 移动通信，2019，43（2）：33-37.

[4] 张建国，黄正彬，周鹏云 . 5G NR 下行同步过程研究 [J]. 邮电设计技术，2019（3）：22-26.

[5] 3GPP TS 38.104, NR; Base Station (BS) radio transmission and reception.

[6] 3GPP TS 38.211, NR; Physical Channels and modulation.

[7] 3GPP TS 38.212, NR; Multiplexing and Channel coding.

[8] 3GPP TS 38.213, NR; Physical layer procedures for control.

[9] 3GPP TS 38.214, NR; Physical layer procedures for data.

[10] 3GPP TS 38.300, NR; NR and NG-RAN Overall Description; Stage2.

NR-V2X 技术

Chapter 3

第3章

车辆对任何事（Vehicle to Everything，V2X）通信技术旨在通过车辆及路边基础设施间的协同通信来提高驾驶安全性、减少拥堵以及提高交通效率等，是智能运输系统（Intelligent Transportation System，ITS）的关键技术之一。

根据市场结果分析，继手机和计算机之后，车辆已经成为世界上第三大联网设备。基于海量的消费群体和强烈的用户需求，我国车联网产业的规模化发展找到了机遇。随着我国5G技术的推广和道路基础设施的快速发展，未来的汽车交通朝着更加智能化和网络化发展，5G的超可靠、低时延、切片网络等关键技术为车联网提供了强有力的支撑，使车联网的体系结构得到优化，进一步激发了车联网的市场潜力。通过V2X通信，车辆能够自主地与附近其他车辆和路边基础设施通信，获得实时路况和道路信息以及行人信息等一系列交通信息，从而实现汽车的安全高效行驶，减少交通事故的发生，提高道路利用率，缓解交通压力，以及提供道路安全紧急救助信息和丰富的娱乐信息，以提升驾驶体验，并将为各种新型道路安全和驾驶辅助应用打开大门。

●● 3.1 C-V2X 技术标准演进

3.1.1 车联网通信需求、挑战与技术标准

车联网技术实现车辆与周边环境和网络的全方位通信,包括车与车(Vehicle-to-Vehicle,V2V)、车与路(Vehicle-to-Infrastructure,V2I)、车与人(Vehicle-to-Pedestrian,V2P)、车与网络(Vehicle-to-Network,V2N)等平台。车与路侧单元(Road Side Unit,RSU)通信,也称为车与RSU(Vehicle-to-RSU,V2R)。车联网为汽车驾驶和交通管理应用提供环境感知、信息交互与协同控制能力。其中,V2V主要提供车辆间防碰撞安全应用,V2I主要提供交通信号时序等道路管理信息,V2P为行人或非机动车提供安全警告,V2N主要提供导航、娱乐、防盗等云网络服务。

车联网应用从道路安全类、交通效率类、信息服务类等基本应用向智慧交通、自动驾驶等增强应用演进,具有多样化的通信性能需求。在基本应用中,道路安全类对通信性能要求最高,以高频度、低时延、高可靠为主要需求。信息服务类(例如,下载地图、视频)具有高带宽需求,但对时延要求不高。车联网增强应用需要支持车辆编队行驶、半/全自动驾驶、远程驾驶、传感器扩展等场景,因此,车联网增强等应用提出了更严苛的通信需求,例如,极低的通信时延、极高的可靠性、更大的传输速率、更远的通信范围,以及支持更高的移动速度等。

车联网增强应用共有车辆编队行驶、高级驾驶、传感器扩展和远程驾驶4类应用。

① 车辆编队行驶能够支持车辆动态组成车队进行行驶,所有编队行驶的车辆能够从头车获取信息,使编队行驶的车辆之间间距更小,从而提高交通的效率,并且降低油耗。

② 高级驾驶包括半自动驾驶和全自动驾驶,可以通过邻近车辆之间共享感知数据,并进行驾驶策略的协调和同步,要求每个车辆给临近的车辆共享自己的驾驶意图。

③ 传感器扩展要求车辆之间、车辆与RSU之间、车辆与行人,以及车辆与V2X应用服务器之间能够实现车载传感器,或者车载动态视频信息的交互,从而获得更全面的当前道路的环境信息。这类应用一般要求的数据传输速率比较高。

④ 远程驾驶要求通过远程的驾驶员或者V2X应用服务器对远程车辆进行操控和驾驶。这种应用要求更小的时延和更可靠的通信服务。

车联网增强应用的通信性能需求见表3-1。

表3-1　车联网增强应用的通信性能需求

场景	有效通信距离	最大时延/ms	单次传输成功	传输速率/（Mbit/s）	负载/Byte
车队行驶	（5～10s）×最快相对速度	10～25	90%～99.99%	50～65	50～1200 / 最大：6500
高级驾驶	（5～10s）×最快相对速度	V2V:3～10 / V2I: 100	99.99%～99.999%	UL:50	最大：6500
扩展传感器	50～1000m	3～100	99.999%	1000	—
远程驾驶	—	5	90%～99.999%	上行：25 / 下行：1	—

2020年3月，工业和信息化部发布了推荐性国家标准，明确汽车驾驶自动化分级，自动化等级从低到高主要分为以下5级。

- L1级是部分驾驶辅助，系统可执行车辆横向或纵向运动。
- L2级是组合驾驶自动化，系统可执行车辆横向与纵向运动。
- L3级是有条件自动驾驶，系统识别失效模式并发出接管请求。
- L4是高度自动驾驶，系统识别失效模式并自动达到最小风险状态。
- L5是完全自动驾驶，系统无运行设计域限制。

另外，还定义了L0级，L0级别是无自动化，系统仅有目标和事件探测与响应功能，不同自动化等级的定义见表3-2。

表3-2　不同自动化等级的定义

级别	称呼	定义	主体			
			驾驶操作	周边监控	支援	系统作用域
0	无自动化	由人类驾驶者全权操作汽车，在行驶过程中可以得到警告和保护系统的辅助	人类驾驶者	人类驾驶者	人类驾驶者	无
1	驾驶支援	通过驾驶环境对方向盘和加减速中的一项操作提供驾驶支援，其他的驾驶动作由人类驾驶员进行操作				部分
2	部分自动化	通过驾驶环境对方向盘和加减速中的多项操作提供驾驶支援，其他的驾驶动作由人类驾驶者进行操作				
3	有条件自动化	由无人驾驶系统完成所有的驾驶操作。根据系统请求，人类驾驶者提供适当的应答	系统	系统	系统	
4	高度自动化	由无人驾驶系统完成所有的驾驶操作。根据系统请求，人类驾驶者不一定需要对所有的系统请求作出应答，限定道路和环境条件等				
5	完全自动化	由无人驾驶系统完成所有的驾驶操作。人类驾驶者在可能的情况下接管。在所有的道路和环境下驾驶				全域

不同自动化等级的通信性能需求见表 3-3。

表3-3 不同自动化等级的通信性能需求

车辆自动化等级	自动化程度	传输时延 /ms	每车网速 /（Mbit/s）	支持技术
L1	部分驾驶辅助	100 ~ 1000	0.2	LTE+LTE-V
L2	组合驾驶自动驾驶	20 ~ 100	0.5	LTE+LTE-V
L3	有条件自动驾驶	10 ~ 20	16	5G eMBB+LTE-V
L4	高度自动驾驶	1 ~ 10	100	5G eMBB+eV2X
L5	完全自动驾驶	1 ~ 10	100	5G eMBB+eV2X

目前，车联网通信技术标准主要有两大类：一是专用短程通信（Dedicated Short Range Communication，DSRC）即 IEEE 802.11p 标准；二是蜂窝车联网（Cellular Vehicle-to-Everything，C-V2X）标准。

DSRC 的 IEEE 802.11p 标准是在 IEEE 802.11 标准基础上增强设计的车联网无线接入技术标准，IEEE 802.11p 提供短距离直连通信，重点实现 V2V 和 V2I 通信，已进行 10 多年的研究。DSRC 的优点主要包括以下 3 项。

① 在欧洲、美国、日本已完成大规模外场测试。

② 曾被认为是可以支持基于车辆通信的防碰撞应用的唯一能满足延迟要求的成熟通信选项。

③ 具有成熟的商业化芯片解决方案。

DSRC 的缺点主要包括以下 6 项。

① 短程通信本身导致 RSU 覆盖范围很小。

② V2V 多跳通信虽然可以扩大 RSU 覆盖，但无法提供稳定的端到端传输路径。

③ 路由问题导致 DSRC 无法在长距离通信场景中支持低时延业务。

④ 基于带有冲突避免的载波侦听多路访问（Carrier Sense Multiple Access with Collision Avoid，CSMA/CA）机制的 IEEE 802.11p 存在扩展性差和无严格服务质量（Quality of Service，QoS）保障能力的问题。

⑤ 由于没有握手或确认机制，IEEE 802.11p 仅能提供不可靠的广播服务。

⑥ 在车辆密集时通信时延较长、可靠性较低。

蜂窝移动通信技术具有覆盖广、容量大、可靠性高、移动性好等优点，具有产业规模优势，能满足车联网的远程信息服务和娱乐信息服务需求，但其针对以人为主的通信场景、技术特点、通信性能等，例如，点对点通信、较低通信频度、通信对象已知，仍然与车联网的多点对多点通信、通信频度高、通信对象随机突发等特点具有明显差异。由于端到端通信时延较长，所以无法满足车与车、车与路之间的低时延通信要求。

无论是单一的蜂窝通信，还是基于 IEEE 802.11p 的通信制式，二者各具优缺点，但均无法满足车联网通信需求。C-V2X 技术在此背景下应运而生。C-V2X 以蜂窝通信技术为基础，通过技术创新具备 V2X 直连通信能力，既能解决车联网应用的低时延、高可靠通信难题，又能够利用已有的移动网络部署支持信息服务类业务，并利用移动通信的产业规模经济降低成本。C-V2X 可以支持长距离和短距离通信，可以为蜂窝网覆盖区和未覆盖区提供服务。

3.1.2 C-V2X 关键技术

C-V2X 是融合蜂窝通信与直连通信的车联网通信技术。C-V2X 提供两种互补的通信模式：一种是直通模式，终端间通过直通链路（PC5 接口）进行数据传输，不经过基站，实现 V2V、V2I、V2P 等直连通信，支持蜂窝覆盖内和蜂窝覆盖外两种场景；另一种是蜂窝模式，沿用传统蜂窝通信模式，使用终端和基站之间的 Uu 接口实现 V2N 通信，并可使基于基站的数据转发实现 V2V、V2I、V2P 通信。随着蜂窝移动通信系统从 4G 到 5G 的演进，C-V2X 又包括 LTE-V2X 和 NR-V2X 两种通信方式。

在系统架构方面，为了实现对 C-V2X 蜂窝网络覆盖内、覆盖外通信场景的灵活支持，以及为各类车联网应用提供差异化的 QoS，C-V2X 系统架构除了引入实现直连通信的 PC5 接口，还引入新的逻辑网元车辆对任何事应用服务器（V2X Application Server，VAS）和对应接口。同时，针对 V2X 管控和安全需求，在 LTE-V2X 中引入核心网网元车辆对任何事控制功能（V2X Control Function，VCF）。在 NR-V2X 中对策略控制功能（Policy Control Function，PCF）、AMF 等实体进行了适应性扩展。基于 PC5 接口和 LTE-Uu 接口的 V2X 通信架构如图 3-1 所示，基于 PC5 接口和 NR-Uu 接口的 V2X 通信架构如图 3-2 所示。

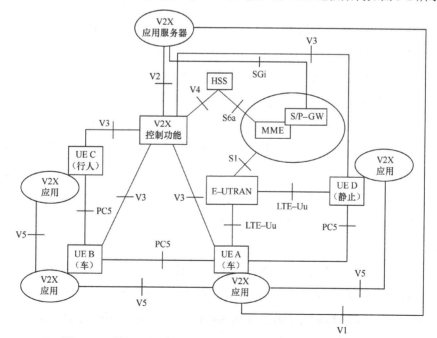

图3-1 基于PC5接口和LTE-Uu接口的V2X通信架构

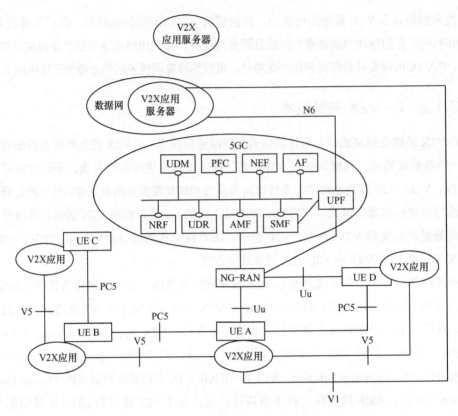

图3-2 基于PC5接口和NR-Uu接口的V2X通信架构

在无线传输方面，帧结构是无线通信制式的基础框架。C-V2X 借鉴蜂窝通信的帧结构，并结合车联网的应用特点和 5.9GHz 高载频下的直连通信特性进行了改进，例如，车辆高速运动引发的多普勒频偏问题等。LTE-V2X 采用导频加密等方法以应对车辆相对高速运动及车辆自组织网络拓扑快速变化的挑战；并在 NR-V2X 中支持 2 列到 4 列的自适应导频参考信号模式，可应用于不同行驶速度场景和不同的参数集配置。LTE-V2X 支持广播通信方式以满足道路安全类应用的信息广播需求；NR-V2X 还扩展支持直通链路的单播和多播通信方式，用于支持辅助交互的业务需求。LTE-V2X 支持 HARQ 的盲重传，NR-V2X 引入自适应重传机制，实现比广播机制更高的可靠性。在调制方面，NR-V2X 引入了高阶调制（最高可以是 256QAM）和空间复用的多天线传输机制（最大支持 2 层空间复用），以支持更高的传输速率。

在接入控制和资源调度方面，C-V2X 支持基站调度和终端自主资源选择两种资源调度方式。LTE-V2X 最早提出这两种模式，NR-V2X 对其进行了沿用并做了一些适应性改进。在基站调度方式（即 LTE-V2X 的模式 3 和 NR-V2X 的模式 1）中，基站调度 V2X 终端在直通链路的传输资源，能够有效避免资源冲突、解决隐藏节点问题。在终端自主资源选择方式（即 LTE-V2X 的模式 4 和 NR-V2X 的模式 2）中，C-V2X 采用分布式资源调度机制。对于周期性特征明显的道路安全等 V2X 业务，采用感知信道与半持续调度（Semi-Persistent Scheduling，SPS）结合的资源分配机制，充分利用 V2X 业务的周期性特点，发送节点预约周期性的传输资源来承载待发送的周期性 V2X 业务，有助于接收节点进行资源状态感知和冲突避免，提高了资源利用率，提升了传输可靠性。对于非周期性业务，采用感知与单次传输结合的资源分配机制，但由于无法预测和预约未来的资源占用，所以资源碰撞概率较大。

在同步机制方面，为了减少系统干扰，实现全网统一定时，C-V2X 支持基站、GNSS、终端作为同步源的多源异构同步机制。蜂窝网覆盖范围内由基站配置同步源和同步方式，覆盖外采用预配置方式确定同步源，以便实现全网统一的同步定时。

基于 NR 的车联网解决方案如图 3-3 所示。

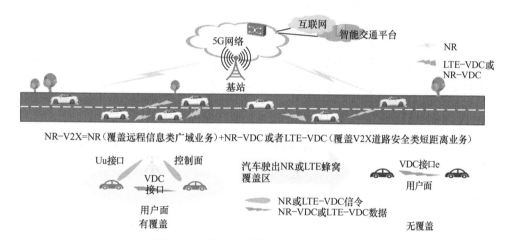

图3-3　基于NR的车联网解决方案

3.1.3　C-V2X 技术标准演进

国际标准方面，C-V2X 技术标准的演进可以分为 LTE-V2X 和 NR-V2X 两个阶段。

其中，LTE-V2X 由 3GPP Rel-14 和 Rel-15 技术规范定义。Rel-14 在蜂窝通信中引入了支持 V2X 短距离直连通信的 PC5 接口，支持面向基本道路安全业务的通信需求，主要实现辅助驾驶功能，Rel-14 已经于 2017 年 3 月完成。Rel-15 技术规范对 LTE-V2X 直通链路进行了增强，包括多载波操作、高阶调制（64QAM）、发送分集和时延缩减等新技术特性，Rel-15 已经于 2018 年 6 月完成。

NR-V2X 研究基于 5G NR 的 PC5 接口和 Uu 接口增强，主要用于支持车辆编队行驶、远程驾驶、传感器扩展等高级 V2X 业务需求。3GPP 于 2019 年 3 月完成了 Rel-16 NR-V2X

的研究课题，于 2020 年 6 月完成了 Rel-16 NR-V2X 标准化项目。Rel-16 从架构、直连通信（Side Link）、与 LTE-V 共存、Uu 增强、频谱及高精度定位上全方面支持 5G-V2X 商用。Rel-16 包含 V2X 的主要内容如图 3-4 所示。

架构
- V2X 切片
- 端到端 QoS
- 多运营商支持

频谱
- 非授权 ITS 频谱支持直连通信
- 授权频谱支持直连通信

融合组网
- LTE-V 和 5G-V2X 融合组网
- LTE-PC5 与 NR-Uu 融合

Uu 口增强
- 多播
- uRLLC
- 移动性增强

直连通信
- 单播、组播和多播
- 物理层架构
- 同步
- 资源分配
- L2/L3 协议

定位
- 基于 Uu 口的高精度定位（在 NR 定位考虑）

图3-4 Rel-16包含V2X的主要内容

在 Rel-17 版本中，将研究弱势道路参与者的应用场景，研究直通链路中终端节电机制、节省功耗的资源选择机制，并开展终端之间资源协调机制的研究以提高直通链路的可靠性和降低传输的时延。NR-V2X 和 LTE-V2X 功能比较见表 3-4。

表3-4 NR-V2X和LTE-V2X功能比较

功能	LTE-V2X	NR-V2X
HARQ 反馈	无	HARQ ACK/NACK 反馈
直连通信同步	可选	必选
子载波间隔	15kHz	15kHz、30kHz、60kHz、120kHz
时隙长度	1ms	1ms、0.5ms、0.25ms、0.125ms
空分复用	无	2 层
SPS 调度	20ms，50ms 和 $n \times 100$ms	$[1 \cdots 99]$ms 和 $n \times 100$ms
传输模式	广播	广播、组播、单播
编码	TBCC 和 Turbo	LDPC 和 Polar
HARQ 重传次数	盲重传，最多 2 次（包括初传）	最多 32 次（包括重传）

国内标准方面，中国通信标准化协会（China Communications Standards Association，CCSA）围绕互联互通和基础支撑，体系化地布局并完成了 C-V2X 总体架构、空中接口、网络层与消息层、多接入边缘计算、安全等相关的标准化工作。

在 C-V2X 融合应用标准方面，在国家制造强国建设领导小组车联网产业发展专委会指导下，工业和信息化部、公安部、交通运输部、国家标准化管理委员会联合组织制定并发布《国家车联网产业标准体系建设指南》及各分册，促进 C-V2X 技术标准在汽车、交通、公安等跨行业领域的应用推广。相应地，汽车、通信、智能运输系统、道路交通管理等相关各领域的标准化技术委员会正在加快开展重要标准的相关制定工作。

●● 3.2　C-V2X 的特点及应用

V2X 通信主要通过装载在车辆上的传感器等芯片技术和通信模块来检测车辆周围的交通状况，获得系统负载状态等一系列重要信息，与此同时，利用 GNSS（例如，北斗，GPS）来实时获得车辆的位置，并指引车辆始终行驶在最优路线。正是由于车联网系统的信息共享，所以车辆可以有效地预测前方的道路信息，并自动选择最优行驶路线，从而避开拥堵路段。

V2X 的应用类型如图 3-5 所示。V2X 包括 V2V、V2I、V2P、V2N 等，与 RSU 通信，也称为 V2R。

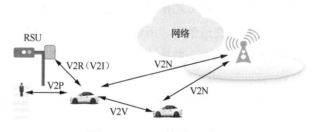

图3-5　V2X的应用类型

在 V2V 通信模式中，车辆主要与其他车辆进行通信。由于通信的双方往往处于高速运动的情景下，所以 V2V 通信模式对于车辆所在的定位信息也具有更加严格的要求。同时，在高速运动的场景下，信道和通信环境也更复杂，因此，V2V 通信模式的研究也更复杂。现有的 V2X 通信相关研究也大多集中在 V2V 通信模式中。又由于车辆与车辆间的通信基于 D2D 通信，所以 V2V 通信模式不需要借助网络设施（例如，基站等）即可实现，大大降低了车辆到车辆之间的传输时延。这也使 V2V 通信模式更加高效。同时，车辆自身所配置的各式各样的传感器，使车辆可以实时感应汽车当前的速度、方向和位置，以及与其他汽车之间的安全距离等，并利用 V2V 通信模式传输相关的安全信息给周围的其他汽车。当其他车辆接收到相关的安全信息时，能对周围的交通环境进行预判，从而避免发生交通事故，因此，V2V 传输模式特别适合传输一些紧急信息。相对于传统接入互联网产生的费用，V2V 通信模式不需要通过基站，也不会产生相关费用，同时减少了基站的通信负载，使其更具竞争力。

在 V2I 通信模式中，汽车主要与 RSU 进行通信，例如，交通信号灯、路牌等。具体来说，交通中心首先利用 V2I 通信模式接收各条道路上的信息。这些信息包括道路状况、汽车流量以及事故信息等。同时，交通中心利用这些交通信息分析各个街道的拥堵状况，从而有效地指挥交通。另外，车辆也可以利用 V2I 通信模式，迅速了解车辆周围的各种设施信息，例如，加油站、商场等，还可以通过 RSU 使车辆迅速接入互联网，从而接收各种娱乐多媒体信息，例如，高清视频、音乐和社交信息等。V2I 通信模式可以有效避免车辆成为通信网络的一个孤立节点，减少了车辆通信中车辆对其他车辆的依赖性。由于通信信道的频率选择性和快速时变衰落特点，V2I 通信模式在车辆较少的场景下或者网络结构不太复杂的情况下更具优势。

在 V2P 通信模式中，车辆主要与行人身上的智能设备进行通信，例如，智能手机、运动手环和智能手表等。相对车辆而言，行人的速度是缓慢的，甚至是静止的，因此，V2P 通信模式可以看作简化版的 V2V 通信模式，信道和通信环境也相对容易分析。车辆利用 V2P 通信模式可以实时感应车辆周围的行人位置信息，通过预测行人的行走路线，发出预警信息提醒驾驶员和行人，可以有效避免交通事故的发生。

由于车辆间的协同通信性质，V2X 通信可用于交通参与者之间的信息交换，并使合作驾驶能够避免事故，同时提高交通效率，所以其被视为未来车辆的核心技术。车辆互联技术可以解决智能交通系统领域中一些挑战较大的问题，例如，安全、移动性和多变的环境。

V2X 通信在道路安全服务、自动停车系统、紧急车辆让行以及自动跟车等一系列为车辆提供服务的场景中有大量应用。目前，V2X 通信主要讨论的应用场景有 3 个，具体说明如下。

1. 行驶安全服务

行驶安全服务是指利用 V2X 通信实时监测车辆周围的行人、车辆以及路侧单元，例如，交通信号灯等实体信息，并且通过与其他车辆的信息共享使驾驶者迅速了解道路的安全信息以及交通状况，从而提高对危险路段的警觉度，规避交通事故的发生，特别是在恶劣的天气环境下，例如，暴雪、雾霾、台风等严重影响驾驶者观察周边道路的天气情况，V2X 通信提供的行驶安全服务至关重要。其中，包括十字路口碰撞预警、紧急制动预警等典型的行驶安全应用场景。

① 碰撞预警

碰撞预警是指在交叉路口或道路上，RSU 检测到有碰撞风险时，将对受影响区域内的车辆发送告警信息，或者车载单元（On Board Unit，OBU）探测到与侧向行驶的车辆有碰撞风险时，通过预警提醒驾驶员和发送碰撞告警信息给受影响车辆，以避免碰撞。

该场景下如果存在 RSU，则需要 RSU 具备检测碰撞风险和发送预警信息的能力。另外，车辆需要具备广播 V2X 消息等能力，与周围车辆建立通信联系。

② 紧急制动预警

紧急制动预警是指基于 V2V 通信，当前方车辆紧急刹车时，系统发出告警信息，提醒后方车辆减速，其中，后方车辆包括一定范围内的所有车辆，避免连环相撞。该场景需要紧急制动车辆具备广播 V2X 消息的能力，一定范围内的后方车辆具备接收 V2X 消息及处理告警信息的能力，车辆之间具备建立通信的能力。

2. 交通效率服务

在城市的市中心等人口密集的区域有着大量的车辆，但由于其交通效率不高，容易造成交通堵塞，特别是在上下班高峰期。与此同时，由于道路本身已经造成堵塞，随着新的车辆不断加入，更加重了交通负担，从而造成恶性循环。移动车辆之间及时交换当前和即将到来的交通信息可以缓解道路拥堵和减少交通事故，最大限度地减少因交通堵塞而在高速公路上浪费的时间，并能降低燃料消耗。V2X 通信的最优化行驶路线服务通过车辆间的实时信息共享（包括道路的拥堵情况等信息），自动地帮助驾驶者寻找最优化的行驶路线，从而有效地规避了交通拥堵路段，大大提高了驾驶体验。交通效率服务包括车速引导、车内标牌、协作式自适应巡航等应用场景。

① 车速引导

车速引导是指 RSU 收集交通灯、信号灯的配时信息，并将信号灯当前所处状态及当前状态的剩余时间等信息广播给周围车辆。车辆收到该信息后，结合当前车速、位置等信息，计算建议行驶速度，并向车主提示，有助于提高车辆不停车并通过交叉口的可能性。

该场景需要 RSU 具备收集交通信号灯信息，并向车辆广播 V2X 消息的能力，周边车辆具备收发 V2X 消息的能力。

② 车内标牌

交通信息及建议路径是指 RSU 或基站向覆盖范围内车辆发送道路数据和交通标牌信息，给予驾驶员相应的交通标牌提示。

该场景需要 RSU 或基站具备广播 V2X 信息，车辆需要具备接收 V2X 消息并解析的能力。

③ 协作式自适应巡航

协作式自适应巡航是指在高速公路等特定道路下行驶的车队巡航行驶，车队通过 V2X 通信，实现车队内部车辆之间速度、位置、状态等信息共享，保证车队行驶安全。

该场景需要车辆表明其活动状态和具备广播 V2X 消息的能力，并具备与邻近车辆进行单播或多播通信的能力，能够实现信息的收发。

3. 车载信息服务

车载信息服务是提高用户驾驶体验的重要应用场景,是 V2X 应用场景的重要组成部分。信息服务包含紧急呼叫业务和汽车近场支付等应用场景。

① 紧急呼叫业务

紧急呼叫业务是指当车辆出现紧急情况时,例如,安全气囊引爆或侧翻等,车辆能自动或手动通过网络发起紧急救助,并对外提供基础数据信息,包括车辆类型、交通事故时间地点等。服务提供方可以是政府紧急救助中心、运营商紧急救助中心或第三方紧急救助中心等。

该场景需要车辆具备 V2X 通信的能力,能与网络建立通信联系。

② 汽车近场支付

汽车近场支付是指汽车作为支付终端对所消费的商品或服务进行账务支付的一种服务方式。汽车通过 V2X 通信技术路侧单元(RSU 作为受理终端)发生信息交互,间接向银行金融机构发送支付指令,再经过人脸识别或指纹识别验证进行货币支付与资金转移的操作,从而实现车载支付功能。

该场景需要 RSU 具备 V2X 通信能力,将支付场景可支持的支付消息和活动状态进行广播。车辆具备 V2X 通信能力,将支付请求发送给 RSU。

●●3.3 NR-V2X 直连通信简介

在传统蜂窝业务中,基站通过上行链路和下行链路与终端进行信令和数据通信。直连通信(Side Link,SL)使用新定义的 PC5 接口执行邻近终端之间的直接通信,数据不需要通过基站,终端可以自主组网,具有网络健壮性强、吞吐量大等优点。当终端拥有有效授权和配置时,终端将被授权执行 5G 直连通信。通过 PC5 接口,NR-V2X 可以实现 V2V、V2I、V2P 等直连通信,支持蜂窝覆盖内和蜂窝覆盖外两种场景。

3.3.1 直连通信的整体架构

支持 PC5 接口的 NG-RAN 架构如图 3-6 所示。当 UE 在 NG-RAN 覆盖范围区内时,不管 UE 是在 RRC 的哪个状态,PC5 接口都支持直连通信的发射和接收;当 UE 在 NG-RAN 覆盖区范围之外时,PC5 接口也支持直连通信的发射和接收。UE 和 gNB 之间使用 NR-Uu 接口,即使用 5G 的空中接口;UE 和 ng-eNB 之间使用 LTE Uu 接口,即使用 4G 的空中接口;gNB/ng-eNB 之间采用 Xn 接口;UE 和 UE 之间的直通链路使用 PC5 接口。

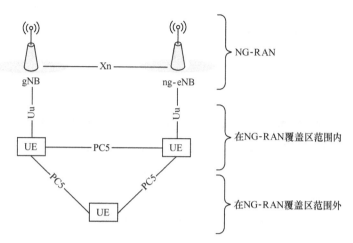

图3-6　支持PC5接口的NG-RAN架构

支持 V2X 直连通信分为独立模式和多无线接入技术双连接（Multi-Radio-Dual Connectivity，MR-DC）模式。为了向后兼容 LTE V2X，不管是独立模式还是 MR-DC 模式，都需要支持在 PC5 接口上发射和接收 LTE-V2X 和 NR-V2X。

其中，独立模式是指无线网和核心网之间有独立的用户面和控制面，对应着场景1、场景 2 和场景 3。V2X 独立模式场景如图 3-7 所示。

场景1: gNB在LTE SL和
NR SL上，为V2X UE提
供控制和配置信息

场景2: ng-eNB在LTE SL
和NR SL上，为V2X UE
提供控制和配置信息

场景3: eNB在LTE SL和
NR SL上，为V2X UE
提供控制和配置信息

图3-7　V2X独立模式场景

① 场景 1

使用 5G 的核心网（5GC）和 5G 的无线网，V2X UE 通过 5G 基站（gNB）连接到 5G 无线网，gNB 的用户面和控制面分别通过 NG-U 和 NG-C 接口直接连接到 5G 核心网，gNB 既可以在 NR SL 上为 V2X UE 提供控制和配置信息，也可以在 LTE SL 上为 V2X UE 提供控制和配置信息。

② 场景 2

使用 5G 的核心网（5GC）和 4G 的无线网，V2X UE 通过 4G 增强基站（ng-eNB）连接到 5G 无线网，ng-eNB 的用户面和控制面分别通过 NG-U 和 NG-C 接口直接连接到 5G 核心网，ng-eNB 既可以在 NR SL 上为 V2X UE 提供控制和配置信息，也可以在 LTE SL 上为 V2X UE 提供控制和配置信息。

③ 场景 3

使用 4G 的核心网（EPC）和 4G 的无线网，V2X UE 通过 4G 基站（eNB）连接到 4G 无线网，eNB 的用户面和控制面分别通过 S1-MME 和 S1-U 接口直接连接到 4G 核心网，eNB 既可以在 LTE SL 上为 V2X UE 提供控制和配置信息，也可以在 NR SL 上为 V2X UE 提供控制和配置信息。

MR-DC 是指多无线接入技术的双连接模式，对应着场景 4、场景 5 和场景 6。V2X MR-DC 模式场景如图 3-8 所示。

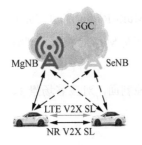

场景4：当UE配置为NE-DC时，通过Uu接口提供UE V2X的控制和配置信息

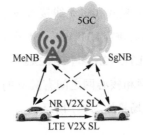

场景5：当UE配置为NGEN-DC时，通过Uu接口提供UE V2X的控制和配置信息

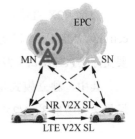

场景6：当UE配置为EN-DC时，通过Uu接口提供UE V2X的控制和配置信息

图3-8　V2X MR-DC模式场景

④ 场景 4

场景 4 属于新无线演进的地面无线接入双连接（New Radio Evolved Universal Terrestrial Radio Access Dual Connectivity，NE-DC），5G 基站（gNB）通过 NG-U 和 NG-C 接口连接到 5G 核心网，充当主基站，通过 NR-Uu 接口向 V2X UE 传输 5G 数据，在 NR SL 上为 V2X UE 提供控制和配置信息；4G 基站（eNB）通过 NG-U 连接到 5G 核心网，充当辅基站，通过 LTE Uu 接口向 V2X UE 传输 4G 数据，在 LTE SL 上为 V2X UE 提供控制和配置信息。

⑤ 场景 5

场景 5 属于下一代演进的地面无线接入新无线双连接（Next Generation Evolved Universal Terrestrial Radio Access NR Dual Connectivity，NGEN-DC），4G 增强基站（ng-eNB）通过 NG-U 和 NG-C 接口连接到 5G 核心网，充当主基站，通过 LTE Uu 接口向 V2X UE 传输 4G 数据，在 LTE SL 上为 V2X UE 提供控制和配置信息；5G 基站（gNB）通过 NG-U 接

口连接到 5G 核心网，充当辅基站，通过 NR-Uu 接口向 V2X UE 传输 5G 数据，在 NR SL
上为 V2X UE 提供控制和配置信息。

⑥ 场景 6

场景 6 属于演进的地面无线接入双连接（Evolved Universal Terrestrial Radio Access-
Dual Connectivity，EN-DC），4G 基站（eNB）通过 S1-U 和 S1-MME 接口连接到 4G 核心
网，充当主基站，通过 LTE Uu 接口向 V2X UE 传输 4G 数据，在 LTE SL 上为 V2X UE 提
供控制和配置信息；5G 基站（gNB）通过 S1-U 接口连接到 4G 核心网，充当辅基站，通过
NR-Uu 接口向 V2X UE 传输 5G 数据，在 NR SL 上为 V2X UE 提供控制和配置信息。

直连通信支持单播（Unicast）模式、组播（Multicast）模式和广播（Broadcast）模式。
直连通信的传输模式如图 3-9 所示。对于 3 种模式的直连通信，支持 IPv4、IPv6、以太网、
非结构化的数据单元类型。

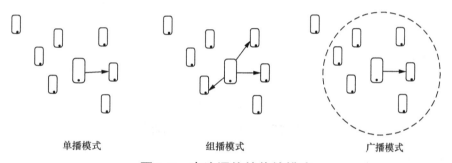

单播模式　　　　　　　　　　组播模式　　　　　　　　　　广播模式

图3-9　直连通信的传输模式

① 单播模式

直连通信的目标是一个特定的接收终端，信息的传递和接收只在两个终端之间进行。
两个终端之间建立 PC5 单播链路，PC5 单播链路可以根据应用层通信进行维护、修改和释
放。单播模式的功能包括支持控制信息和用户数据的发送和接收、支持直通链路 HARQ 反
馈、支持直通链路的功率控制、直通链路确认模式传输、检测 PC5-RRC 连接失败。

② 组播模式

直连通信的目标是一组特定的接收终端，组播模式能够实现只对特定对象传递数据的
目标，车辆编队行驶可以使用组播模式。对于商业服务，应用层组身份标识号码（IDentity）
由应用服务器提供；对于公共安全服务，预先配置的应用层组 ID 将用于组播通信。如果应
用层提供组大小和成员 ID 信息，则可将其用于组播控制。组播模式的功能包括支持控制信
息和用户数据的发送和接收、支持直通链路 HARQ 反馈。

③ 广播模式

直连通信的目标是在传输范围内的任何终端，广播模式能够实现一次传送所有目标的
数据，传感器共享可以使用广播模式。广播通信中的广播终端通过配置得到广播的目的地

址，接收终端通过配置得到用于广播接收的目的地址。广播模式的功能包括支持控制信息和用户数据的发送和接收。

单播模式的优点是接收终端能够及时响应，很容易实现个性化服务；其缺点是对每个目的终端都发送一次数据，占用的资源较多，通常会造成网络负担过重。组播模式的优点是节省了网络负载；与单播模式相比，其缺点是没有纠错机制，发生丢包后难以弥补，但能够通过一定的容错机制和 QoS 加以弥补。广播模式的优点是网络设备简单，成本低，网络负荷极低；广播模式的缺点是无法针对每个目的客户的要求及时提供个性化、多样化的服务。

根据直连通信和蜂窝网络之间的关系，NR 直连通信有两种部署场景。直连通信的部署场景如图 3-10 所示。

图3-10 直连通信的部署场景

① 覆盖区范围内的操作

这种场景的直连通信终端在蜂窝网络覆盖范围内，依赖于具体的操作模式，蜂窝网络能够或多或少地控制直通链路的通信。

② 覆盖区范围外的操作

这种场景的直连通信终端不在蜂窝网络覆盖范围内。

另外，还有一种"部分覆盖"场景，该场景仅仅是覆盖区范围内操作的子集。

在覆盖区范围内的操作场景，直连通信可以共享覆盖蜂窝网络的载波频率，或者直连通信发生在特定的直连通信载波频率上，该频率不同于蜂窝网络的频率。一般情况下，在蜂窝网络覆盖区内，终端将被配置一组参数用于适当的直连通信。在网络覆盖范围之外，直连通信至少需要部分参数，这些参数可以固定地写入终端本身，或存储在终端的用户身份识别模块（Subscriber Identity Module，SIM）内。在 3GPP 术语中，这种方式被称为"预配置"，方便与传统的网络在覆盖范围内区分配置参数。

3.3.2 直连通信的无线协议结构

通过 SCCH，PC5 接口控制面协议栈由 RRC、PDCP、RLC 和 MAC 以及 PHY 组成，

RRC 过程包括直连通信 RRC 重配置、直连通信无线承载管理、直连通信终端能力传输等。通过 SCCH，承载 RRC 的 PC5 控制面协议栈如图 3-11 所示。

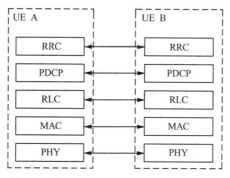

图3-11　通过SCCH，承载RRC的PC5控制面协议栈

PC5-S 位于 PDCP、RLC、MAC 和 PHY 之上。PC5-S 信令消息包括直连通信请求、链路标识更新请求 / 响应 / 确认、分离请求 / 响应、链路更新请求 / 接受、Keep-alive/Ack。通过 SCCH，承载 PC5-S 的控制面协议栈如图 3-12 所示。

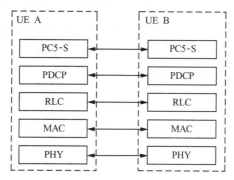

图3-12　通过SCCH，承载PC5-S的控制面协议栈

通过 SBCCH，PC5 接口控制面协议栈如图 3-13 所示。通过 SBCCH，PC5 接口控制面协议栈由 RRC、RLC、MAC 和 PHY 组成。

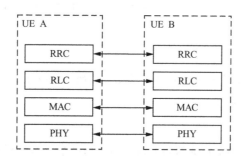

图3-13　通过SBCCH，PC5接口控制面协议栈

通过 STCH，PC5 接口用户面协议栈如图 3-14 所示，通过 STCH，PC5 接口用户面协议栈由 SDAP、PDCP、RLC、MAC 和 PHY 组成。

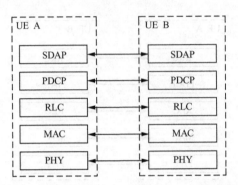

图3-14　通过STCH，PC5接口用户面协议栈

每层（子层）都以特定的格式向上一层提供服务，PHY（物理层）以传输信道的格式向 MAC 子层提供服务；MAC 子层以逻辑信道的格式向 RLC 子层提供服务；RLC 子层以 RLC 信道的格式向 PDCP 子层提供服务；PDCP 子层以无线承载的格式向 SDAP 子层提供服务。直连无线承载（Side Link Radio Bearer，SLRB）分为直连数据无线承载（Side Link-Data Radio Bearer，SL-DRB）和直连信令无线承载（Side Link-Signalling Radio Bearer，SL-SRB）两类。其中，SL-DRB 用于传输用户面的数据；SL-SRB 用于传输控制面的信令。

MAC 子层在 PC5 接口上提供以下服务和功能。

- 逻辑信道和传输信道之间的映射。
- MAC SDU 的复用 / 解复用，即把属于相同或不相同的逻辑信道的 MAC SDU 复用成传输块后以传输信道的格式发送给物理层，或者把来自物理层的传输块解复用为属于相同或不相同的逻辑信道的 MAC SDU。
- 信息报告的调度。
- 通过 HARQ 进行差错纠正。
- 针对不同的 UE，通过动态调度的方式，处理 UE 之间的优先级。
- 针对同一个 UE，通过逻辑信道优先级，处理 UE 内部的逻辑信道优先级。
- 无线资源选择。
- 包过滤。
- 对于给定的 UE，在上行传输和直连通信之间的优先级处理。
- 直通链路的 CSI 报告。
- 填充。

当 MAC 子层有逻辑信道优先级限制时，对于与某个目的地有关联的每个单播、组播、广播传输，只有属于同一个目的地的直通链路的逻辑信道才能被复用。

RLC 子层支持透明模式（Transparent Mode，TM）、非确认模式（Unacknowledged Mode，UM）、确认模式（Acknowledged Mode，AM）3 种传输类型。RLC 子层的配置基于逻辑信道，独立于物理层的参数集、传输持续时间等，也即 RLC 子层的配置与物理层配置无关。对于 SBCCH，仅使用透明模式；对于单播传输，可以使用非确认模式和确认模式；对于组播和广播传输，仅使用非确认模式，仅支持单方向的传输。

RLC 子层的功能与传输模式有关，RLC 子层在 PC5 接口上提供以下服务和功能。

- 上层 PDU 的转发。
- 维护 RLC 层的序列号（Sequence Number，SN）（对于 UM 和 AM 而言）。
- 通过 ARQ 进行差错纠正（对于 AM 而言）。
- RLC SDU 的分段（对于 AM 和 UM 而言）和再分段（对于 AM 而言）。
- SDU 的重组（对于 AM 和 UM 而言）。
- 重复包检测（对于 AM 而言）。
- RLC SDU 丢弃（对于 AM 和 UM 而言）。
- RLC 子层的重建。
- 协议差错检查（对于 AM 而言）。

PDCP 子层用户面可以提供以下服务和功能。

- 维护 PDCP 的 SN。
- 头压缩和解压缩，仅支持健壮性包头压缩（Robust Header Compression，RoHC）方式。
- 用户数据的转发。
- 重新排序（仅单播模式支持该功能）。
- 当存在分离承载时，负责 PDCP PDU 路由。
- PDCP SDU 重传。
- 加密、解密和完整性保护。
- 基于定时器的 PDCP SDU 丢弃。
- 对于 RLC AM，PDCP 重建和数据恢复。

PDCP 子层控制面可以提供以下服务和功能。

- 维护 PDCP 的 SN。
- 加密、解密和完整性保护。
- 控制面信令的转发。
- 重新排序（仅单播模式支持该功能）。

SDAP 子层位于 PDCP 子层之上，只在用户面存在，可以提供以下服务和功能。

- 负责 QoS 流和直连数据无线承载之间的映射。
- 对于与某个目的地相关联的一个单播、组播、广播，每个目的地都有一个 SDAP 实体，在 PC5 接口上，不支持反射 QoS。

PC5 接口的 RRC 子层可以提供以下服务和功能。

- 在对等的 UE 之间传输 PC5-RRC 消息。
- 在两个 UE 之间维持和释放 PC5-RRC 连接。
- 基于来自 MAC 子层或 RLC 子层的指示，删除 PC5-RRC 的直连无线链路失败。

PC5-RRC 连接是两个 UE 之间的逻辑连接，在对应的 PC5 单播连接建立后，这两个 UE 通过一对"源层 -2 身份标识号（Source Layer-2 ID）"和"目的地层 -2 身份标识号（Destination Layer-2 ID）"相关联，在 PC5-RRC 连接和 PC5 单播链路之间，是一对一的对应关系。一个 UE 可以有多个 PC5-RRC 连接，对应着不同的"源层 -2 ID"和"目的地层 -2 ID"。对于向对端 UE 传输 UE 能力和直连配置（包括 SL-DRB 配置）的 UE，使用分离的 PC5-RRC 过程和消息。两个对等 UE 都能够使用分离的双向流程交换各自的 UE 能力和直连配置。如果对直连传输没有兴趣，或如果在 PC5-RRC 连接上的直连无线链路失败，或完成了"源层 -2 ID"和"目的地层 -2 ID"连接释放流程，UE 释放 PC5-RRC 连接。

3.3.3 逻辑信道、传输信道和物理信道

逻辑信道是 MAC 子层向 RLC 子层提供的服务，表示传输什么类型的信息，通过逻辑信道标识区分传输的内容，逻辑信道分为控制信道和业务信道两种。其中，控制信道仅用于传输控制面信息，直连通信中定义的逻辑信道如下。

- 直连控制信道（Side Link Control CHannel，SCCH）：从一个 UE 向另外一个 UE 传输控制信息，例如，PC-5 RRC 信息和 PC5-S 信息。
- 直连广播控制信道（Side Link Broadcast Control CHannel，SBCCH）：从一个 UE 向另外一个 UE 广播直连系统消息。

业务信道仅用于传输用户面信息，直连通信中定义的逻辑信道如下。

- 直连业务信道（Side Link Traffic CHannel，STCH）：从一个 UE 向另外一个 UE 传递用户面信息。

传输信道是物理层向 MAC 子层提供的服务，传输通道定义了在空中接口上数据传输的方式和特征。传输信道分为公共信道和专用信道两种。直连通信中定义的传输信道如下。

- 直连广播信道（Side Link-Broadcast CHannel，SL-BCH）：采用预先定义的传输格式。
- 直连共享信道（Side Link-Shared CHannel，SL-SCH）：支持单播传输、组播传输和广播传输；当通过 NG-RAN 分配资源时，支持动态资源分配和半静态资源分配；支持 HARQ；通过调整传输功率、调制和编码方式支持动态链路自适应。

物理信道是一组对应着特定的时间、载波、扰码、功率、天线端口等资源的集合，也

即信号在空中接口传输的载体，映射到具体的时频资源上。物理信道是用于传输特定信息的传输信道。直连通信中定义的物理信道如下。

- 物理直连控制信道（Physical Side Link Control CHannel，PSCCH）：指示 PSSCH 使用的资源和其他传输参数，PSCCH 与 DM-RS 相关联。

- 物理直连反馈信道（Physical Side Link Feedback CHannel，PSFCH）：PSFCH 用于承载 HARQ 反馈，该反馈由接收侧 UE 反馈给发射侧 UE，PSFCH 在频域上占用 1 个 PRB，在时域上占用 2 个 OFDM 符号。2 个 OFDM 符号传输的内容相同，PSFCH 在 1 个时隙的直连通信资源的最后面。

- 物理直连广播信道（Physical Side Link Broadcast CHannel，PSBCH）：与 S-PSS 和 S-SSS 一起，组成 S-SSB，用于终端同步。

- 物理直连共享信道（Physical Side Link Shared CHannel，PSSCH）：用于传输本身的数据传输块信息及用于 HARQ 过程和 CSI 反馈触发的控制信息；在一个时隙内，至少 6 个 OFDM 符号用于 PSSCH 传输；PSSCH 与 DM-RS 相关联，还有可能与 PT-RS 关联。

直连通信的逻辑信道、传输信道、物理信道映射关系如图 3-15 所示。逻辑信道和传输信道的映射关系为：SCCH 映射到 SL-SCH 上，STCH 映射到 SL-SCH 上，SBCCH 映射到 SL-BCCH 上。传输信道和物理信道的映射关系为：SL-BCCH 映射到 PSBCH 上，SL-SCH 映射到 PSSCH 上。另外，MAC 控制信息映射到 SL-SCH 上，第 1 阶段的直连控制信息（Side Link Control Information，SCI）映射到 PSCCH 上，第 2 阶段的 SCI 映射到 PSSCH 上，直连反馈控制信息（Side Link Feedback Control Information，SFCI）映射到 PSFCH 上。

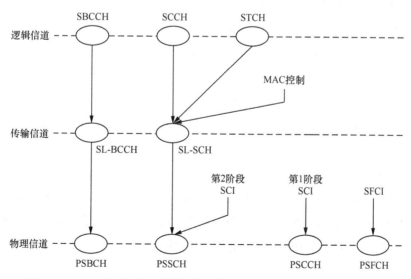

图3-15　直连通信的逻辑信道、传输信道、物理信道映射关系

●●3.4 NR-V2X 频谱和信道安排

频谱是无线通信最宝贵的资源，NR-V2X 也不例外，频谱有两个重要的特征，即频率的高低和可用带宽的大小。频率的高低与覆盖密切相关，频率越低，覆盖距离越远，为了实现良好的覆盖效果和节约建网成本，通常优先使用低频段。而可用带宽的大小与容量密切相关，基站或 UE 最大的发射带宽通常是中心频率的 5% 左右，因此，频率越高，可用带宽就越大，为了满足流量增长需求，又倾向于使用高频段。

本节接下来将重点分析 NR-V2X 工作频段、NR-V2X 信道带宽和 NR-V2X 信道安排 3 个方面的相关内容。

3.4.1 NR-V2X 工作频段

根据 3GPP Rel-17 协议，NR-V2X 只能工作在 FR1 频段，NR-V2X 在 FR1 的工作频段见表 3-5。

表3-5 NR-V2X在FR1的工作频段

NR-V2X 工作频段	SL 发射工作频段 $F_{UL\_low} \sim F_{UL\_high}$	SL 接收工作频段 $F_{DL\_low} \sim F_{DL\_high}$	双工模式	接口
n38	$2570 \sim 2620MHz$	$2570 \sim 2620MHz$	半双工	PC5
n47	$5855 \sim 5925MHz$	$5855 \sim 5925MHz$	半双工	PC5

由表 3-5 可知，PC5 接口可以同时使用 n38 和 n47 频段。需要说明的是，n38 频段包含在 n41 频段（2496～2690MHz）内，而 n41 已经分配给中国移动使用，因此，n38 频段在国内无法再被 NR-V2X 使用。在国内，只能使用 n47 频段。n47 频段的频率范围为 5855～5925MHz，为方便起见，n47 频段也称为 5.9GHz 频段。

2018 年 11 月，工业和信息化部印发了《车联网（智能网联汽车）直连通信使用 5905～5925MHz 频段管理规定（暂行）》（工信部无〔2018〕203 号），规划了 5905～5925MHz 频段共 20MHz 带宽的专用频率资源，用于 LTE 演进形成的 V2X 智能网联汽车的直连通信技术，同时，对相关频率、台站、设备、干扰协调的管理做出了规定。

截至 2023 年 10 月，工业和信息化部还没有为 NR-V2X 分配专用的频率资源，工业和信息化部将按照"条块结合"的推进思路，加强部门统筹协调，进一步强化频谱资源对车联网产业和应用发展的支撑作用，支持有条件的地区和重点高速公路开展车联网技术试验和规模部署；同时，不断加强与世界各国就车联网频率使用的交流合作，密切关注 NR-

V2X 车联网国际标准化进程，适时开展 NR-V2X 频率使用规划研究，推动 LTE-V2X 技术与 NR-V2X 协调发展。

　5.9GHz 频段作为国际电信联盟无线电通信组（International Telecommunications Union-Radiocommunications Sector，ITU-R）全球范围及区域性融合的智能交通系统（Intelligent Transportation System，ITS）频段，可以为 C-V2X 和相关 ITS 业务发展带来规模经济效益。除了 LTE-V2X 用于基本安全业务的 20MHz 频段，还应额外至少预留 40MHz 用于支持近期部署的采用基于 NR-V2X 直连通信（广播模式、组播模式、单播模式）的自动驾驶技术。

　5.9GHz 频段已经分配了 LTE-V2X、固定卫星业务和固定业务，5850MHz 以下存在无线接入业务及短距离功率分配，5.9GHz 频谱分配情况如图 3-16 所示。

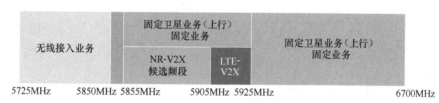

图3-16　5.9GHz频谱分配情况

　结合 NR-V2X 的技术标准特性、频率需求、部署场景、已有频率的分配和使用情况，针对 NR-V2X 在 5.9GHz 频段的同频和邻频的兼容性研究的相关结论说明如下。

* NR-V2X 和 LTE-V2X 邻频共存。

两系统的互干扰均小于性能损失门限，可以邻频共存。

* NR-V2X 和无线电局域网（Radio Local Access Network，RLAN）邻频共存

RLAN 对 NR-V2X 的干扰较小，远小于性能损失门限，可以邻频共存。

* NR-V2X 和固定卫星业务（Fixed Satelite Service，FSS）同频和邻频共存

NR-V2X 对 FSS 卫星站干扰远小于干扰门限，可以同频、邻频共存；FSS 地球站对 NR-V2X 接收机的干扰，在 1.1 ～ 5.8km 的隔离距离下，两系统可以同频和邻频共存。

* NR-V2X 和固定业务（Fixed Service，FS）同频和邻频共存

NR-V2X 与 FS 系统在几千米的隔离距离下和较小偏移角度下，可以同频和邻频共存。

　当 NR-Uu 接口和 PC5 接口并发操作时、NR-Uu 接口和 PC5 接口并发操作时，支持的频段组合见表 3-6。

表3-6　NR-Uu接口和PC5接口并发操作时，支持的频段组合

NR-V2X 并发频段	NR 或 V2X 工作频段	接口
V2X_n39-n47	n39	Uu
	n47	PC5
V2X_n40-n47	n40	Uu
	n47	PC5
V2X_n41-n47	n41	Uu
	n47	PC5
V2X_n71-n47	n71	Uu
	n47	PC5
V2X_n78-n47	n78	Uu
	n47	PC5
V2X_n79-n47	n79	Uu
	n47	PC5

FR1 的工作频段（部分）见表 3-7。

表3-7　FR1的工作频段（部分）

NR 工作频段（部分）	上行工作频段（BS 接收 /UE 发射）$F_{UL\_low} \sim F_{UL\_high}$	下行工作频段（BS 发射 /UE 接收）$F_{DL\_low} \sim F_{DL\_high}$	双工模式
n39	1880 ～ 1920MHz	1880 ～ 1920MHz	TDD
n40	2300 ～ 2400MHz	2300 ～ 2400MHz	TDD
n41	2496 ～ 2690MHz	2496 ～ 2690MHz	TDD
n71	663 ～ 698MHz	617 ～ 652MHz	FDD
n78	3300 ～ 3800MHz	3300 ～ 3800MHz	TDD
n79	4400 ～ 5000MHz	4400 ～ 5000MHz	TDD

当 NR-Uu 接口和 PC5 接口并发操作时，NR-Uu 接口支持的频率有 n39、n40、n41、n71、n78、n79 频段。

其中，n39、n40、n41 三者的一部分频段分别对应的是中国移动的 F 频段、E 频段和 D 频段。F 频段（1885 ～ 1915 MHz）的频率相对较低、覆盖半径较大，是中国移动 4G 室外覆盖的主力频段，短期内无法重耕为 5G 网络。E 频段（2320 ～ 2370MHz）的带宽较大，如果 E 频段用于室外场景，则会对雷达等设备造成干扰，因此，E 频段只能限定在室内使用，是中国移动 4G 室内覆盖的主力频段。D 频段（2515 ～ 2675MHz）可兼顾 4G 容量和

5G 覆盖需求，主要用于中国移动在城区的 4G 容量补充和 5G 覆盖。

　　n78 频段的一部分是中国电信和中国联通的 C 频段（3300 ～ 3600MHz），n78 相对于高频段来说，具有较好的传播特性，n78 相对于低频段来说，具有更广的连续覆盖，可以实现覆盖和容量的平衡，是中国电信和中国联通在市区的主力覆盖频段。

　　n79 频段的一部分是中国移动和中国广电的 4.9GHz 频段（中国移动：4800 ～ 4900MHz，中国广电：4900 ～ 4960MHz），n79 的频率较高，覆盖半径较小，不适合室外广覆盖，可用于热点容量补充和专网覆盖。

　　n71 频段（上行：663 ～ 698MHz，下行：617 ～ 652MHz）是 FDD 制式，具有空口时延小、覆盖广等优点，且该频段不会与电信运营商的 5G 网络产生容量冲突，未来极有可能是 NR-V2X 使用的 5G 频段。

3.4.2　NR-V2X 信道带宽

　　与 LTE 一样，NR 也有信道带宽、保护带和传输带宽配置等概念，其定义与 LTE 类似，但是 NR 在下行方向没有直流成分（Direct Current，DC）子载波，这一点与 LTE 有明显区别。NR 信道带宽、传输带宽配置、保护带的定义如图 3-17 所示。

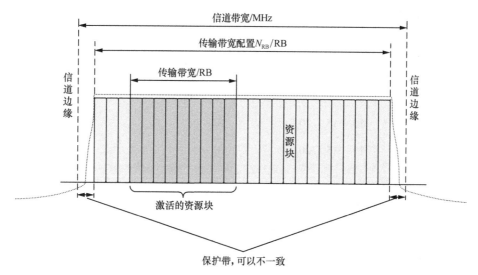

图3-17　NR信道带宽、传输带宽配置、保护带的定义

　　当 NR-Uu 接口和 PC5 接口独立操作时，每个工作频段的信道带宽和 SCS（FR1）见表 3-8。

表3-8 当NR-Uu接口和PC5接口独立操作时，每个工作频段的信道带宽和SCS（FR1）

NR 工作频段	SCS/kHz	UE 信道带宽 /MHz														
		5	10	15	20	25	30	35	40	45	50	60	70	80	90	100
n38	15		10		20		30		40							
	30		10		20		30		40							
	60		10		20		30		40							
n39	15	5	10	15	20	25	30		40							
	30		10	15	20	25	30		40							
	60		10	15	20	25	30		40							
n40	15	59	10	15	20	25	30		40		50					
	30		10	15	20	25	30		40		50	60		80	90	100
	60		10	15	20	25	30		40		50	60		80	90	100
n41	15		10	15	20		30		40		50					
	30		10	15	20		30		40		50	60	70	80	90	100
	60		10	15	20		30		40		50	60	70	80	90	100
n47	15		10		20		30		40							
	30		10		20		30		40							
	60		10		20		30		40							
n71	15	5	10	15	20			35								
	30		10	15	20			35								
	60															
n78	15		10	15	20	25	30		40		50					
	30		10	15	20	25	30		40		50	60	704	80	90	100
	60		10	15	20	25	30		40		50	60	704	80	90	100
n79	15		10	15	20		30		40		50					
	30		10	15	20		30		40		50	60		80		100
	60	5							40		50	60		80		100

当 NR-Uu 接口和 PC5 接口并发操作时，每个工作频段的信道带宽见表 3-9。

表3-9 当NR-Uu接口和PC5接口并发操作时，每个工作频段的信道带宽

NR-V2X 并发 工作频段	NR 工作频段	信道带宽 /MHz												
		5	10	15	20	25	30	40	50	60	70	80	90	100
V2X_n39A-n47A	n39	5	10	15	20	25	30	40						
	n47		10		20		30	40						
V2X_n40A-n47A	n40	5	10	15	20	25	30	40	50	60		80		
	n47		10		20		30	40						
V2X_n41A-n47A	n41	5	10	15	20		30	40	50	60		80	90	100
	n47		10		20		30	40						
V2X_n71A-n47A	n71	5	10	15	20									
	n47		10		20		30	40						
V2X_n78A-n47A	n78		10	15	20	25	30	40	50	60	70	80	90	100
	n47		10		20		30	40						
V2X_n79A-n47A	n79							40	50	60		80		100
	n47		10		20		30	40						

与 LTE 相比，NR 的保护带具有以下 3 个显著特点。

① 保护带占信道带宽的比例不是固定不变的，LTE 的保护带占信道带宽的比例固定是 10%（1.4MHz 除外），而 NR 只规定了最小保护带，两侧的最小保护带之和占信道带宽的比例是 2% ～ 21%（FR1）或 5% ～ 7%（FR2）。

② 信道两侧的保护带大小可以不一致。这样的设计给 NR 的部署带来了很大的灵活性，即可以根据相邻信道的干扰条件设置不同的保护带。如果 NR 与相邻信道的干扰较大，则设置较大的保护带来减少干扰；如果 NR 与相邻信道的干扰较小，则设置较小的保护带来提高频谱的利用率。

③ 在信道带宽确定的情况下，LTE 使用的 PRB 数固定不变。例如，LTE 的信道带宽是 20MHz，则 PRB 数必须是 100 个 RB。这是因为控制信道必须使用所有的 PRB。而 NR 在信道带宽确定的情况下，使用的 PRB 数是可以变化的，例如，当 NR 的信道带宽是 100MHz、SCS=30kHz 时，只要使用的 PRB 数不超过 273 个即可。这是因为 NR 的所有信道和信号只占信道带宽的一部分，同时在频域位置上可以灵活配置，所以在满足最小保护带的条件下，只使用了一部分 PRB。这样的设计为 NR 规避频率干扰提供了一个选项。

3GPP 协议定义了每个信道带宽和子载波间隔（Sub-Carrier Spacing，SCS）对应的最小

保护带、传输带宽配置 N_{RB}，根据式（3-1）可以计算出 PRB 利用率（频谱利用率）。

$$\text{PRB 利用率} = N_{RB} \times 12 \times \text{SCS}/ \text{信道带宽} \qquad \text{式（3-1）}$$

FR1 的最小保护带、N_{RB} 和频谱利用率见表 3-10。

表3-10　FR1的最小保护带、N_{RB}和频谱利用率

信道带宽 / MHz	SCS=15kHz			SCS=30kHz			SCS=60kHz		
	每侧的最小保护带 /kHz	N_{RB}	频谱利用率	每侧的最小保护带 /kHz	N_{RB}	频谱利用率	每侧的最小保护带 /kHz	N_{RB}	频谱利用率
5	242.5	25	90%	505	11	79%	N.A[1]	N.A	N.A
10	312.5	52	94%	665	24	86%	1010	11	79%
15	382.5	79	95%	645	38	91%	990	18	86%
20	452.5	106	95%	805	51	92%	1330	24	86%
25	522.5	133	96%	785	65	94%	1310	31	89%
30	592.5	160	96%	945	78	94%	1290	38	91%
40	552.5	216	97%	905	106	95%	1610	51	92%
50	692.5	270	97%	1045	133	96%	1570	65	94%
60	N.A	N.A	N.A	825	162	97%	1530	79	95%
70	N.A	N.A	N.A	965	189	97%	1490	93	96%
80	N.A	N.A	N.A	925	217	98%	1450	107	96%
90	N.A	N.A	N.A	885	245	98%	1410	121	97%
100	N.A	N.A	N.A	845	273	98%	1370	135	97%

注：1. N.A 是 Not Applicable 的缩写，中文意思为不适用。

3.4.3　NR-V2X 信道安排

NR-V2X 信道安排包括信道间隔、全局频率栅格和信道栅格。

载波之间的信道间隔依赖于部署场景、可用频率的大小、信道带宽，两个相邻 NR 载波之间的标称信道间隔的定义如下。

① 对于具有 100kHz 信道栅格的 NR 工作频段

$$\text{标称信道间隔} = （BW_{CHannel (1)} + BW_{CHannel (2)}）/2$$

② 对于具有 15kHz 信道栅格的 NR 工作频段，分为以下两种情况：

一是当 $\Delta F_{Raster} = 15\text{kHz}$ 时，

$$\text{标称信道间隔} = （BW_{CHannel (1)} + BW_{CHannel (2)}）/2 + \{-5\text{kHz}, 0\text{kHz}, 5\text{kHz}\}$$

二是当 $\Delta F_{Raster} = 30\text{kHz}$ 时，

$$\text{标称信道间隔} = （BW_{CHannel (1)} + BW_{CHannel (2)}）/2 + \{-10\text{kHz}, 0\text{kHz}, 10\text{kHz}\}$$

③ 对于具有 60kHz 信道栅格的 NR 工作频段

标称信道间隔 =（$BW_{CHannel(1)}$ + $BW_{CHannel(2)}$）/2 + {−20kHz，0kHz，20kHz}

其中，$BW_{CHannel(1)}$ 和 $BW_{CHannel(2)}$ 是两个 NR 载波的信道带宽，可以根据信道栅格调整信道间距以优化特定部署场景的性能。

全局频率栅格（Global Frequency Raster，GFR）定义为一组参考频率（Reference Frequency，RF），即 F_{REF}。RF 用在信令中以识别 RF 信道、SSB 的频率位置。全局频率栅格定义的频率范围是 0 ～ 100GHz，粒度是 ΔF_{Global}。RF 参考频率由 NR 绝对无线频率信道号（NR-Absolute Radio Frequency Channel Number，NR-ARFCN）来定义，NR-ARFCN 的范围为 [0, 3279165]，NR-ARFCN 和 F_{REF} 的关系根据式（3-2）来计算。

$$F_{REF} = F_{REF\text{-}Offs} + \Delta F_{Global}（N_{REF} - N_{REF\text{-}Offs}）\qquad 式（3-2）$$

在式（3-2）中，F_{REF} 的单位是 MHz；N_{REF} 是频点号，也就是 NR-ARFCN；$F_{REF\text{-}Offs}$ 是频率起点，单位是 MHz；$N_{REF\text{-}Offs}$ 是频点起点号，全局频率栅格的 NR-ARFCN 参数见表 3-11。

表3-11 全局频率栅格的NR-ARFCN参数

频率范围 /MHz	ΔF_{Global}/kHz	$F_{REF\text{-}Offs}$/MHz	$N_{REF\text{-}Offs}$	N_{REF} 的范围
0 ～ 3000	5	0	0	0 ～ 599999
3000 ～ 24250	15	3000	600000	600000 ～ 2016666
24250 ～ 100000	60	24250	2016667	2016667 ～ 3279165

注：本表格的频率范围数据不包括下限数据，例如，0 ～ 3000，此范围内的数据不包括3000。

例如，0 ～ 3000MHz 对应的 ΔF_{Global} 是 5kHz，占用 600000 个频点号，即 N_{REF} 的范围是 0 ～ 599999；3000 ～ 24250MHz 对应的 ΔF_{Global} 是 15kHz，占用 1416667 个频点，即 N_{REF} 的范围是 600000 ～ 2016666；24250 ～ 100000MHz 对应的 ΔF_{Global} 是 60kHz，占用 1262498 个频点，即 N_{REF} 的范围为 2016666 ～ 3279165。

对于 NR-V2X UE，全局频率栅格根据式（3-3）计算。

$$F_{REF\_V2X} = F_{REF} + \Delta_{shift} + N×5 \qquad 式（3-3）$$

其中，F_{REF} 的计算见式（3-2）；Δ_{shift}=0kHz 或 7.5kHz，Δ_{shift} 通过系统参数 frequencyShift7p5kHz 通知给 NR-V2X UE；N 的取值范围为 {−1，0，1}，N 通过高层参数配置或者通过预配置参数配置。

定义 Δ_{shift} 的目的是确保 UE 发射的 LTE 信号和 NR 信号不产生干扰。LTE 上行信号使用的是 DFT-S-OFDM，其实质是单载波时域调制，为了避免基带 DC 部分的发射信号造成频率选择性衰落，从而对该 DFT 内所有信号的误差矢量幅度（Error Vector Magnitude，EVM）产生负面影响，LTE 将基带数字的 DC 与模拟 DC 错开半个子载波宽度（即 7.5kHz）。本处泄露在模拟 DC 部分产生的干扰不会影响到 DC 处的信号，因此，基带 DC 信号被调制在了载波偏移 7.5kHz 处。由于 NR 上行可以使用 OFDM 信号，基带 DC 信号没有 7.5kHz

的偏移，如果不设置 7.5kHz 的偏移，则 NR 信号和 LTE 信号共存时会产生干扰，所以 3GPP 协议专门定义了 Δ_{shift}。

信道栅格（Channel Raster）用来识别 RF 信道位置，对于每个工作频段，信道栅格 ΔF_{Raster} 是全局频率栅格 ΔF_{Global} 的一个子集，即 ΔF_{Raster} 的粒度可以等于或大于 ΔF_{Global}，信道栅格大于全局频率栅格的目的是减少计算量。

信道栅格有两类：一类是基于 100kHz 的信道栅格，主要集中在 2.4GHz 以下的频段；另一类是基于 SCS 的信道栅格，例如，15kHz、30kHz 等。因为 LTE 的信道栅格也是 100kHz，所以基于 100kHz 信道栅格可以确保与 LTE 共存；基于 SCS 的信道栅格可以确保在载波聚合的时候，聚合的载波之间不需要预留保护带，从而提高频谱利用率。FR1 每个工作频段适用的 NR-ARFCN 见表 3-12。ΔF_{Raster} 和 ΔF_{Global} 之间的关系通过 <步长> 来定义，步长的取值原则如下。

表3-12　FR1每个工作频段适用的NR-ARFCN

NR 工作频段	ΔF_{Raster}/kHz	N_{REF} 的上行范围（首 -< 步长 >- 尾）	N_{REF} 的下行范围（首 -< 步长 >- 尾）
n38	100	514000 - <20> - 524000	514000 - <20> - 524000
n39	100	376000 - <20> - 384000	376000 - <20> - 384000
n40	100	460000 - <20> - 480000	460000 - <20> - 480000
n41	15	499200 - <3> - 537999	499200 - <3> - 537999
n41	30	499200 - <6> - 537996	499200 - <6> - 537996
n47	15	790334 - <1> - 795000	790334 - <1> - 795000
n71	100	132600 - <20> - 139600	123400 - <20> - 130400
n78	15	620000 - <1> - 653333	620000 - <1> - 653333
n78	30	620000 - <2> - 653332	620000 - <2> - 653332
n79	15	693334 - <1> - 733333	693334 - <1> - 733333
n79	30	693334 - <2> - 733332	693334 - <2> - 733332

● 对于具有 100kHz 信道栅格的工作频段，$\Delta F_{\text{Raster}} = 20 \times \Delta F_{\text{Global}}$。在这种情况下，工作频段内的每 20 个 NR-ARFCN 适用于信道栅格，因此，表 3-12 的信道栅格步长是 <20>。例如，对于频段 n40（2300 ～ 2400MHz，TDD 频段），$\Delta F_{\text{Global}} = 5\text{kHz}$，$\Delta F_{\text{Raster}} = 20 \times \Delta F_{\text{Global}} = 100\text{kHz}$，$\Delta F_{\text{Raster}}$ 是 ΔF_{Global} 的 20 倍，对应的步长为 20。

● 对于低于 3GHz 的具有 15kHz 信道栅格的工作频段，$\Delta F_{\text{Raster}} = 3 \times \Delta F_{\text{Global}}$ 或 $\Delta F_{\text{Raster}} = 6 \times \Delta F_{\text{Global}}$。在这种情况下，工作频段内的每 3 个或 6 个 NR-ARFCN 适用于信道栅格，因此，表 3-12 的信道栅格步长是 <3> 或 <6>。例如，频段 n41（2496 ～ 2690MHz，TDD 频段），$\Delta F_{\text{Global}} = 5\text{kHz}$，$\Delta F_{\text{Raster}} = 3 \times \Delta F_{\text{Global}} = 15\text{kHz}$，$\Delta F_{\text{Raster}}$ 是 ΔF_{Global} 的 3 倍，对应的步长为

3；或 $\Delta F_{\text{Raster}} = 6 \times \Delta F_{\text{Global}} =30\text{kHz}$，$\Delta F_{\text{Raster}}$ 是 ΔF_{Global} 的 6 倍，对应的步长为 6。

- 对于高于 3GHz 的具有 15kHz 和 60kHz 信道栅格的工作频段，$\Delta F_{\text{Raster}} = \Delta F_{\text{Global}}$ 或 $\Delta F_{\text{Raster}} = 2 \times \Delta F_{\text{Global}}$。在这种情况下，工作频段内的每 1 个或 2 个 NR-ARFCN 适用于信道栅格，因此，表 3-12 的信道栅格步长是 <1> 或 <2>。

- 在具有两个信道栅格 $\Delta F_{\text{Rasterr}}$ 的频段中，最大的那个 ΔF_{Raster} 仅适用于 SCS 等于或者大于 ΔF_{Raster} 的信道。例如，频段 n41（2496 ～ 2690MHz，TDD 频段），对应的 ΔF_{Global} 为 5kHz，ΔF_{Raster} 有 2 个取值，步长为 3 表示 $\Delta F_{\text{Raster}}=3 \times \Delta F_{\text{Global}}=15\text{kHz}$，步长为 6 表示 $\Delta F_{\text{Raster}}=6 \times \Delta F_{\text{Global}}=30\text{kHz}$，其中，$\Delta F_{\text{Raster}}=30\text{kHz}$ 仅适用于 SCS 等于或者大于 30kHz 的信道。

N_{REF} 的首尾范围决定了不同工作频段的频率范围。以 n47 为例，将表 3-12 中的 N_{REF} 代入式 $F_{\text{REF}} = F_{\text{REF-Offs}}+\Delta F_{\text{Global}}(N_{\text{REF}} - N_{\text{REF-Offs}})$，并采用 3000 ～ 24350MHz 对应的 $\Delta F_{\text{Global}} = 15\text{kHz}$，$F_{\text{REF-Offs}} =3000\text{MHz}$，$N_{\text{REF-Offs}}=60000$，可以计算出 N_{REF} 的首尾范围分别是 790334 和 680000，分别对应着 5855.01MHz 和 5955MHz。在 n47 频段，N_{REF} 的首尾范围与工作频段的频率范围并不一致，其主要原因是 15kHz 不能被 1MHz 整除。

信道栅格对应着信道带宽的中心频点，用于识别 RF 信道的位置，信道栅格上的 RF 与对应的资源单元（Resource Element，RE）之间的映射关系与传输带宽配置的 RB 数 N_{RB} 具有一定关系，其映射规则如下。

- 如果 $N_{\text{RB}}\text{mod}\,2 = 0$，则 $n_{\text{PRB}} = \dfrac{N_{\text{RB}}}{2}$，$k = 0$。

- 如果 $N_{\text{RB}}\text{mod}\,2 = 1$，则 $n_{\text{PRB}} = \dfrac{N_{\text{RB}}}{2}$，$k = 6$。

其中，n_{PRB} 是 PRB 的索引，k 是 RE 的索引。该映射规则适用于下行和上行。

LTE 下行方向的信道中心有一个未使用的子载波，即 DC 子载波，由于 DC 子载波不参与基带子载波的调制，所以信道栅格对应的频率正好是信道带宽的中心，而 NR 的 DC 子载波也参与基带子载波的调制，从而导致 NR 信道栅格对应的频率与信道带宽的中心频率之间有 1/2 个子载波的偏移。

在 RF 频率和信道配置带宽 $\text{BW}_{\text{config}}$ 确定的情况下，同时满足式（3-4）和式（3-5）的 F_{REF} 对应的信道栅格即为可用的信道栅格。

$$F_{\text{REF}} - \frac{1}{2} \times \text{SCS} - \frac{1}{2} \times \text{BW}_{\text{config}} - \text{BW}_{\text{Guard}} \geq F_{\text{lower\_edge}} \qquad \text{式（3-4）}$$

$$F_{\text{REF}} - \frac{1}{2} \times \text{SCS} + \frac{1}{2} \times \text{BW}_{\text{config}} + \text{BW}_{\text{Guard}} \leq F_{\text{high\_edge}} \qquad \text{式（3-5）}$$

在式（3-4）和式（3-5）中，$\text{BW}_{\text{config}}$ 为信道带宽配置，$\text{BW}_{\text{config}}=N_{\text{RB}} \times 12 \times \text{SCS}$；$\text{BW}_{\text{Gound}}$ 为最小保护带，$F_{\text{lower\_edge}}$ 和 $F_{\text{high\_edge}}$ 为给定的起始频率和终止频率。

除了根据式（3-4）和式（3-5）可以计算可用的信道栅格，也可以根据给定频率的中心频点计算信道栅格，然后上下移动信道栅格的位置，只要确保两侧的保护带都大于或等于最小保护带即可。

以 n47 为例，假设信道带宽是 40MHz、SCS=30kHz，对应的 N_{RB}=106，频率是 5855～5895MHz。

对于 5855～5895MHz，其中心频率是 5875MHz，根据式（3-3），可以计算出 N_{REF}=791666.67，N_{REF} 取整为 791666 或 791667。如果 N_{REF}=791666，对应的 F_{REF} 是 5874.990 MHz，根据 RF 和 RE 之间的映射规则，可以计算出两侧的保护带分别是 890kHz 和 900kHz，不满足表 3-10 中的最小保护带 905kHz 的要求，因此，N_{REF} 不可以取值为 791666。如果 N_{REF}=791667，对应的 F_{REF} 是 5875.005MHz，两侧的保护带分别是 925kHz 和 915kHz，满足最小保护带 905kHz 的要求，因此，N_{REF} 可以取值为 791667。5855～5895MHz 的信道栅格如图 3-18 所示。

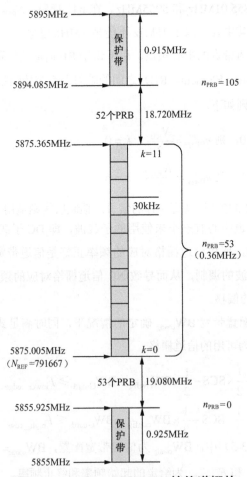

图3-18　5855～5895MHz的信道栅格

同步栅格（Synchronization Raster）用于指示 SSB 的频率位置，当不存在 SSB 位置显式信令的时候，UE 可用同步栅格获取 SSB 的频率位置。对于 NR-Uu 接口，同步栅格的间距大于信道栅格，也大于 LTE 的同步栅格，这样设计的主要原因是 NR 的信道带宽很大（对于 FR1，最高可达 100MHz；对于 FR2，最高可达 400MHz），如果同步栅格的间隔较大，则可以明显减少 UE 初始接入时的搜索时间，从而降低 UE 功耗、降低搜索的复杂度。但是对于直连通信，不管是授权频谱还是非授权频谱，都没有定义同步栅格。其主要原因如下：如果 NR-V2X UE 支持 NR-Uu 接口，则 gNB 通过 NR-Uu 接口的系统消息 SIB12 把频率配置的相关信息通知给 NR-V2X UE；如果 NR-V2X UE 不支持 NR-Uu 接口，则通过预配置信息单元（Information Element，IE），把频率配置的相关信息预先写入终端本身，或存储在终端的 SIM 卡内。频率配置具体包括以下内容。

- 子载波间隔（SCS）。
- 参考资源块（CRB 0）的子载波 0 的绝对频率用 NR-ARFCN 来表示，也就是 Point A。
- 直连通信 SSB 的绝对频率也是用 NR-ARFCN 来表示，直连通信 SSB 的传输带宽需要在直连通信 BWP 的带宽内。
- SL BWP 配置。
- SL 同步方式及优先级。

●● 3.5 NR-V2X 直连通信的物理层

直连通信的物理层主要包括波形和参数、时频资源、物理信道和信号结构等。本节针对各部分的设计进行详细介绍。

3.5.1 波形和参数

对于 LTE 和 NR，调制波形大体上可以分为单载波和多载波两类。目前，NR-Uu 接口中共有两种波形：一种为多载波带有循环前缀的正交频分复用（Cyclic Prefix-OFDM，CP-OFDM）；一种为单载波的离散傅里叶变换扩频的正交频分复用（DFT-Spread-OFDM，DFT-S-OFDM）。DFT-S-OFDM 的优点是峰值平均功率比（Peak-to-Average Power Ratio，PAPR）低，接近单载波，可以发射更高的功率，因此，增加了覆盖距离。其缺点是对频域资源有约束，只能使用连续的频域资源。直连通信系统采用 CP-OFDM 波形，其主要原因在于单一波形实现的复杂度低，不需要对使用的波形进行额外指示。

为了解决多径时延扩展带来的子载波正交性破坏的问题，通常在每个 OFDM 符号之前增加循环前缀（Cyclic Prefix，CP），以消除多径时延带来的符号间干扰和子载波间干扰。

在系统设计时，要求 CP 的长度远大于无线多径信道的最大时延扩展，但是由于 CP 占用了系统资源，CP 长度过大将导致系统开销增加，吞吐量下降。与 NR-Uu 接口一致，直连通信定义了正常 CP 和扩展 CP。从 CP 负荷的角度来看，长的 CP 将导致传输效率降低，但它可以在带有明显增大时间扩展的特定场景下受益。例如，对于具有非常大覆盖半径的小区。在大覆盖半径小区里即使时延扩展非常明显，但长的 CP 不一定从中受益。这是因为与因循环前缀不够长而残余的时间色散所引起的信号失真相比，随着循环前缀增长而增大的功率损失将导致更大的负面影响。

参数集（Numerology）的设计部分主要是 SCS 及 CP 长度的选择。其中，SCS 的大小决定了符号的时域长度，随着子载波间隔的增加可以降低传输时延，同时由于符号时域长度的降低，所以两列解调参考信号（Demodulation Reference Signal，DM-RS）之间的时间间隔变短，因此，可以增强对信道变化速度的容忍程度，即抵抗高速运动带来的信道变化的能力更强，可以用更少的 DM-RS 开销带来更好的信道估计性能。另外，较大的子载波间隔能减少系统对于子载波间干扰（Inter-Carrier Interference，ICI）的敏感度，有利于系统使用高阶调制方式。但是过高的子载波间隔也会对接收端的处理能力提出更高的要求。例如，需要控制信息的盲检时间更短。

虽然不同参数集的子载波间隔不同，但是每个物理资源块（Physical Resource Block，PRB）包含的子载波数是固定的，即由 12 个连续的子载波组成。这意味着不同参数集的 PRB 占用的带宽随着子载波间隔的不同而扩展。

直连通信支持的子载波间隔和 CP 的配置如下。

- FR1 支持的子载波间隔为 {15kHz，30kHz，60kHz}。
- FR2 支持的子载波间隔为 {60kHz，120kHz}。
- FR1 支持的 CP 配置为普通 CP：{15kHz，30kHz，60kHz}，扩展 CP 为 60kHz。
- FR2 支持的 CP 配置为普通 CP：{60kHz，120kHz}，扩展 CP 为 60kHz。

3.5.2 时频资源

时频资源的结构主要包含时隙结构和频域配置两个部分。

直连通信的无线帧和子帧的长度都是固定的，1 个无线帧的长度固定为 10ms，1 个子帧的长度固定为 1ms。根据子载波间隔的不同，1 个子帧由 1 个、2 个、4 个、8 个时隙组成，直连通信支持的子载波间隔和 CP 配置见表 3-13。对于普通 CP，1 个时隙由 14 个 OFDM 符号组成；对于扩展 CP，1 个时隙由 12 个 OFDM 符号组成。每个无线帧都有一个系统帧号（System Frame Number，SFN），SFN 的周期等于 1024，即 SFN 经过 1024 个帧（10.24s）重复 1 次。

表3-13 直连通信支持的子载波间隔和CP配置

FR	子载波间隔 /kHz	CP	每时隙符号数	每帧时隙数	每子帧时隙数
FR 1	15	普通	14	10	1
	30	普通	14	20	2
	60	普通	14	40	4
	60	扩展	12	40	4
FR 2	60	普通	14	40	4
	60	扩展	12	40	4
	120	普通	14	80	8

根据表 3-13 可知，所有的子载波间隔都支持正常 CP，只有 SCS=60kHz 支持扩展 CP，其主要原因是扩展 CP 的开销相对较大，与其带来的好处相比，在大多数场景不成比例，且扩展 CP 在 LTE 和 NR 中很少应用，预计在直连通信中应用的可能性也不高，但是作为一个特性，在协议中还是定义了扩展 CP，由于 FR1 和 FR2 都支持 SCS=60kHz，所以只有 SCS=60kHz 支持扩展 CP。

根据表 3-13 可知，在不同子载波间隔配置下，普通 CP 每个时隙中的符号数是相同的，即都是 14 个 OFDM 符号（对于扩展 CP，是 12 个 OFDM 符号），但是每个无线帧和每个子帧中的时隙数不同。随着子载波间隔的增加，每个无线帧 / 子帧中所包含的时隙数也在成倍增加。这是因为子载波间隔 Δf 和 OFDM 符号长度 Δt 的关系为 $\Delta t = 1/\Delta f$，因此，频域上的子载波间隔增加，时域上的 OFDM 符号长度相应缩短。直连通信的无线帧结构如图 3-19 所示。

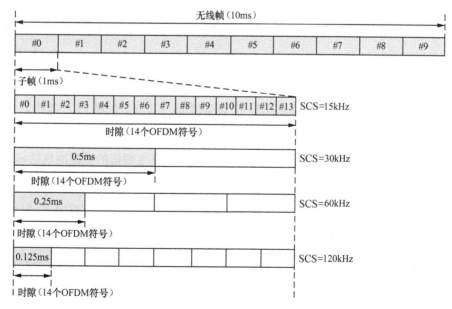

图3-19 直连通信的无线帧结构

对于直连通信来说，由于发送端和接收端距离变化的不确定性，所以对于自动增益控制（Automatic Gain Control，AGC）的时延要求较高，同时，由于引入了较大的子载波间隔，符号长度变短，所以单个符号无法完成 AGC 或者收发转换过程，需要占用额外有用的符号，从而导致性能下降。

目前，直连通信对于时隙结构的设计思路如下。

① 每个时隙中的第 1 个符号作为 AGC 符号，为同时隙中第 2 个符号的完全复制映射。

② 每个时隙中，PSSCH 的起始符号为时隙中的第 2 个符号。

③ 采用 1 个符号作为 PSSCH 和 PSFCH 之间的保护间隔（Guard Period，GP）符号。

时隙结构示意如图 3-20 所示，其中，图 3-20 中的左图为不含 PSFCH 的时隙结构，图 3-20 中的右图为含有 PSFCH 的时隙结构。

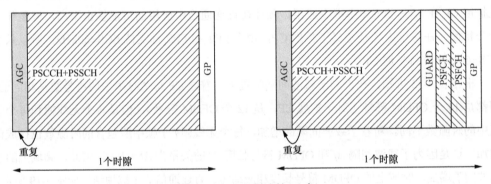

图3-20　时隙结构示意

直连通信的频域配置大部分沿用了 NR-Uu 接口的配置方式。直连通信的 1 个 PRB 也是由频域上的 12 个连续子载波组成的。资源单元（Resource Element，RE）在频域上占用 1 个载波、在时域上占用 1 个 OFDM 符号，RE 是直连通信资源的最小粒度。1 个 PRB 在频域上有 12 个子载波，在时域上有 14 个 OFDM 符号（对于扩展 CP，时域上有 12 个 OFDM 符号），因此，1 个 PRB 共有 168 个 RE 或 144 个 RE。

直连通信在频域上的最小资源分配单位是子信道，直连通信的资源池包括 m 个子信道，每个子信道由 $n_{SubCHsize}$ 个 PRB 组成，$n_{SubCHsize}$ 的取值为 10、12、15、20、25、50、75 或 100。直连通信资源池示意如图 3-21 所示。PSCCH 和其相关联的 PSSCH 在时间重叠但是频率非重叠的资源上传输，PSSCH 的另外一部分和 PSCCH 在时间非重叠的资源上传输，PSCCH 在时隙的开始位置传输有助于 NR-V2X UE 尽早解调 PSCCH 信道。NR-V2X UE 提前获得 PSCCH 可以降低 UE 功耗。直连通信的 SCI 由两个部分组成，第 1 阶段 SCI 在 PSCCH 上传输，第 2 阶段 SCI 在 PSSCH 上传输。

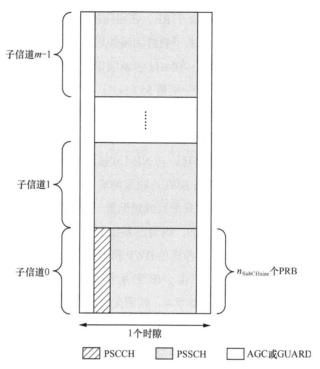

子信道m-1

⋮

子信道1

子信道0

$n_{\text{SubCHsize}}$个PRB

← 1个时隙 →

▨ PSCCH　　▨ PSSCH　　□ AGC或GUARD

图3-21　直连通信资源池示意

NR 支持的信道带宽为 5 ～ 100MHz（FR1）和 50 ～ 400MHz（FR2）；对于 PC5 接口的直通链路，支持的信道带宽是 10MHz、20MHz、30MHz 和 40MHz，不同的子载波间隔和系统带宽对应的 RB 数见表 3-14。

表3-14　不同的子载波间隔和系统带宽对应的RB数

SCS/kHz	5 MHz	10 MHz	15 MHz	20 MHz	25 MHz	30 MHz	40 MHz	45 MHz	50 MHz	60 MHz	70 MHz	80 MHz	90 MHz	100 MHz
	N_{RB}	N_{RB}	N_{RB}	N_{RB}	N_{RB}	N_{RB}	N_{RB}	N_{RB}	N_{RB}	N_{RB}	N_{RB}	N_{RB}	N_{RB}	N_{RB}
15	25	52	79	106	133	160	216	242	270	—	—	—	—	—
30	11	24	38	51	65	78	106	119	133	162	189	217	245	273
60	—	11	18	24	31	38	51	58	65	79	93	107	121	135

需要注意的是，对于相同系统带宽的无线资源，当配置的子载波间隔不同时，其 PRB 的数目是不同的，每个子帧的 OFDM 长度和数量也是不同的，但是在相同时频资源内包含的 RE 数是近似相同的。以 40MHz 的系统带宽为例，当子载波间隔是 15kHz 时，频域上有 216 个 PRB（2592 个子载波）、1 个子帧上有 14 个 OFDM 符号，共有 36288 个 RE。当子载波间隔是 30kHz 时，频域上有 106 个 PRB（1272 个子载波）、1 个子帧上有 28 个 OFDM 符号，共有 35616 个 RE。当子载波间隔是 60kHz 时，频域上有 51 个 PRB（612 个子载波）、1 个

子帧上有 56 个 OFDM 符号,共有 34272 个 RE。在相同的带宽下,随着子载波间隔的增加,可用的 RE 数变少。其主要原因是,随着子载波间隔的增大,信道两侧的最小保护带变大,导致可用的频率资源减少。例如,对于 40MHz 的系统带宽,当子载波间隔分别是 15kHz、30kHz 和 60kHz 时,两侧的最小保护带分别是 552.5kHz、905kHz 和 1610kHz。

部分带宽(BWP)是 NR 提出的新概念,可以理解为终端的工作带宽,引入 BWP 的目的是可以对接收机带宽小于整个载波带宽的终端提供支持,通过不同带宽大小的 BWP 之间的转换和自适应来降低终端的功耗。与 NR-Uu 接口类似,终端在直通链路上使用 BWP,在一个载波上最多有一个激活的 BWP,收发两端使用相同的 BWP。对于 RRC 空闲态与覆盖区外的终端,在 1 个载波上也只配置或预配置一个 SL BWP(对于覆盖区外的 UE,预配置 1 个 SL BWP;对于 RRC 空闲态,则通过系统消息配置 1 个 SL BWP)。RRC 连接态终端在 1 个载波上只激活 1 个 BWP。激活的 BWP 和未激活的 BWP 之间不进行信令交互。

地理区(Geographical Zones)可以由 gNB 配置或者预配置,当地理区被配置时,以 WGS84 地理坐标(0,0)作为固定的参考点,按照配置的长度(宽度)把世界分成多个地理区,每个地理区用 zone_id(区域号)进行标识。WGS84 地理坐标(0,0)为本初子午线(0 度经度)和赤道(0 度纬度)的交点。每个地理区对应着不同的资源池,用于 UE 自主选择资源分配模式。

在 V2V 通信应用中,基于地理区的传输能够进一步优化数据包的接收性能,这是因为在 UE 自主选择资源分配模式中,带内辐射是造成 PC5 接口性能下降的主要因素之一,通过在不同的地理区配置不同的时频资源,可以明显减少带内辐射和远近效应,提高 PC5 接口的通信速率和可靠性。另外,地理区和 sl-TransRange 结合使用,可以用于计算 PC5 接口的传输距离,其工作原理是发送端 UE 在发送的 SCI 格式 2-B 中包含 zone_id 和通信距离需求(Communication Range Requirement,CRR)这两个字段,用于指示消息作用的最远距离。如果接收端 UE 的位置与 SCI 格式 2-B 中的 zone_id 的距离小于通信距离需求,则接收端 UE 接收该消息。sl-TransRange 的取值是 20m、50m、80m、100m、120m、150m、180m、200m、220m、250m、270m、300m、350m、370m、400m、420m、450m、480m、500m、550m、600m、700m 或 1000m。

UE 按照式(3-6)计算 zone_id,zone_id 的取值范围是 0 ~ 4096。

$$x1 = \text{Floor}\left(x/L\right) \bmod 64$$
$$y1 = \text{Floor}\left(y/L\right) \bmod 64 \qquad\qquad 式(3\text{-}6)$$
$$\text{zone\_id} = y1 \times 64 + x1$$

在式(3-6)中,各个参数的具体含义如下。

● L 是地理区的长度(宽度)配置,通过 SL-ZoneConfig 参数通知给 UE,其可以取值 5m、10m、20m、30m、40m 或 50m。

- x：UE 当前位置的经度与 WGS84 地理坐标（0，0）的距离，单位是 m。
- y：UE 当前位置的纬度与 WGS84 地理坐标（0，0）的距离，单位是 m。

假设 L 是 10m，地理区标识示意如图 3-22 所示。

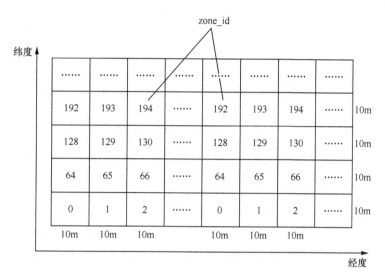

图3-22　地理区标识示意

针对高速公路和城区两个场景，我们将分别提供基于地理区的资源分配方案。在高速公路场景，可以进一步细分 2 个选项。其中，选项 1 是频率资源与地理区相关联，高速公路场景的地理区划分示意如图 3-23 所示，把频率资源分为两组，每组频率资源对应一个地理区，由于相邻的地理区使用不同的频率资源，所以减少了远近效应和带内辐射，在统计学上改善了远处车辆的接收性能。选项 2 是按照行驶方向划分频率资源，也是把频率资源分为两组，每组频率资源对应一个行驶方向。在高速公路场景中，由于不需要接收反方向行驶车辆的信息，所以同方向行驶车辆之间的多普勒频移会小一些。

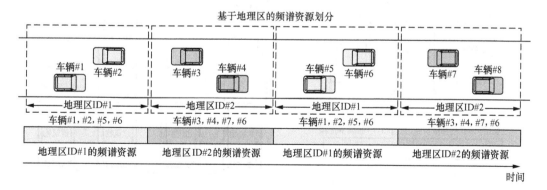

图3-23　高速公路场景的地理区划分示意

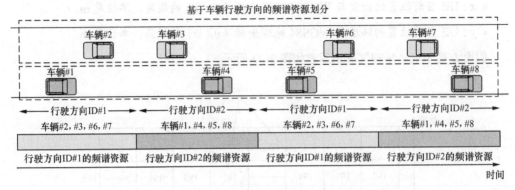

图3-23 高速公路场景的地理区划分示意（续）

在城区场景中，由于建筑物阻挡了信号传播，在十字路口会产生严重的带内辐射问题。当车辆接近十字路口时，如果来自不同方向的车辆使用正交的时频资源，则可以显著减少带内辐射。城区场景的地理区划分示意如图3-24所示，图3-24中的左图把频率资源分为两组，东西向街道和南北向街道各使用一组频率资源；图3-24中的右图把频率资源划分为4组，东西向街道和南北向街道各使用两组频率资源，进一步减少了干扰。

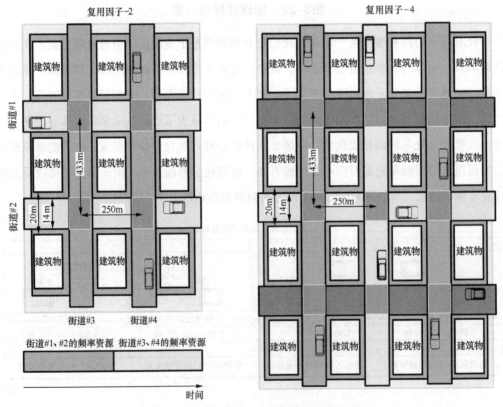

图3-24 城区场景的地理区划分示意

3.5.3　物理信道和信号结构

物理信道是一组对应着特定的时间、载波、扰码、功率、天线端口等资源的集合，即信号在空中接口传输的载体。物理信道将这些特点的资源映射到具体的时频资源上用于传输。直连通信中的物理信道定义如下。

- 物理直连控制信道（Physical Side Link Control CHannel，PSCCH）：PSCCH 包括扰码、调制映射、映射到物理资源等物理层过程；支持的调制方式是 QPSK，即每个 OFDM 符号传输 2 个 bit 的信息。

- 物理直连反馈信道（Physical Side Link Feedback CHannel，PSFCH）：PSFCH 包括序列产生、映射到物理资源等物理层过程。

- 物理直连广播信道（Physical Side Link Broadcast CHannel，PSBCH）：PSBCH 包括扰码、调制映射、映射到物理资源等物理层过程，支持的调制方式是 QPSK。

- 物理直连共享信道（Physical Side Link Shared CHannel，PSSCH）：PSSCH 包括扰码、调制映射、层映射、预编码、映射到虚拟资源块（Virtual Resource Block，VRB）、从 VRB 映射到 PRB 等物理层过程；支持的调制方式是 QPSK、16QAM、64QAM 和 256QAM，即每个 OFDM 符号分别传输 2 个、4 个、6 个和 8 个 bit 的信息；支持 1 层或 2 层数据传输。

传输信道映射示意如图 3-25 所示。

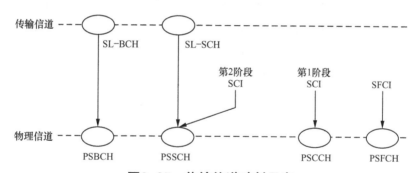

图3-25　传输信道映射示意

其中，控制信息 SCI 和 SFCI 没有对应的传输信道，为物理层内部产生。SCI 分为两个阶段进行传输：第 1 阶段 SCI 传输 sensing（感知）信息和 PSSCH 资源配置相关信息；第 2 阶段 SCI 传输识别和解码相关信息，以及 HARQ 控制和触发 CSI 反馈相关的信息。PSSCH 资源分配有两种模式 mode1 和 mode2，这两种不同模式的具体介绍见 3.7 节。PSFCH 传输的是一个 ZC 序列，通过两个重复的 OFDM 符号进行传输。其中，第一个符号用于 AGC。PSFCH 映射在 Side Link 时隙资源的结尾符号上，发送频率可以配置为每 1 个、2 个、4 个时隙发送一次。

直连通信的物理信号从功能上可以划分为以下几种类型。

- 解调参考信号（Demodulation-Reference Signal，DM-RS）。

- 信道状态信息参考信号（CHannel State Information-Reference Signal，CSI-RS）。
- 相位跟踪参考信号（Phase Tracking-Reference Signal，PT-RS）。
- 直连主同步信号（Side Link-Primary Synchronization Signal，S-PSS）。
- 直连辅同步信号（Side Link-Secondary Synchronization Signal，S-SSS）。

DM-RS 用于各物理信道（PSBCH、PSCCH、PSSCH）的信道估计，实现相干解调，为了使 DM-RS 在频域上有小的功率波动，DM-RS 采用基于 Gold 序列的伪随机序列。

CSI-RS 用于信道状态信息的测量，与 DM-RS 一样，CSI-RS 也是采用基于 Gold 序列的伪随机序列。与 NR-Uu 接口的 CSI-RS 相比，直连通信的 CSI-RS 只支持 1 个和 2 个天线端口，频域密度只支持 1，不支持零功率的 CSI。

PT-RS 配合 DM-RS 使用，可以看作 DM-RS 的扩展，二者具有紧密的关系，例如，使用相同的预编码、正交序列的生成相同，具有准共址关系等。PT-RS 的主要作用是跟踪相位噪声的变化，用于估计公共相位误差，进行相位补偿，相位噪声来自射频器件在各种噪声等作用下引起的系统输出信号相位的随机变化，由于频率越高，相位噪声越高，所以 PT-RS 主要应用在高频段，例如，毫米波波段。

主辅同步信号 S-PSS 和 S-SSS，与 PSBCH 一起共同组成了同步信号块直连同步信号块（Side Link-Synchronization Signal Block，S-SSB）。

PSCCH 在时域上占用 2 个或 3 个 OFDM 符号，在频域上占用 10 个、12 个、15 个、20 个或 25 个 PRB；PSCCH 和其相关联的 PSSCH 在时间重叠但是频率非重叠的资源上传输，PSSCH 的另外一部分和 PSCCH 在时间非重叠的资源上传输。PSCCH 与其伴随的 DM-RS 是频分复用关系，1 个 PRB 在频域上有 12 个子载波，对应着 12 个 RE。其中，3 个 RE 用于 DM-RS，剩余的 9 个 RE 用于 PSCCH，由于 PSCCH 采用 QPSK 调制，所以 1 个 PRB 可用的比特数是 18 个。PSCCH 信道上承载的是第 1 阶段的直连控制信息，包括优先级、频域资源分配、时域资源分配、第 2 阶段 SCI 格式、DM-RS 端口数、调制编码方案等信息。

包含 PSFCH 的时隙，物理信道映射示意如图 3-26 所示。

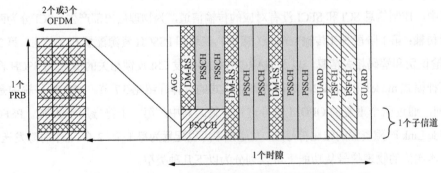

图3-26　包含PSFCH的时隙，物理信道映射示意

PSSCH 与其关联的 DM-RS 是时分复用关系，PSSCH 的 DM-RS 端口数量是 1 个或 2 个，DM-RS 在频域上与 PSSCH 相同，在时域上可配置。当时隙内包含 PFSCH 时，1 个时隙内可以配置 2 个或 3 个 OFDM 符号为 DM-RS；当时隙内不包含 PFSCH 时，1 个时隙内可以配置 2 个、3 个或 4 个 OFDM 符号为 DM-RS。PSSCH 的 DM-RS 配置示意如图 3-27 所示。

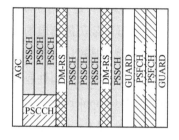
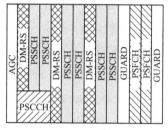

上图：含有PSFCH

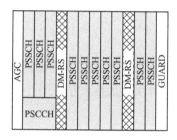
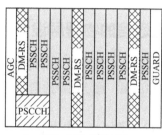
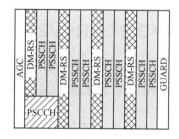

下图：不含有PSFCH

图3-27　PSSCH的DM-RS配置示意

PSSCH 的 DM-RS 采用配置类型 1，由于最多只有 2 个天线端口，所以对于 DM-RS 信号所在的 OFDM 符号，1 个 RB 内的 12 个 RE，只有 6 个 RE 用于 DM-RS 传输，其余 6 个 RE 用于 PSSCH 传输。1 个 PRB（时域上 1 个时隙，频域上 12 个子载波）上的 DM-RS 可以通过高层参数 sl-PSSCH-DMRS-TimePattern 配置，1 个 PRB 内的 DM-RS 数量（RE）见表 3-15。

表3-15　1个PRB内的DM-RS数量（RE）

sl-PSSCH-DMRS-TimePattern（时间模式）	1 个 PRB 内的 DM-RS 数量（RE）
{2}	12
{3}	18
{4}	24
{2, 3}	15
{2, 4}	18
{3, 4}	21
{2, 3, 4}	18

直连通信的物理层资源还包括天线端口（Antenna Ports）。天线端口的定义是，同一个天线端口传输的不同信号所经历的信道环境是一样的。每个天线端口都对应一个资源网格，天线端口与物理信道或者信号有着严格的对应关系。对于 PSSCH，天线端口定义为 1000 和 1001；对于 PSCCH，天线端口定义为 2000；对于 CSI-RS，天线端口定义为 3000 和 3001；对于 S-SSB（PSBCH），天线端口定义为 4000；对于 PSFCH，天线端口定义为 5000。

准共址（Quasi Co-Located，QCL）的定义：某个天线端口上的符号所经历的信道的大尺度属性可以从另一个天线端口上的符号所经历的信道中推断出来。也就是说，如果两个天线端口的大尺度属性是一样的，则这两个天线端口被认为是准共址。大尺度属性包括时延扩展（delay spread）、多普勒扩展（Doppler spread）、多普勒频移（Doppler shift）、平均增益（average gain）、平均时延（average delay）、空间接收参数（spatial Rx parameters）中的一个或者多个。

●● 3.6　NR-V2X 直连通信的物理层设计

直连通信物理层过程研究主要包含直连通信 HARQ（混合自动重传请求）、直连通信的功率控制、直连通信 CSI 的测量和反馈、直连通信的同步过程 4 个关键的技术方向。

3.6.1　直连通信 HARQ（混合自动重传请求）

直连通信的重传方式分为两种：一种是盲重传方式，终端根据自己的业务需求或者配置，预先确定重传的次数和重传的资源；另一种是基于 HARQ 反馈的自适应重传方式，根据反馈的肯定确认（ACKnowledgement，ACK）/ 否定确认（Negative ACKnowledgement，NACK）信息确定是否需要进行数据重传。在资源池配置了 PSFCH 资源的情况下，SCI 显示指示是否采用基于 HARQ 反馈的传输。

对于直连通信 HARQ，单播采用 ACK/NACK 的模式进行反馈。组播支持两种 HARQ 反馈模式：一种是基于 NACK 的反馈模式，所有接收终端共享相同的 PSFCH 资源；另一种是基于 ACK/NACK 的反馈模式，每个接收终端使用独立的 PSFCH。

直连通信组播分为两种传输类型：一种是面向连接的组播，有明确的组 ID 信息，以及组内成员的信息；另一种是无连接的组播，是基于距离的动态建组的组播，需要明确指示当前业务的通信距离，通信距离通过系统消息或预配置的方式提供给终端，其取值范围为 20 ～ 1000m。针对无连接的组播，为了提升可靠性和资源利用率，终端支持基于收发距离的 HARQ 反馈机制，且采用基于 NACK 的 HARQ 反馈模式。

在直连通信终端基于感知的自主资源选择中，由于没有中心节点的控制，PSFCH 是一种完全分布式的资源选择方法，所以为了避免不同终端之间的 PSFCH 候选资源选择产生冲突，PSFCH 候选资源由关联的 PSCCH/PSSCH 的时频资源编号映射来确定。

3.6.2 直连通信的功率控制

直连通信的功率控制主要包含基于 DL-Pathloss 和 SL-Pathloss 的两种开环功率控制机制。其中，基于 DL-Pathloss 的开环功率控制可用于广播、组播和单播的通信模式，从而降低上行和补充上行共载波时对上行的干扰；基于 SL-Pathloss 的开环功率控制仅用于单播的通信模式。直连通信的功率控制机制可以对 S-SSB、PSSCH、PSCCH、PSFCH 分别进行功率控制。

开环功率控制是指终端根据接收到的链路信号功率大小来调整自己的发射功率。开环功率控制用于补偿信道中的平均路径损耗及慢衰落，因此，它有一个很大的动态范围。开环功率控制的前提是假定接收链路和发射链路的衰落情况是一致的。接收信号较强时，表明信道环境较好，发射链路将降低发射功率；接收信号较弱时，表明信道环境差，发射链路将增加发射功率。开环功率控制的优点是简单易行，不需要发射端和接收端之间交互信息，控制速度快。开环功率控制对于降低慢衰落的影响是比较有效的。

直连通信支持部分路径损耗补偿，即终端通过使用特定类型的资源来测量参考信号接收功率（Reference Signal Received Power，RSRP），然后终端通过使用 RSRP 来导出终端与 gNB 或另外一个终端之间的路损。通过考虑估计的路损，来自终端的传输功率得到完全补偿或者部分补偿。首先，全路径损耗补偿可以最大化小区边缘终端的公平性，也就是说，gNB 侧从小区边缘终端接收到的功率将与从小区中心终端接收到的功率相当。另外，如果使用部分路径损耗补偿，则来自小区中心终端的 gNB 侧接收功率将远高于来自小区边缘终端的接收功率。可以通过调整其他功率参数或偏移来补偿小区边缘终端的路径损耗，也可以适当地控制从小区边缘 UE 接收的功率。需要注意的是，从小区中心终端接收到的功率通常由于已经有足够的接收功率，所以可能会出现冗余现象。

3.6.3 直连通信 CSI 的测量和反馈

直连通信 CSI 的测量和反馈仅在单播通信中支持。其中，直连通信 CSI-RS 传输的资源和天线端口的个数通过 PC5-RRC 信令进行交互。为了减少对资源选择的影响，不支持周期性 CSI-RS 的传输，只支持非周期性 CSI-RS 的传输。CSI 反馈信息伴随着 PSSCH 的传输反馈给发送终端，如果接收终端没有 PSSCH 传输，则可以通过复用 PSSCH 资源选择机制的 CSI-only 方式进行传输，并且 CSI 反馈皆通过 MAC-CE 携带，CSI-RS 的传输过程如图 3-28 所示。

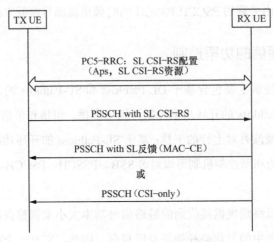

图3-28　CSI-RS的传输过程

终端上报的 CSI 包括信道质量指示（CHannel Quality Indicator，CQI）和秩指示（Rank Indicator，RI），且 CQI 和 RI 总在一起上报。其中，CQI 不支持子带 CQI 报告，只支持宽带 CQI 报告，即终端针对整个系统带宽上报一个 CQI。

3.6.4　直连通信的同步过程

终端 A 与终端 B 在进行直连通信之前，彼此之间需要在时间和频率上保持同步并获取广播信息，同步可以减少不受控制的干扰带来的风险，也可以减少对在同一频段传输的蜂窝网络的干扰。终端开机后，会根据 RRC 信令配置或预配置的同步优先级进行同步源搜索，候选的同步源包括全球导航卫星系统（Global Navigation Satellite System，GNSS）、gNB、eNB 和 UE 等。当终端搜索到优先级最高的同步源并与其建立同步之后，会将同步信息以直连同步信号块（Side Link-Synchronization Signal Block，S-SSB）的形式发送出去。UE 不在网络覆盖区，且没有检测到足够强的直连同步信号（Side Link Synchronization Signal，SLSS），会自动发射 SLSS，以便被其他 UE 检测到。

3GPP 协议对同步源的定时精度要求的具体说明如下。

① 当采用 GNSS 作为同步源时，发射定时误差的范围是 $[-3.906, 3.906]$，其算法为 $\pm 12 \times 64 \times T_c = \pm 3.906 \mu s$。

② 当采用 gNB 作为同步源时，如果 gNB 中 SSB 的 SCS 是 15kHz，则当直连通信的 SCS 是 15kHz、30kHz 和 60kHz 时，发射定时误差的范围分别是 $[-4.557, 4.557]$ $[-3.906, 3.906]$ $[-3.906, 3.906]$，其算法分别为 $\pm 14 \times 64 \times T_c = \pm 4.557 \mu s$、$\pm 12 \times 64 \times T_c = \pm 3.906 \mu s$、$\pm 12 \times 64 \times T_c = \pm 3.906 \mu s$；如果 gNB 中 SSB 的 SCS 是 30kHz，当直连通信的 SCS 是 15kHz、30kHz 和 60kHz 时，发射定时误差分别为 $[-3.225, 3.225]$ $[-3.906, 3.906]$ $[-2.930, 2.930]$，

其算法分别为 $\pm10\times64\times T_\mathrm{c}=\pm3.255\mu s$、$\pm12\times64\times T_\mathrm{c}=\pm3.906\mu s$、$\pm9\times64\times T_\mathrm{c}=\pm2.930\mu s$。

③ 当采用 eNB 作为同步源时，eNB 的带宽要求大于 3MHz，发射定时误差的范围为 $[-4.557，+4.557]$，其算法为 $\pm14\times64\times T_\mathrm{c}=\pm4.557\mu s$。

④ 当采用 UE 作为同步源时，对于 Side Link 的 SCS 是 15kHz、30kHz 和 60kHz 时，发射定时误差分别为 $[-3.906，3.906]$ $[-2.604，2.604]$ $[-1.623，1.623]$，其算法分别为 $\pm12\times64\times T_\mathrm{c}=\pm3.906\mu s$、$\pm8\times64\times T_\mathrm{c}=\pm2.604\mu s$、$\pm5\times64\times T_\mathrm{c}=\pm1.623\mu s$。

$T_\mathrm{c}=1/(\Delta f_{\max}\times N_\mathrm{f})$ 是时域的基本时间单元。其中，最大的子载波间隔 $\Delta f_{\max}=480\times10^3\,\mathrm{Hz}$，FFT 的长度为 $N_\mathrm{f}=4096$，因此，$T_\mathrm{c}=1/(48000\times4096)\approx0.509\mathrm{ns}$。

直连通信引入了 S-SSB 机制，以支持同步信号的波束重复或波束扫描。一个 S-SSB 在频域所占用的 RB 个数与子载波间隔无关，其带宽固定为 11 个 RB。一个 S-SSB 在时域上占用一个时隙（不包括位于最后一个符号上的 GP）。S-SSB 中包括 S-PSS、S-SSS 以及 PSBCH 3 类信号或信道，并在 S-SSB 所在时隙的最后一个符号上放置保护间隔（GP），S-SSB 的结构如图 3-29 所示。

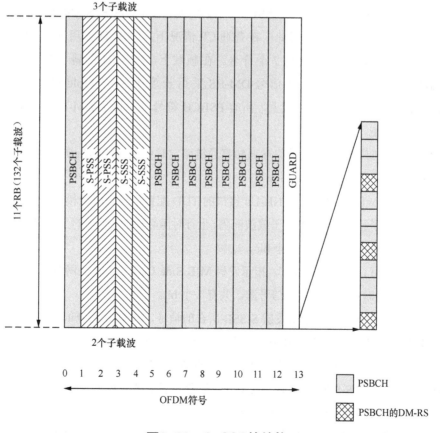

图3-29　S-SSB的结构

为了获得更好的频偏抵抗能力，尽量复用 NR-Uu 的同步信号序列设计方案，在 Side Link 中使用了 m 序列和 Gold 序列分别作为 S-PSS 和 S-SSS 的序列类型。S-PSS 使用的是 m 序列，长度是 127，可以取的值为 0 或 1；S-SSS 使用的 Gold 序列，长度也是 127，取值为 0 ～ 336，为了提高检测的成功率，S-PSS 和 S-SSS 分别传输 2 次，即同步信号 S-PSS 和 S-SSS 在一个时隙中分别占用两个连续的 OFDM 符号，并且 S-PSS 或 S-SSS 占用的两个符号中分别使用了相同的同步信号序列。S-PSS 和 S-SSS 组成了 SLSSID，SLSSID 的取值为 0 ～ 671，分为两组，其 id_net 由 0 ～ 335 组成，用于网络覆盖内的 UE；其 id_oon 由 336 ～ 671 组成，用于网络覆盖范围外的 UE，可用于区分是否与网络保持同步。S-PSS 和 S-SSS 两边分别有 2 个、3 个子载波不传输任何信号，这样的设计使 S-PSS 和 S-SSS 与其他信号之间有较大的频率隔离，便于终端把 S-PSS 和 S-SSS 与其他信号区分出来。

直连通信 S-SSB 的第一个符号上放置 PSBCH，既可以使接收端在该符号上进行 AGC 调整，又可以降低 PSBCH 的码率，提升了 PSBCH 的解码性能。S-SSB 所在时隙的最后一个符号用作 GP，GP 采用打孔的方法进行 RE 的映射。为了尽可能提升 PSBCH 的解码性能，Rel-16 规定在一个 S-SSB 中，除了分配给 S-PSS 和 S-SSS 的 4 个符号，其余符号全部被 PSBCH 占用。因此，在普通 CP 情况下，PSBCH 占用 9 个 OFDM 符号；在扩展 CP 情况下，PSBCH 占用 7 个符号。在频域上，PSBCH 占满了 11 个 RB 的 132 个子载波。PSBCH 的解调参考信号 DM-RS 采用长度为 31 的 Gold 序列。PSBCH 和 DM-RS 是频分复用关系，在时域上，所有 PSBCH 符号上配置了 DM-RS，每 4 个 RE 配置 1 个 DM-RS RE。

PSBCH 用于向覆盖范围外的终端通知直通链路定时信息、NR-Uu 的 TDD 时隙配置信息以及覆盖指示信息等，具体说明如下。

① sl-TDD-Config：用于指示 NR-Uu 接口的 TDD 配置，包括时隙模式（单周期或双周期）、TDD 周期、子载波间隔、参考子载波间隔、上行时隙数、特殊子帧的上行符号数等信息，采用联合编码的方式，共计有 12 个 bit。

② inCoverage：取值为 "true"，指示发射 MIB Side Link 的 UE 在网络覆盖范围内，或 UE 选择 GNSS 定时作为同步参考信号源，共有 1 个 bit。

③ directFrameNumber：指示发射 S-SSB 所在的帧号，共有 10 个 bit。

④ slotIndex：指示发射 S-SSB 的时隙索引，共有 7 个 bit，当子载波间隔是 60kHz 时，1 个帧内有 10 个子帧，每个子帧内有 8 个时隙，共有 80 个时隙，因此，需要 7 个 bit 才能指示。

关于直连通信中 S-SSB 周期值，为了降低配置的复杂度，对于所有的 S-SSB 子载波间隔，仅配置一个长度为 160ms 的 S-SSB 周期值。

为了提升 S-SSB 的检测成功率，扩大 S-SSB 的覆盖范围，Rel-16 中规定，在一个

S-SSB 周期内，支持重复传输多个 S-SSB，并且为了保持 S-SSB 配置的灵活性，在一个周期内，S-SSB 的数量是可配置的，一个周期内，S-SSB 的数量配置见表 3-16。

表3-16　一个周期内，S-SSB的数量配置

频率范围	子载波间隔 /kHz	一个周期内，S-SSB 的数量
FR1	15	1
	30	1, 2
	60	1, 2, 4
FR2	60	1, 2, 4, 8, 16, 32
	120	1, 2, 4, 8, 16, 32, 64

对于 FR1，一个周期内最多支持传输 4 个 S-SSB。对于 FR2，一个周期内最多支持传输 64 个 S-SSB，因此，需要指示在一个周期内传输的多个 S-SSB 所占用的时域资源。

由于 S-SSB 的时域资源需要保持一定的灵活性，以适应 NR-Uu 接口灵活的 TDD 上下行时隙配置，所以 S-SSB 的时域资源配置不能采取固定配置的方式，而是采取可以灵活配置的方式。同时，为了简化配置参数，Rel-16 规定预配置或配置参数 1 和参数 2 来指示 S-SSB 时域资源配置，并且一个 S-SSB 周期内两个相邻的 S-SSB 的时间间隔相同，一个周期内，S-SSB 资源配置示意如图 3-30 所示。

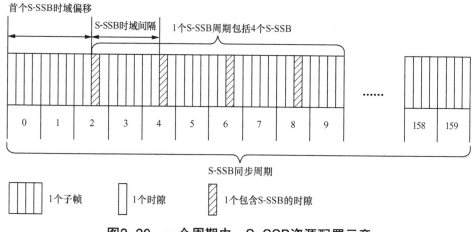

图3-30　一个周期内，S-SSB资源配置示意

① 参数 1：首个 S-SSB 时域偏移量，表示一个 S-SSB 周期内第一个 S-SSB 相对于该 S-SSB 周期起始位置的偏移量。该偏移量以时隙数量为单位表示，其取值范围为 0 ～ 1279。

② 参数 2：两个相邻 S-SSB 时域间隔，表示一个 S-SSB 周期内两个相邻的 S-SSB 之间的时间间隔。该时间间隔也以时隙数量为单位表示，其取值范围为 0 ～ 639。

候选的同步源包括 GNSS、gNB/eNB 和 UE 等，候选的同步源具有不同的优先级。候

选的同步源的优先级见表 3-17。

表3-17 候选的同步源的优先级

优先级	基于 GNSS 的同步（gNB/eNB 可以作为同步源）	基于 GNSS 的同步（gNB/eNB 不可以作为同步源）	基于 gNB/eNB 的同步
P0	GNSS	GNSS	gNB/eNB
P1	直接同步到 GNSS 的所有 UE	直接同步到 GNSS 的所有 UE	直接同步到 gNB/eNB 的所有 UE
P2	间接同步到 GNSS 的所有 UE	间接同步到 GNSS 的所有 UE	间接同步到 gNB/eNB 的所有 UE
P3	gNB/eNB	其他任何 UE	GNSS
P4	直接同步到 gNB/eNB 的所有 UE	N/A	直接同步到 GNSS 的所有 UE
P5	间接同步到 gNB/eNB 的所有 UE	N/A	间接同步到 GNSS 的所有 UE
P6	其他任何 UE	N/A	其他任何 UE

接下来，我们基于 gNB/eNB 的同步为例，来说明同步的优先级顺序。

优先级 P0：NR-V2X UE 以覆盖范围内的 gNB/eNB 作为同步源，当有多个 gNB/eNB 都是优先级 P0 时，选择 RSRP 最强的那个 gNB/eNB。

优先级 P1：NR-V2X UE 以直接同步到 gNB/eNB 的 UE 作为同步源，当有多个 UE 都是优先级 P1 时，选择 PSBCH-RSRP 最强的那个 UE 作为同步源。优先级为 P1 的 UE 判断标志为：SLSSID 定义在覆盖区内（SLSSID 的取值为 1 ~ 335）且 MasterInformationBlockSideLink 消息中的 inCoverage 字段设置为 "true"。

优先级 P2：NR-V2X UE 以间接同步到 gNB/eNB 的 UE 作为同步源，当有多个 UE 都是优先级 P2 时，选择 PSBCH-RSRP 最强的那个 UE 作为同步源。优先级为 P2 的 UE 判断标志为：SLSSID 定义在覆盖区内（SLSSID 的取值为 1 ~ 335）且 MasterInformationBlockSideLink 消息中的 inCoverage 字段设置为 "false"。

优先级 P3：NR-V2X UE 以 GNSS 作为同步源。

优先级 P4：NR-V2X UE 以直接同步到 GNSS 的 UE 作为同步源，当有多个 UE 都是优先级 P4 时，选择 PSBCH-RSRP 最强的那个 UE 作为同步源，优先级为 P4 的 UE 判断标志为：SLSSID 的取值为 0 且 MasterInformationBlockSideLink 消息中的 inCoverage 字段设置为 "true"，或者 SLSSID 取值为 0 且 SLSS 在 sl-SSB-TimeAllocation3 指定的时隙上传输。

优先级 P5：NR-V2X UE 以间接同步到 GNSS 的 UE 作为同步源，当有多个 UE 都是优先级 P5 时，选择 PSBCH-RSRP 最强的那个 UE 作为同步源，优先级为 P5 的 UE 判断标志为：SLSSID 的取值为 0 且 MasterInformationBlockSideLink 消息中的 inCoverage 字段设置

为 "false"。

优先级 P6 : NR-V2X UE 以其他 UE 作为同步源，当有多个 UE 都是优先级 P6 时，选择 PSBCH-RSRP 最强的那个 UE 作为同步源。优先级为 P6 的 UE 判断标志为：SLSSID 的取值 为 338 ~ 671 且 MasterInformationBlockSideLink 消息中的 inCoverage 字段设置为 "false"。

基于 gNB/eNB 的同步示意如图 3-31 如示。

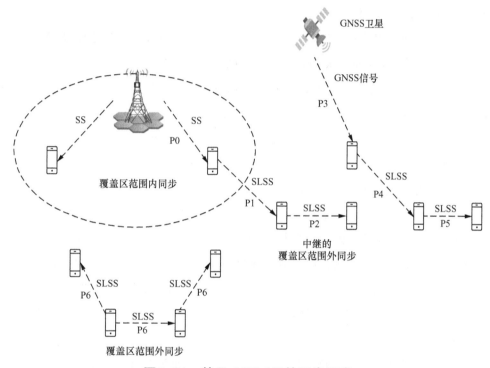

图3-31　基于gNB/eNB的同步示意

●● 3.7　NR-V2X 直连通信的资源分配过程

NR-V2X UE 在 PC5 接口上，支持 NG-RAN 调度资源分配（Mode1 资源分配）和 NR-V2X UE 自主资源选择（Mode2 资源分配）两种资源分配模式。对于 NG-RAN 调度资源分配模式，NR-V2X UE 需要先和 NG-RAN 建立 RRC 连接，由 NG-RAN 分配 PC5 接口上的时频资源；对于 NR-V2X UE 自主资源选择模式，在 NG-RAN 覆盖区内和 NG-RAN 覆盖区外，NR-V2X UE 均可传输数据，NR-V2X UE 从资源池中自主选择 PC5 接口上的时频资源。

3.7.1　NG-RAN 调度资源分配过程

NG-RAN 调度资源分配又称为 Mode1 资源分配或基站调度资源分配，即直通链路的通信资源全部由基站分配，与自主资源选择相比，基站调度模式大大降低了资源选择碰撞的概率，提高了系统的可靠性。用户根据直通链路的业务情况，向基站发送调度请求，等待基站分配资源。

NG-RAN 调度资源分配模式涉及 2 个空中接口：第一个是 NR-V2X UE 与 NG-RAN 之间的 NR-Uu 接口；第二个是 NR-V2X UE 之间的 PC5 接口。NG-RAN 可以通过多种方式分配 PC5 接口上的时频资源。

其中，第一个采用的是 NG-RAN 动态分配资源方式，即 NG-RAN 通过 NR-Uu 接口的物理下行控制信道（Physical Downlink Control CHannel，PDCCH）使用直连无线网络临时标识（Side Link-Radio Network Temporary Identifier，SL-RNTI）对循环冗余校验（Cyclic Redundancy Check，CRC）进行扰码，动态为 NR-V2X UE 分配 PC5 接口上的时频资源，一条控制信令给用户分配一次或多次传输块所需资源，而且每个传输块的发送资源都需要通过基站来指示。

第二个采用的是配置授权方式，配置授权分为类型 1 和类型 2。配置授权类型 1 通过 RRC 信令直接为 NR-V2X UE 提供配置授权，或由 RRC 信令定义周期性的配置授权，RRC 信令给用户提供所有传输参数，包括时频资源、周期，一旦正确接收到 RRC 信令配置，直通链路的传输立即生效。配置授权类型 2 由 RRC 信令给用户配置传输周期，由 NR-Uu 接口的 PDCCH 信道（使用 V-RNTI 对 CRC 进行扰码）激活或去激活直通链路上的连续传输。配置授权由基站给用户分配一个周期性重复的资源集合。针对不同的业务类型，基站可以给用户提供多个配置授权。

基站会为用户提供上行资源用于上报直通链路的反馈情况，通过分配重传资源来提供系统的可靠性。用户根据直通链路上的传输和反馈情况，决定向基站上报什么信息。对于动态调度，用户在被调度资源集合之后，向基站上报 1bit 的 ACK 或 NACK 信息。对于配置授权，用户在每个周期之后，向基站上报 1bit 的 ACK 或 NACK 信息。当基站收到用户上报的信息是 NACK 时，会为对应的传输块分配重传资源；当基站收到 ACK 时，就会认为对应的传输块已经传递成功。动态调度和配置授权类型 2 的上行资源由下行控制信令指示，配置授权类型 1 的上行资源由 RRC 信令提供。

调制编码方式（Modulation and Coding Scheme，MCS）信息由基站通过 RRC 信令来配置确定的等级或者一个范围。当基站没有提供 RRC 信令配置信息时，发送用户根据待发送的传输块的信息自行选定一个合适的 MCS 进行发送。

NG-RAN 动态分配 PC5 接口上的时频资源由 4 个步骤组成。NG-RAN 动态分配 PC5 接口上的时频资源示意如图 3-32 所示。

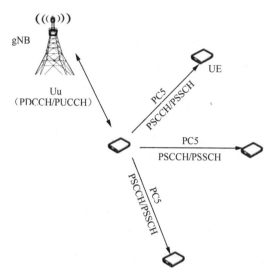

图3-32　NG-RAN动态分配PC5接口上的时频资源示意

第 1 步：NG-RAN 通过系统消息 SIB12 或 RRC 重配置过程，把资源池配置信息发送给 NR-V2X UE，资源池配置信息包括 PSCCH 配置、PSSCH 配置、子信道尺寸以及子信道数量、资源池在时域上的位图等信息。

第 2 步：NR-V2X UE 在 NR-Uu 接口上，解调下行控制信息（Downlink Control Information，DCI）格式 3_0 的 PDCCH 信道，DCI 格式 3_0 的 PDCCH 信道用于调度 PSCCH 和 PSSCH。DCI 格式 3_0 包括资源池索引、时间间隔、子信道分配的最低索引以及 SCI 格式 1-A 的部分信息（包括频域配置指配和时域配置指配）。

第 3 步：NR-V2X UE 根据接收到的 DCI 格式 3_0 信息，在 PC5 接口上发送 SCI 格式 1-A 的 PSCCH 信道和 PSSCH 信道，SCI 格式 1-A 承载的是第 1 阶段 SCI，用于调度 PSSCH，SCI 格式 1-A 包括优先级、频率资源指配、时域资源指配、DM-RS 模式、MCS、DM-RS 端口数量等信息，为了增加传输的可靠性，1 个 PSCCH 信道可以调度 1 个、2 个或 3 个 PSSCH。

第 4 步：NR-V2X UE 根据 SCI 格式 1-A 信息，解调 PSSCH 信道，NR-V2X UE 首先解调 PSSCH 上承载的控制信息，即 SCI 格式 2-A 信息，SCI 格式 2-A 承载的是第 2 阶段 SCI 信息。SCI 格式 2-A 包括 HARQ 进程号、源地址和目的地址等信息。如果该消息发送给 NR-V2X UE，则 NR-V2X UE 继续接收 PSSCH 上承载的数据信息。

3.7.2　UE 自主资源选择分配

UE 自主资源选择分配（Mode2）机制满足更低时延、更大覆盖范围、多种业务类型混合等更严苛的需求。根据业务需求，对自主资源选择分配进行以下 4 类机制的研究。

① Mode2-（a）：UE 自主选择发送的资源。

② Mode2-（b）：UE 辅助其他 UE 进行资源选择。

③ Mode2-（c）：类似 NR 中的配置授权，UE 根据配置信息进行直通链路的资源选择。

④ Mode2-（d）：UE 调度其他 UE 进行直通链路（PC5 接口）传输。

自主资源选择分配是 UE 基于感知自主进行的资源分配，由于没有中心节点的控制，PSSCH 资源的选择方法是完全分布式的。Side Link 支持周期性业务和非周期性业务，需要对混合业务场景考虑增强设计，主要包含资源感知、资源排除、资源选择、资源抢占及资源重选。

其中，资源感知通过感知机制确定其他 UE 的资源占用情况，并根据感知结果进行资源选择。通过 SCI 的调度指示，资源感知为传输块的盲（重）传或基于 HARQ 反馈的（重）传输保留资源。资源选择可以通过配置窗口大小，一般有 1100ms 或 100ms 两种长度，分别对应周期性业务和非周期性业务。资源选择窗口的结束时间点为资源选择触发时间点之前。UE 在 PSCCH 上传输的第 1 阶段 SCI 会指示 UE 预约的时频资源，感知 UE 则排除 SCI 中指示的资源，从而降低资源碰撞的概率。UE 在感知过程中，还会测量感知窗口中资源的 RSRP，以此来判断资源的占用情况或干扰情况。相比于完全随机的资源选择机制，具有资源感知的机制可以提高资源利用率，降低碰撞的概率。资源感知方案包括长期感知（Long-term sensing）和短期感知（Short-term sensing）两种。其中，长期感知方案在一定程度上可以避免碰撞，但是无法避免由非周期性业务导致的碰撞；短期感知方案通过持续感知和资源重选可以避免非周期性业务导致的碰撞。短期感知时序如图 3-33 所示。在 n 时刻资源选定之后，UE 持续进行感知，通过解码 SCI 并测量 RSRP，确定其他 UE 预约的时频资源，并判断其是否会发生碰撞，如果发生碰撞，则对碰撞资源进行重选。

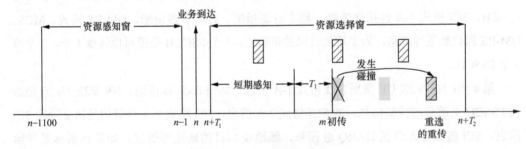

图3-33 短期感知时序

资源排除是根据资源感知的结果，排除资源选择窗内不能用于资源选择的资源，形成候选资源集合。对于资源选择窗内的资源，UE 首先排除 skip 子帧对应的候选子帧，然后根据感知到的资源预约信息，并与对应的 RSRP 门限值比较排除已预约的资源，得到候选资源集。当剩余可选资源比例大于等于资源选择窗总资源的 20% 时，资源排除过程结束；

当剩余可选资源比例小于 20% 时，提高当前收发节点功率的门限值，直到满足可选资源比例大于等于 20%，完成资源排除过程。

资源选择主要是为待发送业务包传输块选择合适的发送时频资源。直连通信的资源选择机制采用半静态资源选择机制和动态资源选择机制两种。这是由于直连通信除了具有周期性业务，还需要支持非周期性业务。半静态资源选择机制用于多个不同传输块的发送，动态资源选择机制仅用于单个传输块的一次发送（包含初重传）。目前，直连通信的资源选择方案是在资源排除过程后的剩余资源中随机选择的，并且一次性选出全部初重传资源。

资源重选在 UE 选择的资源发生碰撞时进行资源调整。非周期性的突发业务可能会增加资源碰撞的概率，通过短期感知及重选机制可以降低资源碰撞的概率。由于非周期高优先级的业务在原感知窗口结束后就开始传输，此时 SCI 信息还未到达，所以 UE 可以在预约资源上传输之前对选择的资源集进行重评估，从而检查仍然在预约资源上传输是否适合。如果此时预约的资源不在资源选择的候选集合中，那么将从更新的资源选择窗口中进行资源重选。

资源抢占机制为了满足直连通信业务严苛的低时延、高可靠性能要求，允许高优先级 UE 抢占低优先级 UE 的资源，低优先级 UE 通过解码 SCI 信息避让高优先级 UE 占用的资源，从而降低对高优先级 UE 的干扰，保证传输的可靠性。资源抢占根据发送和接收的优先级，设置不同的 RSRP 门限影响感知结果，如果高优先级业务设置的门限值较高，就可以获得更多的候选资源。

●● 3.8　NR-V2X 的容量能力

3.8.1　PC5 接口的峰值速率分析

在进行峰值速率分析的时候，涉及的信道有 PSSCH、PSCCH、PSFCH 和 PSSCH 的 DM-RS。对于广播模式，不配置 PSFCH；对于单播模式和组播模式，需要配置 PSFCH。PSSCH 的 DM-RS 采用配置类型 1，由于最多只有 2 个天线端口，所以对于 DM-RS 信号所在的 OFDM 符号，1 个 PRB 内的 12 个 RE，只有 6 个 RE 用于 DM-RS 传输，其余 6 个 RE 用于 PSSCH 传输。

PC5 接口的峰值速率与 PSSCH 传输的传输块尺寸（Transport Block Size，TBS）密切相关。根据 3GPP TS 38.214 协议，TBS 的计算过程共有 4 个步骤，具体说明如下。

① 第 1 步：计算 1 个时隙内的 RE 数 N_{RE}，第 1 步包括以下 2 小步。

a. 根据式（3-7）确定 1 个 PRB 内分配给 PSSCH 的 RE 数 N'_{RE}。

$$N'_{\text{RE}} = N_{\text{sc}}^{\text{RB}} N_{\text{symb}}^{\text{sh}} - N_{\text{symb}}^{\text{PSFCH}} - N_{\text{oh}}^{\text{PRB}} - N_{\text{RE}}^{\text{DM-RS}} \qquad \text{式（3-7）}$$

在式（3-7）中，$N_{\text{sc}}^{\text{RB}} = 12$ 是 1 个 PRB 内的子载波数。由于 1 个时隙内的第 1 个 OFDM 符号用于重复传输，最后 1 个 OFDM 符号用于保护间隔，所以 sl-lengthSLsymbols 是 1 个时隙内 Side Link 的 OFDM 符号数，可以取值为 7 个到 14 个 OFDM 符号；$N_{\text{symb}}^{\text{PSFCH}}$ 是 PSFCH 信道占用的符号数，取值为 0 个或 3 个 OFDM 符号；$N_{\text{oh}}^{\text{PRB}}$ 是配置的 CSI-RS 和 PT-RS 的负荷，可以取值为 0、3、6 或 9；$N_{\text{RE}}^{\text{DM-RS}}$ 是一个 PRB 内 DM-RS 信号占用的符号数，当 sl-PSSCH-DMRS-TimePattern 取值为 {2}、{3}、{4}、{2, 3}、{2, 4}、{3, 4}、{2, 3, 4} 时，$N_{\text{RE}}^{\text{DM-RS}}$ 的取值分别是 12、18、24、15、18、21、18。

b. 根据式（3-8）确定分配给 PSSCH 的 RE 数 N_{RE}。

$$N_{\text{RE}} = N'_{\text{RE}} \cdot n_{\text{PRB}} - N_{\text{RE}}^{\text{SCI,1}} - N_{\text{RE}}^{\text{SCI,2}} \qquad \text{式（3-8）}$$

在式（3-8）中，n_{PRB} 是分配给 PSSCH 的 PRB 总数；$N_{\text{RE}}^{\text{SCI,1}}$ 是 PSCCH 及 PSCCH 的 DM-RS 占用的 RE 数；$N_{\text{RE}}^{\text{SCI,2}}$ 是第 2 阶段的 SCI 调制编码占用的 RE 数。

② 第 2 步：计算中间的信息比特 N_{info}。

$$N_{\text{info}} = N_{\text{RE}} \cdot R \cdot Q_m \cdot v \qquad \text{式（3-9）}$$

在式（3-9）中，N_{RE} 根据式（3-8）计算得到；R 是目标码率，Q_m 是调制阶数，PSSCH 的 MCS 索引 2 见表 3-18。通过表 3-18 得到 PSSCH 的 I_{MCS}，再根据 I_{MCS} 得到 R 和 Q_m；v 是数据的层数，对于 PSSCH，v 最多为 2 层。

表3-18　PSSCH的MCS索引2

MCS 索引（I_{MCS}）	调制阶数（Q_{m}）	目标编码速率（R）× 1024	频谱效率
0	2	120	0.2344
1	2	193	0.3770
2	2	308	0.6016
3	2	449	0.8770
4	2	602	1.1758
5	4	378	1.4766
6	4	434	1.6953
7	4	490	1.9141
8	4	553	2.1602
9	4	616	2.4063
10	4	658	2.5703

续表

MCS 索引（I_{MCS}）	调制阶数（Q_{m}）	目标编码速率（R）× 1024	频谱效率
11	6	466	2.7305
12	6	517	3.0293
13	6	567	3.3223
14	6	616	3.6094
15	6	666	3.9023
16	6	719	4.2129
17	6	772	4.5234
18	6	822	4.8164
19	6	873	5.1152
20	8	682.5	5.3320
21	8	711	5.5547
22	8	754	5.8906
23	8	797	6.2266
24	8	841	6.5703
25	8	885	6.9141
26	8	916.5	7.1602
27	8	948	7.4063
28	2	保留	
29	4	保留	
30	6	保留	
31	8	保留	

如果 $N_{\text{info}} \leqslant 3824$，则可以通过以下第 3 步的方法来计算 TBS；如果 $N_{\text{info}} > 3824$，则可以通过第 4 步的方法来计算 TBS。

③ 第 3 步：当 $N_{\text{info}} \leqslant 3824$，通过如下方式计算 TBS。

通过式（3-10）计算量化的中间信息比特 N'_{info}。

$$N'_{\text{info}} = \max\left(24, 2^n \times \frac{N_{\text{info}}}{2^n} \right) \qquad \text{式（3-10）}$$

其中，$n = \max\left(3, \log_2\left(N_{info}\right) - 6\right)$。式（3-10）的实际含义是把中间的信息比特 N_{info} 量化为 8、16、32……的倍数。

$N_{info} \leqslant 3824$ 的 TBS 取值见表 3-19，通过查找表 3-19，可以得到最接近的且不小于 N'_{info} 的 TBS。

表3-19 $N_{info} \leqslant 3824$的TBS取值

索引	*TBS*	索引	TBS	索引	TBS	索引	TBS
1	24	31	336	61	1288	91	3624
2	32	32	352	62	1320	92	3752
3	40	33	368	63	1352	93	3824
4	48	34	384	64	1416		
5	56	35	408	65	1480		
6	64	36	432	66	1544		
7	72	37	456	67	1608		
8	80	38	480	68	1672		
9	88	39	504	69	1736		
10	96	40	528	70	1800		
11	104	41	552	71	1864		
12	112	42	576	72	1928		
13	120	43	608	73	2024		
14	128	44	640	74	2088		
15	136	45	672	75	2152		
16	144	46	704	76	2216		
17	152	47	736	77	2280		
18	160	48	768	78	2408		
19	168	49	808	79	2472		
20	176	50	848	80	2536		
21	184	51	888	81	2600		
22	192	52	928	82	2664		
23	208	53	984	83	2728		
24	224	54	1032	84	2792		
25	240	55	1064	85	2856		
26	256	56	1128	86	2976		
27	272	57	1160	87	3104		
28	288	58	1192	88	3240		
29	304	59	1224	89	3368		
30	320	60	1256	90	3496		

④ 第 4 步：当 $N_{info} > 3824$ ，通过如下方式计算 TBS。

a. 通过式（3-11）计算量化的中间信息比特 N'_{info} 。

$$N'_{info} = \max\left(3840, 2^n \times round\left\lceil \frac{N_{info} - 24}{2^n} \right\rceil\right)$$ 式（3-11）

其中， $n = \lceil \log_2(N_{info} - 24) \rceil - 5$ round 函数为向上取整。

b. 通过式（3-12）、式（3-13）或式（3-14）计算 TBS。

如果 $R \leqslant 1/4$ ，则

$$TBS = 8C \cdot \left\lceil \frac{N'_{info} + 24}{8C} \right\rceil - 24$$ 式（3-12）

其中， $C = \left\lceil \frac{N'_{info} + 24}{3816} \right\rceil$

如果 $R > 1/4$ 且 $N'_{info} > 8424$ ，则

$$TBS = 8C \cdot \left\lceil \frac{N'_{info} + 24}{8C} \right\rceil - 24$$ 式（3-13）

其中， $C = \left\lceil \frac{N'_{info} + 24}{8424} \right\rceil$

如果 $R > 1/4$ 且 $N'_{info} \leqslant 8424$ ，则

$$TBS = 8 \cdot \left\lceil \frac{N'_{info} + 24}{8C} \right\rceil - 24$$ 式（3-14）

以 40MHz 的系统带宽、30kHz 子载波间隔为例，计算 PC5 接口的峰值速率。

① 第 1 步：计算 1 个时隙内的 RE 数 N_{RE} 。

1 个 PRB 内分配给 PSSCH 的 RE 数达到最大值，需要同时满足以下 4 个条件。
sl-lengthSLsymbols 取值为 14 个符号，即 $N_{symb}^{sh} = 14 - 2 = 12$ 。

不配置 PSFCH 信道，即 $N_{symb}^{PSFCH} = 0$ 。

不配置 CSI-RS 和 PT-RS，即 $N_{oh}^{PRB} = 0$ 。

sl-PSSCH-DMRS-TimePattern 取值为 {2}，即 $N_{RE}^{DM-RS} = 12$ 。

根据以上参数和式（3-7），可以计算出 1 个 PRB 内分配给 PSSCH 的 RE 数 $N'_{RE} = 12 \times$ (12−0)−0−12=132。

当信道带宽为 40MHz、子载波间隔为 30kHz 时，共计有 106 个 PRB，当子信道尺寸是 15 个 PRB 时，分配给 UE 的 PSSCH 数 n_{PRB} 达到最大值，共计有 105 个 PRB。PSCCH 及 PSCCH 的 DM-RS 在时域上最少占用 2 个符号，在频域上最少占用 10 个 PRB，1 个 PRB 上有 9 个 RE 用于 PSCCH 传输，3 个 RE 用于 PSCCH 的 DM-RS 传输，PSCCH 共计占用 10×9×2=180 个 RE。

第 1 阶段 SCI 包含以下信息。

优先级：3 个 bit。

频域资源分配：最大为 8 个 bit。

时域资源分配：最大为 9 个 bit。

DM-RS 模式：3 个 bit。

第 2 阶段 SCI 格式：2 个 bit。

Beta 偏移指示：2 个 bit。

DM-RS 端口数：1 个 bit。

调制编码方案：5 个 bit。

CRC 是 24 个 bit：共计 57 个 bit，采用 QPSK 调制，假定编码速率是 0.26，则共计需要 57/0.26/2 ≈ 110 个 RE。该值小于 180，假定 PSCCH 及 PSCCH 的 DM-RS 占用的 RE 数是 2×10×12=240 个。假定第 2 阶段的 SCI 尺寸是 64 个 bit，采用 QPSK 调制，编码速率是 0.26，则第 2 阶段的 SCI 需要的 RE 数是 64/0.26/2 ≈ 124 个。根据以上参数和式（3-8），可以计算出 1 个时隙分配给 PSSCH 的 RE 数 N_{RE} =132×105–240–124=13496 个。

② 第 2 步：计算中间的信息比特 N_{info}。

在该步骤中，当满足以下条件时，N_{info} 达到最大值：调制编码方案是 27，对应的 R=948/1024，Q_m =8，数据的层数 v=2。根据以上参数和式（3-9），可以计算出 N_{info} = 13496×948/1024×8×2=199909.5，由于 N_{info}>3824，所以采用上述第 4 步的计算方式。

③ 第 3 步：计算 TBS。

通过式（3-11），计算出量化的中间信息比特 N'_{info}=198656。

由于 $R > 1/4$ 且 N'_{info}>8424，通过式（3-13），计算出 TBS 为 200808。

当子载波间隔是 30kHz 时，时隙长度是 0.5ms，如果所有的时隙都是 PSSCH，则 PSSCH 的峰值速率 =200808/0.0005/1024/1024 ≈ 383Mbit/s。

同理，对于不同的信道带宽和子载波间隔，当不配置 PSFCH 时，PC5 接口的峰值速率（不包含 PSFCH）见表 3-20。

表3-20　PC5接口的峰值速率（不包含PSFCH）

信道带宽 / MHz	子载波间隔 / kHz	时隙长度 / ms	PRB	子信道尺寸	分配给 PSSCH 的 PRB	TBS/bit	峰值速率 / （Mbit/s）
10	15	1	52	10	50	94248	90
10	30	0.5	24	12	24	42016	80
10	60	0.25	11	10	10	14344	55
20	15	1	106	15	105	200808	192
20	30	0.5	51	50	50	94248	180

续表

信道带宽 / MHz	子载波间隔 / kHz	时隙长度 / ms	PRB	子信道尺寸	分配给 PSSCH 的 PRB	TBS/bit	峰值速率 / （Mbit/s）
20	60	0.25	24	12	24	42016	160
40	15	1	216	12	216	417976	399
40	30	0.5	106	15	105	200808	383
40	60	0.25	51	10	50	94248	360

如果配置 PSFCH 信道，则 $N_{\text{symb}}^{\text{PSFCH}} = 3$，sl-lengthSLsymbols 取值为 14 个符号，$N_{\text{symb}}^{\text{sh}} = 14-2-3=9$。对于不同的信道带宽和子载波间隔，当配置 PSFCH 时，PC5 接口的峰值速率（包含 PSFCH）见表 3-21。

表3-21　PC5接口的峰值速率（包含PSFCH）

信道带宽 / MHz	子载波间隔 / kHz	时隙长度 / ms	PRB	子信道尺寸	分配给 PSSCH 的 PRB	TBS/bit	峰值速率 / （Mbit/s）
10	15	1	52	10	50	67584	64
10	30	0.5	24	12	24	29192	56
10	60	0.25	11	10	10	8968	34
20	15	1	106	15	105	147576	141
20	30	0.5	51	50	50	67584	129
20	60	0.25	24	12	24	29192	111
40	15	1	216	12	216	303240	289
40	30	0.5	106	15	105	147576	281
40	60	0.25	51	10	50	67584	258

对于 PC5 接口的峰值速率，具体说明如下。

第一，在相同的信道带宽下，随着子载波间隔的增加，峰值速率逐渐减小，主要原因包括两个方面。一是在式（3-8）中，假定每个时隙都分配了第 1 阶段的 SCI 和第 2 阶段的 SCI。当子载波间隔变大后，在相同时间内，时隙数增加，因此，会有更多的 RE 用于 SCI 的开销。二是随着子载波间隔的增大，信道两侧的最小保护带变大，导致可用的频率资源变少。

第二，上述计算的是理论上的峰值速率，只有在实验室环境中才有可能获得。在实际应用中，PSSCH 的数据层数 $v=1$，调制方式 64QAM（$Q_m =6$）是比较合理的，峰值速率会下降 62.5% 左右，即实际的速率只有表 3-20 和表 3-21 的 37.5% 左右。

3.8.2　NR-Uu 接口的峰值速率分析

NR-Uu 接口主要用于 PC5 接口的调度信息、系统消息，以及一些配置消息，以下行流量为主，因此，本书主要分析 NR-Uu 接口的 PDSCH 的峰值速率。

对于 n71 频段，考虑到 700MHz 的波长较长，车载天线是 2 个接收天线比较合理，其他参数的配置如下：DM-RS 配置为 Type1，单个 OFDM 符号，1 个 PRB 内有 6 个 RE 是 DM-RS；考虑到 PDCCH 除了调度 NR-Uu 接口的 PDSCH 信道，还需要通过 PDCCH 格式 3-0 调度 PC5 接口上的 PSSCH 和 PSCCH，因此，需要为 PDCCH 分配较多的资源，如果 1 个时隙内为 PDCCH 分配 3 个 OFDM 符号，则 PDSCH 占用 11 个 OFDM 符号。根据以上参数，在不同的信道带宽和子载波间隔条件下，NR-Uu 接口的峰值速率见表 3-22。

表3-22　NR-Uu接口的峰值速率

信道带宽 /MHz	子载波间隔 /kHz	时隙长度 /ms	PRB 数 / 个	TBS/bit	峰值速率 /（Mbit/s）
5	15	1	25	94248	45
10	15	1	52	196776	94
10	30	0.5	24	90176	86
15	15	1	79	295176	141
15	30	0.5	38	143400	137
20	15	1	106	401640	192
20	30	0.5	51	192624	184

对于 NR-Uu 接口的峰值速率，具体说明如下。

第一，在相同的信道带宽下，随着子载波间隔的增加，峰值速率逐渐减少，其原因与 PC5 接口类似，随着子载波间隔的增大，信道两侧的最小保护带变大，导致可用的频率资源变少。

第二，当信道带宽为 20MHz，子载波间隔是 30kHz 时，理论上的峰值速率是 184Mbit/s，PC5 接口在相同配置（不包括 PSFCH）下，峰值速率是 180Mbit/s，二者速率基本相当。这是因为 PC5 接口的 PSSCH 信道在时域上有 12 个 OFDM 符号，比 NR-Uu 接口的 PDSCH 信道多了 1 个 OFDM 符号，但是 PC5 接口需要为 SCI 预留额外的资源，实际分配给 PSSCH 的 RE 数和分配给 PDSCH 的 RE 数基本一致。

3.8.3　PC5 接口承载的用户数分析

NG-RAN 动态分配 PC5 接口上的时频资源涉及两个空中接口的资源。这两个资源分别是 PC5 接口上的时频资源和 NR-Uu 接口上的 PDCCH 资源。其中，PC5 接口的容量能力即 PC5 接口承载的 NR-V2X 用户数与 PC5 接口的带宽、发送消息的频率和发送消息的大小等有关。NR-Uu 接口的 PDCCH 容量能力与控制区域提供的控制信道单元（Control Channel Element，CCE）数以及 1 个 PDCCH 占用的 CCE 数等有关。

NR-V2X UE 的业务数据分为两类：一类是非周期性的数据；另一类是周期性的数据。对于非周期性的数据，其业务模型的相关说明如下。

● 物理层的数据包尺寸在 200 个字节到 2000 个字节之间，步长是 200 个字节，均匀分布。

● 数据包之间的间隔是"50ms+ 指数分布的随机变量"，指数分布的随机变量的平均值是 50ms，本小节假设非周期数据包的平均间隔是 100ms。

● 调制方式是 QPSK 或 16QAM，编码速率是 0.33 ～ 1.67Mbit/s。

● 控制包尺寸是 64 个比特，调制方式是 QPSK，编码速率是 0.26Mbit/s。

对于不同的数据包尺寸，NR-V2X UE 非周期数据包需要的 RE 数见表 3-23。

表3-23　NR-V2X UE非周期数据包需要的RE数

数据包尺寸 / 字节	调制方式	编码速率 / （Mbit/s）	数据包的 RE/ 个	控制包尺寸 / 比特	调制方式	编码速率 / （Mbit/s）	控制包的 RE/ 个	总 RE/ 个
200	QPSK	0.33	2425	64	QPSK	0.26	124	2549
400	QPSK	0.67	2389	64	QPSK	0.26	124	2513
600	16QAM	0.5	2400	64	QPSK	0.26	124	2524
800	16QAM	0.66	2425	64	QPSK	0.26	124	2549
1000	16QAM	0.83	2410	64	QPSK	0.26	124	2534
1200	16QAM	1	2400	64	QPSK	0.26	124	2524
1400	16QAM	1.16	2414	64	QPSK	0.26	124	2538
1600	16QAM	1.33	2407	64	QPSK	0.26	124	2531
1800	16QAM	1.5	2400	64	QPSK	0.26	124	2524
2000	16QAM	1.67	2396	64	QPSK	0.26	124	2520

对于周期性的数据，其业务模型的相关说明如下。

● 物理层的数据包尺寸分别是 800 个字节和 1200 个字节，800 个字节的概率是 0.8，1200 个字节的概率是 0.2；数据包的时间间隔是 50ms；调制方式是 16QAM；800 字节的编码速率是 0.66Mbit/s，1200 字节的编码速率是 1Mbit/s。

● 控制包的尺寸是 64 个比特；调制方式是 QPSK，编码速率是 0.26Mbit/s。

对于不同的数据包尺寸，NR-V2X UE 周期数据包需要的 RE 数见表 3-24。

表3-24　NR-V2X UE周期数据包需要的RE数

数据包尺寸 / 字节	调制方式	编码速率 / （Mbit/s）	数据包的 RE/ 个	控制包尺寸 / 比特	调制方式	编码速率 / （Mbit/s）	控制包的 RE/ 个	总 RE/ 个
800	16QAM	0.66	2425	64	QPSK	0.26	124	2549
1200	16QAM	1	2400	64	QPSK	0.26	124	2524

根据表 3-23 和表 3-24 可以发现，NR-V2X UE 在 PC5 接口上传输 1 个非周期数据包需要 2513 ～ 2549 个 RE，传输 1 个周期数据包需要 2524 或 2549 个 RE。为了方便计算，假设 NR-V2X UE 传输 1 个非周期数据包和 1 个周期数据包各需要 2549 个 RE。

对于非周期性的数据，数据包的平均间隔是 100ms，1s 内需要传输 10 个数据包；对于周期性的数据，数据包的时间间隔是 50ms，1s 内需要传输 20 个数据包。对于 1 个 NR-V2X 用户，1s 内传输的非周期数据包和周期数据包共计是 30 个。

根据 3GPP TS 38.214 协议，分配给 NR-V2X UE 的 PSSCH 包含的 RE 数见式（3-7）。

$N_{sc}^{RB} = 12$ 是 1 个 PRB 的子载波数；N_{symb}^{sh} 是 PSSCH 在 1 个时隙内的 OFDM 符号数，对于常规 CP，1 个时隙内有 14 个 OFDM 符号，第 1 个 OFDM 符号用于重复传输，最后 1 个 OFDM 符号用于保护间隔，因此，$N_{symb}^{sh} = 14 - 2 = 12$。

N_{symb}^{PSFCH} 是 PSFCH 负荷指示，由于假定采用广播模式，所以 $N_{symb}^{PSFCH} = 0$。

N_{oh}^{PRB} 是高层参数配置的 CSI-RS 和 PT-RS 的负荷，可以取值为 0、3、6 或 9，由于广播模式可以不配置 CSI-RS 和 PT-RS，所以 $N_{oh}^{PRB} = 0$。

N_{RE}^{DM-RS} 是高层参数配置的 1 个 PRB 内的 DM-RS 信号占用的 RE 数，可以取值为 12、15、18 或 24，假定 $N_{RE}^{DM-RS} = 18$。

根据以上参数，可以计算出 1 个 PRB 内，PSSCH 包含 12×（12–0）–0–18=126 个 RE。NR-V2X UE 传输 1 个数据包需要 2549 个 RE，即需要 2549/126 ≈ 21 个 PRB，对应的子信道尺寸是 25 个 PRB。需要注意的是，子信道除了传输 PSSCH，还需要传输 PSCCH，25–21=4 个 PRB 能够满足 PSCCH 的传输需求。

对于 PC5 接口，当信道带宽是 40MHz、子载波间隔是 30kHz 时，在频域上共计有 106 个 PRB，当子信道尺寸为 25 个 PRB 时，频域上共计有 4 个子信道。在时域上，1 个时隙是 0.5ms，1s 内有 2000 个时隙，共计有 8000 个子信道。1 个 NR-V2X UE 在 1s 内需要传输 30 个数据包，因此，PC5 接口可以承载的 NR-V2X 用户数是 8000/30 ≈ 267 个。当 PSSCH 传输 2 次或 3 次时，PC5 接口可以承载的 NR-V2X 用户数分别是 133 个和 88 个。

当信道带宽是 20MHz、子载波间隔是 30kHz 时，在频域上共计有 51 个 PRB，当子信道尺寸为 25 个 PRB 时，频域上共计有 2 个子信道，共计有 4000 个子信道，因此，PC5 接口可以承载的 NR-V2X 用户数是 4000/30 ≈ 133 个。当 PSSCH 传输 2 次或 3 次时，PC5 接口可以承载的用户数分别是 66 个和 44 个。

3.8.4 NR–Uu 接口承载的用户数分析

NR-Uu 接口的 PDCCH 信道在控制资源集合（Control-resource set，一般写作 CORESET）上传输，当信道带宽是 20MHz、子载波间隔是 30kHz 时，CORESET 在频域上最多占用 48

个 PRB，在时域上占用 1 个、2 个或 3 个 OFDM 符号。1 个 PDCCH 可以包括 1 个、2 个、4 个、8 个或 16 个 CCE，1 个 CCE 由 6 个资源单元组（Resource Element Group，REG）组成。1 个 REG 在频域上占用 1 个 RB，在时域上占用 1 个 OFDM 符号，1 个 REG 上有 12−3=9 个 RE 用于传输 PDCCH，1 个 CCE 共计有 9×6=54 个 RE 用于传输 PDCCH。由于 PDCCH 采用 QPSK 调制方式，所以 1 个 CCE 可以传输 108 个比特的信息。当配置的 OFDM 符号是 1 个、2 个和 3 个时，1 个 CORESET 可用的 CCE 数分别是 8 个、16 个和 24 个。

当采用 NG-RAN 动态调度资源分配模式时，通过 DCI 格式 3_0 的 PDCCH 信道分配 PC5 接口上的时频资源，对于广播传输模式，DCI 格式 3_0 包括以下字段。

资源池索引：最大为 3 个比特。

时间间隔：最大为 3 个比特。

子信道分配的最低索引：需要 $\log_2\left(N_{\text{subChannel}}^{\text{SL}}\right)$ 个比特，当 $N_{\text{subChannel}}^{\text{SL}}=4$ 时，子信道分配的最低索引是 2 个比特。

SCI 格式 1-A 的频域资源指配：当 PSSCH 传输 2 次时，频域资源指配需要

$$\log_2\left(\frac{N_{\text{subChannel}}^{\text{SL}}\left(N_{\text{subChannel}}^{\text{SL}}+1\right)}{2}\right)$$ 个比特，当 $N_{\text{subChannel}}^{\text{SL}}=4$ 时，频率资源指配是 4 个比特；

当 PSSCH 传输 3 次时，频率资源指配需要 $\log_2\left(\frac{N_{\text{subChannel}}^{\text{SL}}\left(N_{\text{subChannel}}^{\text{SL}}+1\right)\left(2N_{\text{subChannel}}^{\text{SL}}+1\right)}{6}\right)$

个比特，当 $N_{\text{subChannel}}^{\text{SL}}=4$ 时，频率资源指配是 5 个比特。

SCI 格式 1-A 的时域资源指配：当 PSSCH 传输 2 次时，时域资源指配是 5 个比特；当 PSSCH 传输 3 次时，时域资源指配是 9 个比特。

综上所述，当 $N_{\text{subChannel}}^{\text{SL}}=4$ 时，对于广播传输模式，DCI 格式 3_0 最大是 3+3+2+5+9+24 = 46 个比特。如果 PDCCH 信道的编码速率是 0.26Mbit/s，则编码后的比特数是 177 个，1 个 CCE 可以传输 108 个比特的信息，因此，传输 1 个 DCI 格式 3_0 的 PDCCH 信道需要 2 个 CCE。

如果 CORESET 配置为 1 个 OFDM 符号，CORESET 内可用的 CCE 数是 8 个，则 1 个 CORESET 内可以传输 8/2=4 个 DCI 格式 3_0 的 PDCCH 信道，1s 内可以传输 4×2000=8000 个 DCI 格式 3_0 的 PDCCH 信道。1 个 NR-V2X UE 在 1s 内需要传输 30 个数据包，因此，当 CORESET 配置为 1 个 OFDM 符号时，可以动态调度的 NR-V2X 用户数是 8000/30 ≈ 267 个。当 CORESET 配置为 2 个和 3 个 OFDM 符号时，CORESET 可以动态调度的 NR-V2X 用户数分别是 533 个和 800 个。

通过以上分析可以发现，对于广播传输模式，NR-Uu 接口的 PDCCH 信道调度的 NR-

V2X 用户数明显高于 PC5 接口承载的 NR-V2X 用户数，这是因为广播传输模式下，DCI 格式 3_0 包含的字段较少，1 个 DCI 格式 3_0 的 PDCCH 信道只需 2 个 CCE。如果采用单播传输和组播传输模式，DCI 格式 3_0 还需要包括 HARQ 进程号、PSFCH 到 HARQ 定时索引、PUCCH 资源索引等信息，则 1 个 DCI 格式 3_0 的 PDCCH 信道需要 4 个 CCE。NR-Uu 接口的 PDCCH 信道调度的 NR-V2X 用户数会减半。

●● 3.9 NR-V2X 的覆盖能力

移动通信覆盖能力分析的常用方法是，通过链路预算计算最大允许路径损耗（Maximum Allowed Path Loss，MAPL），然后再根据传播模型，计算不同业务、不同场景的最大小区半径。移动通信网络覆盖能力与频率、制式、小区边缘速率、发射功率、天线配置、接收灵敏度等因素都有关。

当 NR-Uu 接口和 PC5 接口并发操作时，NR-Uu 接口支持的频率有 n39、n40、n41、n71、n78、n79 频段。根据 3.4.1 节的分析，n39、n40、n41、n78、n79 频段是电信运营商 4G 或 5G 的主力频段，不大可能用于调度 NR-V2X UE，n71 频段（上行为 663～698MHz，下行为 617～652MHz）是 FDD 制式，具有空口时延小、覆盖广等优点，且该频段不会与电信运营商的 5G 网络产生容量冲突，未来极有可能是车联网使用的 5G 频段，本节重点分析 n71 频段的覆盖能力。

本节通过链路预算分析，分别计算了 PC5 接口和 NR-Uu 接口在城区和高速公路场景下的 MAPL 和小区覆盖半径，并给出了 NR-V2X 的站点布局和覆盖规划。

3.9.1 PC5 接口的覆盖能力

V2X 包括 V2V、V2R、V2P 和 V2N 等。其中，V2V、V2R 和 V2P 均使用 PC5 接口进行通信。

PSBCH 在频域上占用 11 个 PRB。PSCCH/PSSCH 占用的 PRB 数是 25 个 PRB。PSFCH 在时域上占用一个时隙的最后 2 个 OFDM 符号，在频域上占用 1 个 PRB。当 PSBCH、PSCCH/PSSCH 以及 PSFCH 采用时分复用的方式发射时，终端可以采用较大的功率发送这几个信道，因此，覆盖范围明显增加，同时终端的实现也比较简单。由于传递 HARQ 信息只需 1 个 bit，所以一般不会成为覆盖的瓶颈，接下来，分别计算 PSBCH、PSCCH 和 PSSCH 的覆盖能力。

（1）系统带宽

n47 频段的最大带宽是 70MHz，当 NR-Uu 接口和 PC5 接口并发操作时，PC5 接口的系统带宽最大是 40MHz，PSBCH、PSCCH 和 PSSCH 实际发射的带宽分别是 11 个 PRB、

25 个 PRB 和 25 个 PPB。

（2）子载波间隔

n47 频段支持的子载波间隔是 15kHz、30kHz 和 60kHz，n71 频段支持的子载波间隔是 15kHz 和 30kHz，较大的子载波间隔能容忍较大的多普勒频移，适合高速移动的终端。另外，NR-Uu 接口和 PC5 接口使用相同子载波间隔可以使终端的实现比较简单，建议 NR-Uu 接口和 PC5 接口的子载波间隔都是 30kHz，40MHz 带宽对应的 PRB 数是 106 个。

（3）车载终端类型

根据车辆类型和车载终端天线高度的不同，车载终端包括以下 3 种类型。

① Type1 是低天线位置的轿车，长、宽和高分别是 5m、2m 和 1.6m，天线高度是 0.75m。

② Type2 是高天线位置的轿车，长、宽和高分别是 5m、2m 和 1.6m，天线高度是 1.6m。

③ Type3 是卡车 / 公交车，长、宽和高分别是 13m、2.6m 和 3m，天线高度是 3m。

假设车载终端的类型是 Type2，2T4R，天线放置在车顶，天线高度是 1.6m，天线增益是 3dBi，天线接收分集增益是 4dB，单个终端的馈线损耗是 0.5dB，两个终端的馈线损耗合计是 1.0dB。

（4）终端发射功率

当 NR-Uu 接口和 PC5 接口并发操作时，NR-V2X UE 在 n47 频段和 n71 频段发射的总功率是 23dBm，为了增加覆盖距离，建议 NR-V2X UE 在 NR-Uu 接口和 PC5 接口上采用时分复用的方式发射，也即 NR-V2X UE 在 PC5 接口上的发射功率是 23dBm。

（5）传播模型

根据车辆位置和阻挡物的不同，传播模型分为以下 3 类。

① 视距传播（Line of Sight，LoS）：两辆车在相同的街道上且两车之间没有车辆阻挡。

② 非视距传播（Non Line of Sight，NLoS）：两辆车在不同的街道上且两车之间有车辆阻挡。

③ NLoSv：两辆车在相同的街道上且两辆车之间有车辆阻挡。

对于 LoS、NLoSv，

在高速公路场景，路径损耗的计算见式（3-15）。

$$PL = 32.4 + 20\log_{10}(d_{3D}) + 20\log_{10}(f_c) \qquad 式（3-15）$$

在市区场景，路径损耗的计算见式（3-16）。

$$PL = 38.77 + 16.7\log_{10}(d_{3D}) + 18.2\log_{10}(f_c) \qquad 式（3-16）$$

对于 NLoS 场景，路径损耗的计算见式（3-17）。

$$PL = 36.85 + 30\log_{10}(d_{3D}) + 18.9\log_{10}(f_c) \qquad 式（3-17）$$

在式（3-15）、式（3-16）和式（3-17）中，f_c 是载波的中心频率，单位是 GHz；d_{3D} 是发射天线和接收天线的距离，单位是 m。

（6）阻挡损耗和标准差

对于 NLoSv 模型，根据收发天线的高度与阻挡物的高度不同，需要增加额外的车辆阻挡损耗。

Case1：发射天线和接收天线的最低高度均大于阻挡物的高度，不需要考虑额外的阻挡损耗。

Case2：发射天线和接收天线的最高高度均小于阻挡物的高度，阻挡损耗的平均值是 $9+\max(0, 15\times\log_{10}(d_{3D})-41)$，标准差是 4.5dB。其中，$d_{3D}$ 是收发天线之间的距离。

Case3：Case1 和 Case2 之外的其他情形，阻挡损耗的平均值是 $5+\max(0, 15\times\log_{10}(d_{3D})-41)$，标准差是 4dB。其中，$d_{3D}$ 是收发天线之间的距离。

当 $15\times\log_{10}(d_{3D})-41>0$，可以计算出 $d_{3D}>541\text{m}$，即收发天线之间的距离大于 541m 时，式（3-15）需要进行修正，见式（3-18）。

$$PL-\left(15\log_{10}(d_{3D})-41\right)=32.4+20\log_{10}(d_{3D})+20\log_{10}(f_c) \qquad 式（3-18）$$

对式（3-18）进行化简，可以得到式（3-19）。

$$PL=-8.6+35\log_{10}(d_{3D})+20\log_{10}(f_c) \qquad 式（3-19）$$

在高速公路场景，采用 Case3；在城区场景，NLoS 模型已经考虑了车辆阻挡损耗的因素，因此，不再重复计算车辆的阻挡损耗。

在城区采用的是 NLoS 模型，即采用式（3-17）计算路径损耗；高速公路采用修正后的 NLoSv 模型，即采用式（3-19）计算路径损耗。

（7）阴影衰落余量

发射机和接收机之间的传播路径非常复杂，有简单的视距传播，也有各种复杂的地物阻挡形成的非视距传播等，因此，无线信道具有较大的随机性。从大量实际统计数据来看，在一定距离内，本地的平均接收场强在中值附近上下波动。这种平均接收场强因为一些建筑物或自然界的阻隔而发生的衰落现象称为阴影衰落（或慢衰落）。一般情况下，阴影衰落服从对数正态分布。

由于无线信道具有一定随机性，在固定距离上的路径损耗可以在一定范围内变化，所以我们无法使覆盖区域内的信号一定大于某个门限，但是必须保证接收信号能以一定概率大于接收门限。为了对抗这种衰落带来的影响，保证基站以一定的概率覆盖小区边缘，基站（或终端）必须预留一定的发射功率以克服阴影衰落，这些预留的功率就是阴影衰落余量。

在城区场景，传播模型 LoS 和 NLoSv 的标准差是 3dB，传播模型 NLoS 的标准差是 4dB，采用传播模型 NLoS，标准差是 4dB，阴影衰落余量取 4.2dB。在高速公路场景，无线环境的标准差是 3dB，阻挡损耗的标准差是 4dB，总的标准差是 7dB，阴影衰落余量取 7.2dB。

（8）干扰余量

PC5 接口采用的是正交频分多址接入（Orthogonal Frequency Division Multiple Access，OFDMA）技术，各个子载波正交，理论上小区内干扰为零，但是不能忽视小区间的干扰。在实际组网中，邻近小区对本小区的干扰随着邻小区负荷的增大而增加，系统的噪声水平也在提升，接收机灵敏度降低，基站覆盖范围缩小，因此，在链路预算中需要考虑干扰余量。

对于 PC5 接口，需要从两个角度来考虑干扰余量：一是由于 NR-V2X UE 的发射功率较小，且在相对封闭的场所内，终端之间的干扰会相对较小；二是在不能从 gNB/eNB 或 GNSS 获取同步信号的时候，NR-V2X UE 以其他 UE 作为同步源，同步精度会相对较低，因此，子载波之间会存在较大的干扰。综合考虑以上两个角度，干扰余量取 3dB。

（9）快衰落余量

由于移动终端周围有许多散射、反射和折射体，引起信号的多径传输，使到达的信号之间相互叠加，其合成信号幅度表现为快速起伏变化，它反映的是，微观小范围内数十个波长量级接收电平的均值变化而产生的损耗，其变化率比慢衰落快，因此，一般称其为快衰落。

由于车辆节点动态拓扑快速变化，且部分业务对可靠性要求较为严苛，所以需要考虑小尺度衰落，即快衰落对通信的影响。3GPP 组织在制定 PC5 接口协议的时候，采取以下措施来消除快衰落的影响，从而满足车联网业务对可靠性的严苛要求。

每个时隙的第 1 个符号为 AGC 符号，AGC 符号为同时隙中第 2 个符号的完全复制映射，以满足发送端和接收端距离频繁变化对 AGC 时延的要求；每个时隙的最后 1 个符号为保护符号；为了增加传输的可靠性，1 个 PSSCH 信道可以调度 1 个、2 个或 3 个 PSSCH。因此，不再单独考虑快衰落余量。

（10）穿透损耗

在城区场景，采用的是 NLoS 模型，街边的建筑、树木等会对车载天线造成一定阻挡，因此，需要考虑穿透损耗，取值为 8dB；在高速公路场景，采用的是 NLoSv 模型，由于两辆车在相同的街道上，比较开阔，所以不考虑车体的穿透损耗。

（11）接收机灵敏度

接收机灵敏度为在输入端无外界噪声或干扰的条件下，在分配的资源带宽内，满足业务质量需求的最小接收信号功率。直连通信采用 OFDMA 多址方式，接收灵敏度为所需的子载波的复合接收灵敏度，其计算方法如下。

复合接收灵敏度 = 每子载波接收灵敏度 + $10 \times \log_{10}$（需要的子载波数）=
背景噪声密度 + $10 \times$（子载波间隔）+ $10 \times \log_{10}$（需要的子载波数）+ 噪声系数 + 解调门限

其中，背景噪声密度即热噪声功率谱密度，等于玻尔兹曼常数 k 与绝对温度 T 的乘积，背景噪声密度为 -174dBm/Hz。

（12）解调门限

解调门限是指信号与干扰加噪声比（Signal to Interference plus Noise Ratio，SINR）门限，是有用信号相对于噪声的比值，是计算接收机灵敏度的关键参数，是设备性能和功能算法的综合体现，在链路预算中具有极其重要的地位。

对于直连通信，解调门限与频段、信道类型、移动速度、MIMO 方式、MCS、误块率（BLock Error Rate，BLER）等因素相关。确定相关的系统条件和配置后，可以通过链路仿真获取该信道的 SINR。

根据以上参数，可以计算出 NR-V2X UE 在城区和高速公路场景的 MAPL 和覆盖半径，NR-V2X UE 在城区和高速公路场景的 MAPL 和覆盖半径（PC5 接口）见表 3-25。

表3-25　NR-V2X UE在城区和高速公路场景的MAPL和覆盖半径（PC5接口）

参数		城区			高速公路		
		PSBCH	PSCCH	PSSCH	PSBCH	PSCCH	PSSCH
发射功率	发射功率 /dBm	23	23	23	23	23	23
	PRB/ 个	106	106	106	106	106	106
	UE 发射的 PRB/ 个	11	25	25	11	25	25
	子载波发射功率 /dBm	1.8	−1.8	−1.8	1.8	−1.8	−1.8
系统余量	馈线损耗 /dB	1.0	1.0	1.0	1.0	1.0	1.0
	发射天线增益 /dB	3.0	3.0	3.0	3.0	3.0	3.0
	接收天线增益 /dB	3.0	3.0	3.0	3.0	3.0	3.0
	接收天线分集增益 /dB	4.0	4.0	4.0	4.0	4.0	4.0
	干扰余量 /dB	3.0	3.0	3.0	3.0	3.0	3.0
	穿透损耗 /dB	8.0	8.0	8.0	0	0	0
	阻挡损耗 /dB	0	0	0	5.0	5.0	5.0
	阴影衰落余量 /dB	4.2	4.2	4.2	7.2	7.2	7.2
	总的系统余量 /dB	6.2	6.2	6.2	6.2	6.2	6.2
灵敏度	环境热噪声密度 /（dBm/Hz）	−174	−174	−174	−174	−174	−174
	子载波热噪声功率 /dB	−129.2	−129.2	−129.2	−129.2	−129.2	−129.2
	接收机噪声系数 /dB	7.0	7.0	7.0	7.0	7.0	7.0
	SINR/dB	−3.0	−1.5	0	−3.0	−1.5	0
	子载波复合灵敏度 /dBm	−125.2	−123.7	−122.2	−125.2	−123.7	−122.2

续表

参数	城区			高速公路		
	PSBCH	PSCCH	PSSCH	PSBCH	PSCCH	PSSCH
MAPL/dB	120.8	115.8	114.3	120.8	115.8	114.3
覆盖半径 /m	206	140	125	1813	1299	1177

根据表 3-25 可以发现，NR-V2X UE 在城区和高速公路场景的覆盖半径分别是 125m 和 1177m。

表 3-25 中不同参数的具体说明如下。

第一，在城区场景，假定两辆车在不同的街道上，使用的是 NLoS 传播模型，同时考虑了穿透损耗，因此，覆盖半径较小，如果两辆车是在相同的街道上，使用 NLoSv 传播模型，则覆盖半径会大大增加。

第二，假设采用车顶小天线，如果在车辆的前部和后部各放置一个大尺寸的板状天线，板状天线的增益是 11dBi，则在城区和高速公路场景，覆盖半径分别增加到 426m 和 3372m 左右。

第三，V2R 的覆盖能力也可以参照表 3-25，由于 RSU 的安装位置高于路面，所以 RSU 的覆盖半径会大一些。

支持 NR-V2X 的模组还没有发布，目前还没有 NR-V2X 的测试案例。由于 LTE-V2X 的 PC5 接口使用的也是 n47 频段，所以 LTE-V2X 的测试结果对 NR-V2X 具有一定的参考意义。ConVeX 项目的 LTE-V2X 场地测试结果如下。

● 在视距场景下，V2V 的通信距离至少是 1200m。

● 在城区十字路口，V2V 的通信距离可以达到 140m。

● V2R 没有视距测试环境，受测试地形、阻挡、街道弯曲等因素的影响，V2R 的通信距离波动较大，至少在 1065m 以上。

NR-V2X 的物理层在 LTE-V2X 基础上进行了较大的优化，因此，我们相信 NR-V2X 的覆盖能力优于 LTE-V2X 的覆盖能力。

3.9.2　NR-Uu 接口的覆盖能力

NR-Uu 接口可以为 NR-V2X UE 提供两类数据。一类是配置信息和应用层数据，配置信息包括系统消息、RRC 连接建立消息以及 RRC 重配置消息；应用层数据包括高精度地图、定位导航以及车辆采集的状态信息等，这类数据在下行方向使用 PDCCH 和 PDSCH，在上行方向使用 PUCCH 和 PUSCH。另一类是 gNB 调度 PC5 接口时频资源的信令，这类信令通过 PDCCH 发送给 NR-V2X UE，主要包括 PC5 接口上的资源池索引、子信道分配的最低索引、频域配置和时域配置以及 HARQ 进程号等信息。接下来，我们来分别分析下行的 PDCCH 和 PDSCH、上行的 PUCCH 和 PUSCH 的覆盖能力。

（1）系统带宽

NR-V2X 在 NR-Uu 接口使用的频率是 n71 频段（FDD 制式，上行为 663 ~ 698MHz，下行为 617 ~ 652MHz），共计是 2×35MHz。当 NR-Uu 接口和 PC5 接口并发操作时，NR-Uu 接口的系统带宽最大是 20MHz。

（2）子载波间隔

n71 频段的子载波间隔是 30kHz，20MHz 带宽对应的 PRB 数是 51 个。

（3）边缘速率

由于 n71 频段的系统带宽较小，吞吐量较低，如果视频等大流量数据通过 n71 频段传输，则需要定义较高的边缘速率，所以会导致小区覆盖半径较小。比较合理的传输方案是配置信息和应用层的关键数据通过 n71 频段传输，视频等大流量数据通过其他 5G 频段传输。因此，n71 频段的边缘速率可以定义得较小，建议 n71 频段的下行边缘速率是 5Mbit/s，上行边缘速率是 1Mbit/s。

（4）基站设备和天线选型

n71 频段的波长较长，使用有源天线单元（Active Antenna Unit，AAU）会导致天线的尺寸过大，难以安装在杆塔上，建议基站设备采用 4 通道 RRU+ 无源天线形态，RRU 的功率是每通道 50W，天线增益是 14.5dBi。

（5）车载终端类型

车载终端类型是 Type2，2T4R，天线高度是 1.6m，天线放置在车顶，n71 频段的波长较长，天线增益是 0dBi，接收分集增益是 3dB。

（6）传播模型

在城区场景，采用 3GPP 定义的 UMa NLoS 模型，基站的天线高度是 25m，车载终端的天线高度是 1.6m；在高速公路场景，采用 3GPP 定义的 RMa LoS 模型，基站的天线高度是 35m，车载终端天线的高度是 1.6m，双向 8 车道的高速公路的平均宽度是 40m，建筑物的平均高度是 5m。

UMa NLoS 模型路径损耗的计算方法见式（3-20）。

$$PL_{\text{UMa-NLoS}} = 13.54 + 39.08\log_{10}(d_{\text{3D}}) + 20\log_{10}(f_c) - 0.6(h_{\text{UT}} - 1.5) \qquad \text{式（3-20）}$$

RMa LoS 模型的路径损耗计算见式（3-21）、式（3-22）、式（3-23）、式（3-24）。

$$PL_{\text{RMa-LoS}} = \begin{cases} PL_1 & 10 \leqslant d_{\text{2D}} \leqslant d_{\text{BP}}(\text{m}) \\ PL_2 & d_{\text{BP}} \leqslant d_{\text{2D}} \leqslant 10000(\text{m}) \end{cases} \qquad \text{式（3-21）}$$

$$PL_1 = 20\log_{10}\left(\frac{40\pi d_{\text{3D}} f_c}{3}\right) + \min\left(0.03h^{1.72}, 10\right)\log_{10}(d_{\text{3D}}) - \qquad \text{式（3-22）}$$

$$\min\left(0.044h^{1.72}, 14.77\right) + 0.002\log_{10}(h)d_{\text{3D}}$$

$$PL_2 = PL_1(d_{\text{BP}}) + 40\log_{10}(d_{\text{3D}} / d_{\text{BP}}) \qquad \text{式（3-23）}$$

在式（3-23）中，f_c 是载波的中心频率，单位是 GHz；h 是基站的天线高度，单位是 m；h_{UT} 是终端的天线高度，单位是 m。

断点距离（Breakpoint distance）d_{BP} 的定义见式（3-24）。

$$d_{BP} = 4h'_{BS}h'_{UT}f_c / c \qquad\qquad 式（3-24）$$

在式（3-24）中，$h'_{UT} = h_{UT} - h_E$。其中，h_{BS}、h_{UT} 分别是基站和终端的实际天线高度，h_E 是有效的环境高度。

（7）穿透损耗

由于天线放置在车顶，可以不考虑车体的穿透损耗，但是道路外面的建筑、树木等会对车载天线造成一定的阻挡，所以在计算链路预算时，需要考虑穿透损耗。

（8）阴影衰落余量

在城区场景，UMa NLoS 的标准差是 8dB，阴影衰落余量取 9dB；在高速公路场景，RMa LoS 的标准差是 6dB，阴影衰落余量取 6.2dB。

根据以上参数，可以计算出 NR-V2X UE 在城区和高速公路场景的 MAPL 和覆盖半径，NR-V2X UE 在城区和高速公路场景的 MAPL 和覆盖半径（NR-Uu 接口）见表 3-26。

表3-26 NR-V2X UE在城区和高速公路场景的MAPL和覆盖半径（NR-Uu接口）

参数		城区				高速公路			
		PDSCH	PDCCH	PUSCH	PUCCH	PDSCH	PDCCH	PUSCH	PUCCH
	边缘速率 /（Mbit/s）	5.0	/	1.0	/	5.0	/	1.0	/
发射功率	发射功率 /dBm	53	53	23	23	53	53	23	23
	RB/ 个	51	51	51	51	51	51	51	51
	分配给 UE 的 RB 数或 CCE 数 / 个	40	4	10	2	40	4	10	2
	子载波发射功率 /dBm	25.1	25.1	2.2	9.2	25.1	25.1	2.2	9.2
	馈线损耗 /dB	1.0	1.0	1.0	1.0	1.0	1.0	1.0	1.0
	基站天线增益 /dB	14.5	14.5	14.5	14.5	14.5	14.5	14.5	14.5
	基站天线分集增益 /dB	0	0	3.0	3.0	0	0	3.0	3.0
	终端天线增益 /dB	0	0	0	0	0	0	0	0
系统余量	终端天线分集增益 /dB	3.0	3.0	0	0	3.0	3.0	0	0
	干扰余量 /dB	8.0	8.0	3.0	3.0	8.0	8.0	3.0	3.0
	穿透损耗 /dB	10.0	10.0	10.0	10.0	5.0	5.0	5.0	5.0
	阴影衰落余量 /dB	9.0	9.0	9.0	9.0	6.2	6.2	6.2	6.2
	总的系统余量 /dB	10.5	10.5	5.5	5.5	2.7	2.7	−2.3	−2.3

参数		城区				高速公路			
		PDSCH	PDCCH	PUSCH	PUCCH	PDSCH	PDCCH	PUSCH	PUCCH
灵敏度	环境热噪声密度 /（dBm/Hz）	−174	−174	−174	−174	−174	−174	−174	−174
	子载波热噪声功率 /dB	−129.2	−129.2	−129.2	−129.2	−129.2	−129.2	−129.2	−129.2
	接收机噪声系数 /dB	7.0	7.0	3.0	3.0	7.0	7.0	3.0	3.0
	SINR/dB	0	0	0	−2.1	0	0	0	−2.1
	子载波复合灵敏度 /dBm	−122.2	−122.2	−126.2	−128.3	−122.2	−122.2	−126.2	−128.3
MAPL/dB		136.9	136.9	122.9	132.0	144.7	144.7	130.7	139.8
小区覆盖半径 /m		1817	1816	771	1317	19848	19836	8853	14940

根据表 3-26 可以发现，对于 NR-Uu 接口，城区场景和高速公路场景的小区覆盖半径分别是 771m 和 8853m。

表 3-26 中相关参数的具体说明如下。

第一，高速公路场景采用的是视距传播模型，由于受地形、高速公路走向等影响，所以实际的小区覆盖半径远远小于 8853m，如果采用非视距传播模型，则小区覆盖半径下降到 1200m 左右。

第二，与 PC5 接口的计算类似，如果采用板状天线，则天线增益是 7dBi，在城区和高速公路场景，小区的覆盖半径分别增加到 1165m 和 13246m 左右。

3.9.3 NR-V2X 覆盖规划建议

对于使用 n71 频段的 5G 覆盖规划，可以参考电信运营商的 5G 规划原则。由于在 1 个时隙内，NR 可以配置 1 到 4 个 CORESET，控制信道的容量较多，且 n71 频段基站的覆盖半径较大，初期只须部署较少的 5G 基站就可以满足覆盖和容量需求，后期随着 NR-V2X 用户数的增加，再逐步增加 5G 基站的数量。

对于 V2V 覆盖规划，当卡车编队行驶时，V2V 通信采用组播模式，通过一个距离参数来指示满足 QoS 的最小距离，可以根据表 3-25 给出的覆盖半径来设置这个距离参数，当编队车辆之间的距离为 20m 时，建议将 3 ～ 4 辆卡车组成一个编队。

对于覆盖城区的 RSU 站点，具体规划时，我们有以下 3 点建议。

① 应充分利用十字路口、道路沿线的红绿灯信号杆、监控杆、道路指示牌等现有设施，可以降低建设难度，减少建设成本和维护成本。

② 城区平直的快速路、高架桥等，可以参照高速公路场景，适当增加 RSU 站址的站间距。

③ 为了降低干扰，RSU 天线的安装位置不宜设置得过高。

对于覆盖高速公路的 RSU 站点，具体规划时，我们有以下 4 点建议。

① 应充分利用道路沿线的监控杆、道路指示牌等现有设施。

② 对于直线高速公路，相邻 RSU 站址宜交叉分布于高速公路两侧，形成"之"字形布局，有利于信号的均匀分布。

③ 对于高速弯道，RSU 站址宜设置在弯道内侧，可提高入射角，保证覆盖的均衡性。

④ 当高速公路进入城区时，为了降低干扰，RSU 天线挂高可以设置得稍微低一些，但是应保证天线与路面视线相通。

•• 3.10 C-V2X 直连通信安全机制

C-V2X 车联网系统包括云、管、端几大方面，在业务应用、网络通信、车载终端、路侧设备等方面均存在安全风险，本节将重点介绍直连通信接口的安全风险。

3.10.1 C-V2X 车联网系统的安全风险

C-V2X 车联网系统的安全风险包括直连通信接口的安全风险、车载终端的安全风险和路侧设备的安全风险。

1. 直连通信接口的安全风险

不论是 NG-RAN 调度资源分配模式还是 UE 自主资源选择分配模式，直连通信的用户数据均在专用频段上通过 PC5 接口发送，因此，短距离直连通信场景下，C-V2X 车联网系统在用户面存在虚假信息、假冒终端、信息篡改 / 重放、隐私泄露等安全风险。

利用 PC5 接口的开放性，攻击者可以通过合法的终端及用户身份接入系统对外恶意发布虚假信息。攻击者可以利用非法终端假冒合法车联网终端身份，接入直连通信系统，发送伪造的业务信息。攻击者可篡改或者重放合法用户发送的业务信息，这些都将影响车联网业务的安全运行，严重危害周边车辆及行人的道路交通安全。另外，利用 PC5 无线接口的开放性，攻击者可以监听获取广播发送的用户标识、位置等敏感信息，进而造成用户身份、位置等隐私信息泄露。严重时，用户车辆可能被非法跟踪，直接威胁用户的人身安全。

2. 车载终端的安全风险

车载终端承载了大量功能，除了传统的导航功能，近年来，车辆终端更是集成了移动办公、车辆控制、辅助驾驶等功能。功能的高度集成也使车载终端更容易成为黑客攻击的目标，造成信息泄露、车辆失控等安全风险。

（1）接口层面安全风险

车载终端可能存在多个物理访问接口，在车辆的供应链、销售运输、维修维护等环节中，攻击者可能通过暴露的物理访问接口植入有问题的硬件或升级有恶意的程序，对车载终端进行入侵和控制。

另外，车载终端通常有多个无线连接的访问接口，攻击者可以通过无线接入方式对车载终端进行欺骗、入侵和控制。例如，通过卫星或基站定位信号、雷达信号进行欺骗，无钥匙进入系统入侵等。

（2）设备层面安全风险

● 访问控制风险：当车载终端内、车载终端与其他车载系统间缺乏适当的访问控制和隔离措施时，会使车辆整体的安全性降低。

● 固件风险：攻击者可能通过调试口提取系统固件进行分析。设备的硬件结构、调试引脚、Wi-Fi 系统、串口通信、微控制单元（Micro Controller Unit，MCU）固件、控制器局域网（Controller Area Network，CAN）等均可能被恶意接入，固件存在一定安全风险。

● 权限滥用风险：应用软件可能获得敏感系统资源并实施恶意行为（例如，后台录音等），给行车安全和用户信息保护带来了很大的安全隐患。

● 系统漏洞暴露风险：如果系统版本升级不及时，已知漏洞未及时修复，则黑客可能通过已有的漏洞利用代码或者工具攻击终端系统。例如，黑客可能利用漏洞发送大量伪造的数据包，对车载终端进行拒绝服务攻击。

● 应用软件风险：车载终端上很多软件来自外部，可能缺少良好的编码规范，存在一些安全漏洞。不安全的软件一旦安装到设备上，很容易被黑客控制。

● 数据篡改和泄露风险：关键系统服务和应用内的数据对用户辅助驾驶和车况判断非常关键。数据被篡改可能导致导航位置错误、行车路径错误等，车辆应用的相关内容不正确。内容数据的泄露同样会造成诸多安全问题和隐患。

3. 路侧设备的安全风险

路侧设备是 C-V2X 车联网系统的核心单元，它的安全关系到车辆、行人和道路交通的整体安全，它所面临的主要安全风险如下。

● 非法接入：RSU 通常通过有线接口与交通基础设施及业务平台交互。黑客可以利用这些接口非法访问设备资源并对其进行操作和控制，从而造成覆盖区域内的交通信息混乱。

- 运行环境风险：与车载终端类似，RSU 中也会驻留和运行多种应用、提供多种服务，也会出现敏感操作和数据被篡改、被伪造和被非法调用的风险。

- 设备漏洞：路侧设备及其附件（智能交通摄像头等终端）可能存在安全漏洞，导致路侧设备被远程控制、入侵或篡改。

- 远程升级风险：通过非法的远程固件升级可以修改系统的关键代码，破坏系统的完整性。

- 部署维护风险：路侧设备固定在部署位置后，可能由于部署人员的失误，或交通事故、风、雨等自然原因导致调试端口或通信接口暴露，降低了路侧设备物理安全防御能力，使系统被破坏和被控制成为可能。

3.10.2　C-V2X 车联网系统安全需求

C-V2X 车联网系统安全需求包括直连通信接口的安全需求、车载终端和路侧设备的安全需求两种。

1. 直连通信接口的安全需求

直连通信过程中，系统应支持对消息来源的认证，保证消息的合法性；支持对消息的完整性及抗重放保护，确保消息在传输时不被伪造、篡改、重放；应根据需要支持对消息的机密性保护，确保消息在传输时不被窃听，防止用户敏感信息泄露。

2. 车载终端和路侧设备的安全需求

车载终端和 UE 型 RSU 具有很多共同的安全需求，内容涉及硬件设计、系统权限管理、运行环境安全、资源安全管理等方面，具体安全需求的说明如下。

- 车辆终端和 UE 型 RSU 路侧设备应注意有线和无线接口的安全防护。设备应具有完备的接入用户权限管理体系，对登录用户做可信验证并且合理分配用户权限，根据不同用户权限进行不同操作处理。另外，关键芯片的型号及具体管脚功能，敏感数据的通信线路应尽量设置得隐蔽一些。

- 车载终端和 UE 型路侧设备应具备对敏感数据的存储和运算进行隔离的能力。

- 车载终端和 UE 型路侧设备应支持系统启动验证功能、固件升级验证功能、程序更新和完整性验证功能以及环境自检功能，确保基础运行环境的安全。

- 车载终端和 UE 型路侧设备应支持访问控制和权限管理功能，确保系统接口、应用程序、数据不被越权访问和调用。

- 车载终端和 UE 型路侧设备应具有安全信息采集能力和基于云端的安全管理能力。

设备可通过安全信息采集与分析发现漏洞与潜在威胁，同时，上报云端，由云端平台修补相应漏洞，并通知其他终端防止威胁扩散。

● 车载终端和 UE 型路侧设备应具有入侵检测和防御能力。设备可通过分析车内应用的特点指定检测和防御规划，检测和隔离恶意消息。对于可能存在的恶意消息，可进一步上报云端平台进行分析和处理。

除了上述共同的安全需求，UE 型 RSU 还应支持物理安全防护能力、防拆卸或拆卸报警能力、部署位置变动的报警能力等。

C-V2X 直连通信具有车辆移动速度快、通信对象不确定、网络拓扑变化大的特点，无法在车与车、车与路侧设施之间建立并维持点对点通信链路，因此，为了减少通信延迟，实现快速信息传输和共享，使用了广播通信方式。在广播通信模式下，利用无线信道的开放性，攻击者可以利用非法终端发送伪造的业务信息，甚至可以篡改或者重放合法用户发送的业务信息。这将影响 C-V2X 业务的正常运行，严重时可危害周边车辆及行人的道路交通安全和人身安全。另外，攻击者可以监听获取广播消息中的车辆标识、位置等敏感信息，进而造成车辆身份、位置等隐私信息泄露。严重时，车辆可能被非法跟踪，直接威胁用户的人身安全。

C-V2X 直连通信的移动特性和广播通信特性，决定了其无法像传统安全通信那样，在任意两个终端通信前建立安全通信链路（包括建立通信链接和密钥协商等过程）以实现点对点安全通信。因此，需要建立针对 C-V2X 广播通信特点的安全通信机制，采用轻量级保护机制对数据的完整性进行保护，防止数据被篡改和伪造。同时，需要对接入 C-V2X 网络终端的安全防护能力进行检测，从源头确保 C-V2X 网络的安全。

3.10.3 C-V2X 直连通信安全机制

在 C-V2X 直连通信过程中，使用基于公钥基础设施（Public Key Infrastructure，PKI）的安全机制实现实体间的安全认证和安全通信，由安全证书管理系统为各参与实体签发数字证书，各实体采用数字签名等技术手段实现 V2V/V2I/V2P 直连通信安全。C-V2X 安全通信机制如图 3-34 所示。在 C-V2X 安全通信机制下，发送端实体使用数字证书的私钥对消息进行签名，将消息和数字证书（或数字证书的摘要信息）一同广播出去。接收端实体提取接收消息中的数字证书，首先验证数字证书的合法性和有效性，即确认数字证书是由可信证书管理系统签发，并且证书处于有效期内、具备相应的应用权限，然后使用数字证书中的公钥对消息的签名进行验签，以确保消息的完整性，即未经篡改或未被伪造。

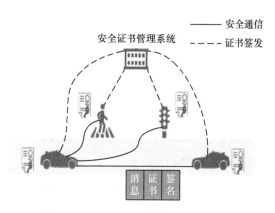

图3-34　C-V2X安全通信机制

1. 安全证书管理系统

C-V2X 安全证书管理系统负责为 C-V2X 终端签发通信证书，由根证书机构（Root Certificate Authority，RCA）、中间证书机构（Intermediate Certificate Authority，ICA）、注册证书机构（Enrolment Certificate Authority，ECA）、假名证书机构（Pseudonym Certificate Authority，PCA）、应用证书机构（Application Certificate Authority，ACA）、链接值机构（Linkage Authority，LA）、异常行为管理机构（Misbehavior Authority，MA）和认证授权机构（Authentication and Authorization Authority，AAA）组成。C-V2X 安全证书管理系统架构如图 3-35 所示。

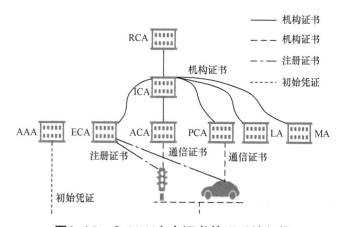

图3-35　C-V2X安全证书管理系统架构

各个网元功能的相关说明如下。

* RCA 是 C-V2X 证书管理系统的顶级信任锚点，负责单个证书管理系统根证书的管

理与维护，并为其他下级证书机构签发数字证书，使其成为系统内的有效实体。

- ICA 是在 RCA 与其他证书机构之间部署的中间证书机构，通过部署多个 ICA，可支持多层级部署。
- ECA 负责向 OBU、RSU 和 C-V2X 服务提供商签发注册证书（Enrolment Certificate，EC）。
- PCA 为 C-V2X 设备签发假名证书（Pseudonym Certificate，PC），用于车辆发送基本安全消息（Basic Safety Message，BSM）。
- ACA 为 C-V2X 设备签发应用证书（Application Certificate，AC），用于路侧设备或服务平台发送安全应用消息。
- LA 为 PC（假名证书）生成链接种子，并根据链接种子生成多个链接值，以此实现假名证书的隐私保护和批量撤销。
- MA 负责识别车辆潜在的 C-V2X 异常行为，由 MA 或证书撤销机构（Certificate Revocation Authority，CRA）撤销其 PC（假名证书），生成并发布证书撤销列表（Certificate Revocation List，CRL）。
- AAA 负责证书申请主体的身份认证和授权。在设备初始化阶段，由 AAA 为 C-V2X 设备签发初始化安全凭证，使其能够凭借初始安全凭证与 C-V2X 证书管理系统交互并获取相应的证书。根据实际应用场景的不同，AAA 可基于设备配置管理服务系统、网络通用引导架构认证授权系统或者开放授权协议等多种方式实现。

2. 安全证书

在 C-V2X 直连通信安全体系下，按安全证书的用途分类，安全证书分为 EC（注册证书）、PC（假名证书）、AC（应用证书）和 IC（中间证书）。

- EC 代表 C-V2X 设备的长期身份（例如，3 年），C-V2X 设备可以通过 ECA 获得 EC，然后利用 EC 向应用证书机构（PCA、ACA 等）申请 C-V2X 安全通信证书。
- PC 用于为车辆基本安全消息（BSM）进行签名，其证书 ID 使用了假名链接值，不包含 C-V2X 设备或车辆信息，并且在使用一段时间后（例如，300s）会随机切换使用其他 PC，从而避免通过证书 ID 被跟踪造成隐私泄露。
- AC 用于为 RSU 发送的消息进行签名，其 ID 一般固定，且使用周期较长（例如，1 个月）。
- IC 用于特定车联网应用消息，使用 IC 可向 RSU 或车联网服务商表明真实身份，并获取对应的服务。

3. 跨信任域互信互认

C-V2X 终端的证书可能由不同证书管理系统签发，为了实现跨信任域互认，一个信任域中的 C-V2X 设备需要获取另一个信任域签发证书的机构证书或证书链。一种可信根证书列表（Trusted Root Certificate List，TRCL）结构用于存储不同信任域的 RCA 证书和可信域证书链表（Trusted Domain Certificates List，TDCL）下载地址。由可信根证书列表管理机构（Trusted Root Certificate List Authority，TRCLA）负责签发 TRCL。各 RCA 负责签发并发布 TDCL。C-V2X 终端获取 TRCL 后，获取各 RCA 证书，并通过 TDCL 地址获取可信域机构证书，从而建立多个可信域的证书链。C-V2X 跨信任域互信互认结构如图 3-36 所示。

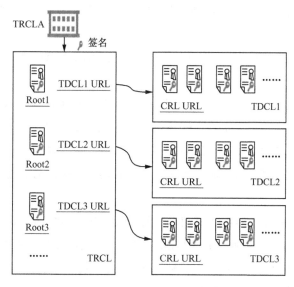

图3-36 C-V2X跨信任域互信互认结构

4. 安全通信过程

在安全通信过程中，发送端使用安全证书的签名私钥对 C-V2X 消息签名，然后将消息和签名值封装在安全协议数据单元（Security Protocol Data Unit，SPDU）中。在签名前，需要首先检查签名证书的有效性，如果证书过期或被吊销或不具有对应消息类型的签名权限，那么不应该使用该证书生成 SPDU。

接收端收到 SPDU 后，首先验证 SPDU 的签名证书的合法性，具体验证内容如下。

- 证书签名值：验证证书的签名是否正确。
- 证书签发者：验证证书是否由可信证书机构签发，即在证书信任链中可以找到一个信任的机构证书，并且证书的应用权限在其签发者证书的证书签发权限范围内。
- 证书有效期：验证安全消息的生成时间是否在证书的有效时间范围内。
- 证书地理区域范围：验证接收消息的地点是否在证书的地理区域范围内。
- 证书签名权限：验证证书的应用权限是否包含了上层应用消息类型。

● 证书有效性：检查证书是否已经被吊销，使用被吊销的证书签名的消息应被丢弃。

然后，使用安全证书中的签名公钥验证 SPDU 的签名值是否正确。只有通过上述安全性检查的消息，才被认为是合法的消息，才可以将消息进一步用于上层业务应用。

5. 安全隐私保护

为了保护 C-V2X 车辆隐私，在 C-V2X 通信协议中涉及的标识均采用随机化机制，防止其他车辆或设备通过 C-V2X 通信协议中的标识跟踪车辆，造成车辆或用户隐私泄露。这种随机化标识机制包括以下内容。

● MAC 层 ID 随机化：在设备启动时，随机生成 MAC 层 ID，并且在使用一段时间后，重新生成新 MAC 层 ID。

● 安全层证书随机化：每辆车在每周内有 20 张有效的 PC，每张 PC 在使用一段时间后（例如，300s），重新随机选取另一张 PC 证书。但在有紧急事件（刹车、安全警示灯亮等）或移动位移小于特定距离（例如，2.1km）时，同一 PC 可以继续使用。并且 PC 中的证书标识使用假名链接值，不包含车辆或用户的任何信息，因此，无法通过不同 PC 之间的标识与特定车辆进行关联。

● 应用层消息随机化：车辆 BSM 消息中的序号和 ID 在 PC 切换后，重新生成随机值。

● 轨迹清除：当 PC 改变时，车辆 BSM 消息中的历史轨迹数据会被清除。

通过"MAC—安全层—应用层"随机化机制，可有效防止通过分析通信协议追踪车辆，进而起到保护车辆或用户隐私的作用。

●● 3.11　本章小结

C-V2X 以蜂窝通信技术为基础，通过技术创新具备 V2X 直连通信能力，既能解决车联网应用的低时延、高可靠通信难题，又能利用已有的移动网络部署支持信息服务类业务，并利用移动通信的产业规模经济降低成本。本章首先给出了 C-V2X 技术标准演进和 C-V2X 的特点及应用；然后重点介绍了 NR-V2X 的基本原理和规划，包括 NR-V2X 直连通信的整体架构、无线协议结构，NR-V2X 直连通信的物理层、物理层设计、资源分配过程，以及 NR-V2X 直连通信的容量能力和覆盖能力；最后分析了 C-V2X 直连通信的安全机制。

参考文献

[1] 李燕春，徐恩，谢家林，等，5G 宽带集群网络规划设计及应用 [M]. 北京：人民邮电出版社，2023.

[2] 3GPP TS 38.101-1. NR; User Equipment (UE) radio transmission and reception；Part 1: Range 1

Standalone.

[3] 3GPP TS 38.104, NR; Base Station (BS) radio transmission and reception.

[4] 3GPP TS 38.211, NR; Physical Channels and modulation.

[5] 3GPP TS 38.212, NR; Multiplexing and Channel coding.

[6] 3GPP TS 38.213, NR; Physical layer procedures for control.

[7] 3GPP TS 38.214, NR;Physical layer procedures for data.

[8] 3GPP TS 38.300, NR; NR and NG-RAN Overall Description；Stage2.

[9] 3GPP TS 38.321, NR; Medium Access Control（MAC）protocol specification.

[10] 3GPP TS 38.322, NR; Radio Link Control（RLC）protocol specification.

[11] 3GPP TS 38.323, NR; Packet Data Convergence Protocol（PDCP）specification.

[12] 3GPP TS 38.331, NR; Radio Resource Control（RRC）protocol specification.

[13] 3GPP TR 38.901, TSGRAN; Study on Channel model for frequencies from 0.5 to 100 GHz.

[14] 3GPP TR 22.804. TSGSSA; Study on Communication for Automation in Vertical Domains.

[15] 3GPP TS 23.287. TSGSSA; Architecture enhancements for 5G System（5GS）to support Vehicle-to-Everything (V2X) services.

[16] 贾靖，聂衡 . 5G 邻近服务关键技术 [J]. 移动通信，2022，46（2）：49-54.

[17] 任晓涛，马腾，刘天心，等 . 5G NR Rel-16 V2X 车联网标准 [J]. 移动通信，2020，44（11）：33-41.

[18] 张建国，彭博，段春旭 . NR-V2X 容量能力综合分析 [J]. 移动通信，2020，44（11）：14-18.

[19] 张建国 . LTE-V 容量能力综合分析 [J]. 邮电设计技术，2018，512（10）：39-43.

[20] 张建国，杨东来，徐恩，等 . 5G NR 物理层规划与设计 [M]. 北京：人民邮电出版社，2020.

[21] 汪丁鼎，许光斌，丁巍，等 . 5G 无线网络技术与规划设计 [M]. 北京：人民邮电出版社，2019.

[22] 汤建东，肖清华 . 5G 覆盖能力综合分析 [J]. 邮电设计技术，2019（6）：28-32.

[23] 万俊青，何华伟，芮杰，等 . NR-V2X 覆盖能力综合分析 [J]. 移动通信，2022，46（9）：39-44.

[24] 房骥，于润东，葛雨明，等 . C-V2X 直连通信安全机制和测试体系 [J]. 移动通信，2022，46（11）：58-63.

[25] 方箭，冯大全，段海军，等 . V2X 通信研究概述 [J]. 电信科学，2019（6）：102-112.

5G 非地面网络技术

Chapter 4

第 4 章

当前的 4G、5G 地面移动通信网络，可以有效满足陆地移动通信的大部分需求。由于部署环境、成本等多方面因素受到限制，所以地面网络较难为偏远地区、隔离地区、海洋及高空空域提供广泛连续的网络覆盖。以卫星为代表的天基通信网络具有天然的部署高度和覆盖范围优势，能够有效弥补地面网络的不足。过去几十年间，由于卫星通信网络和地面移动通信网络分别独立发展，在通信制式和设备等方面形成天然隔离。打破网络之间彼此隔离的状态，构成天地一体化网络以实现优势互补，已经成为 5G 网络演进乃至未来 6G 网络的愿景目标和重要研究方向之一。各国政府部门、业界公司和标准化组织等先后提出技术路线并付诸实践。其中，3GPP 的推进具有较好的前瞻性和适用性，并有望率先实现无线接入网层面的天地一体化网络。

3GPP 在 Rel-17 版本中将卫星通信网作为地面 5G 蜂窝移动通信网的重要补充，简称为非地面网络（Non-Terrestrial Networks，NTN），NTN 与 5G NR 网络相融合，发挥各自的技术优势，可以实现全球无缝覆盖和星地融合的端到端业务贯通，有效覆盖地面、空中、海洋，实现"空－天－地－海"一体化通信。

4.1 5G NTN 简介

4.1.1 NTN 的应用场景

5G NTN 技术的主要目标是借助 5G 系统的技术框架、针对卫星通信和低空通信的特点而进行 5G 系统适应性改造，实现 5G 通信系统对"空 - 天 - 地 - 海"多场景的统一服务。

5G 的三大应用场景是 eMBB、uRLLC 和 mMTC，虽然 NTN 组网的传播延迟对于某些要求超低延迟的应用可能存在问题，但是凭借其可靠性和大覆盖区域，NTN 在 eMBB 和 mMTC 两大场景中有着广泛的应用和地面网络无法替代的重要性。3GPP 对 NTN 网络在 5G 应用的场景和用例进行了总结，介绍了 10 种功能需求及其对应的使用场景示例。NTN 接入网络的 5G 用例见表 4-1。

表4-1 NTN接入网络的5G用例

5G 服务	5G 用例	5G 使用场景描述	NTN 服务
eMBB	多连接	在服务不足的地区（家中或小型办公室，大型活动临时设施）的用户通过多种网络技术连接到 5G 网络，速率可以达到 50Mbit/s 以上。时延敏感流量可以在短时延链路上转发，而时延不敏感流量可以在长时延链路上转发	连接到 5G 服务不足地区的小区或中继节点，作为用户吞吐量有限的地面无线或有线接入的补充
	固定用户连接	偏远村庄或工业场所（采矿、海上平台）的用户可以接入 5G 服务	为核心网络与无服务地区建立宽带连接
	移动用户连接	船上或飞机上的乘客可以接入 5G 服务	为核心网络和移动平台（例如，飞机或船只）上的用户建立宽带连接
	网络弹性	一些关键的网络链路需要高可用性，可以通过多个网络连接并行聚合来实现，防止网络连接中断	备份连接
	中继	电信运营商可能希望在一个孤立的地区部署或恢复 5G 服务，为没有连接到 5G 本地接入网的"孤岛地区"提供服务	建立公共数据网络与一个移动网络锚点或两个移动网络锚点之间的宽带连接

续表

5G 服务	5G 用例	5G 使用场景描述	NTN 服务
eMBB	边缘网络交付	媒体和娱乐内容（例如，直播、广播/组播流、组通信、移动边缘计算的虚拟网络功能更新）以组播方式传输到网络边缘的无线接入网设备，并存储在本地缓存中或进一步分发给用户设备	广播信道，支持组播传输到 5G 网络边缘
	定向广播	① 电视或多媒体服务传送到家庭场所或移动平台。 ② 公共安全部门希望能够在灾难事件发生时立即向公众发出警报，并在地面网络可能出现故障时为他们提供救灾指导。 ③ 汽车行业希望为他们的客户提供即时固件/软件空中服务，例如，地图信息、实时交通、天气和早期预警广播、停车位可用性等。 ④ 媒体和娱乐业可以在车辆上提供娱乐服务	向家庭或移动平台上的接入点或用户设备提供广播/组播服务
	广域公共安全	紧急救援人员（例如，警察、消防队和医务人员）可以在任何地方的户外条件下交换消息、语音和视频，并在任何机动情况下实现服务连续性	访问用户设备（手持设备或车载设备）
mMTC	广域物联网服务	基于一组传感器（物联网设备）的远程通信应用，这些传感器分散在广阔的区域，向中央服务器报告信息或由中央服务器控制，可以应用在以下领域。 ① 汽车和道路运输：高密度编队、高清地图更新、交通流量优化、车辆软件更新、汽车诊断报告、用户基础保险信息、安全状态报告等。 ② 能源：对石油/天然气基础设施的关键监控。 ③ 交通：车队管理、资产跟踪、数字标牌、远程道路警报。 ④ 农业：牲畜管理、耕作	物联网设备与星载平台之间连接，需要实现星载平台和地面基站之间服务的连续性
	本地物联网服务	一组收集本地信息的传感器，彼此连接并向一个中心点报告，中心点还可以命令一组执行器执行局部操作	在移动核心网与为小区内物联网设备服务的基站之间建立连接

面向 5G 与卫星网络融合，上述场景可归纳为以下 4 类。

1. 无地面网络部署区域场景

在海洋、山区、沙漠等区域，由于基站架设困难，地面几乎没有网络连接，所以卫星可以作为地面网络的补充和延伸。在远洋运输中，为了实现集装箱的全过程监控，可以在每个集装箱上安装具备卫星接入、网络重选择功能的用户终端。在地震、洪水等突发事件导致地面网络中断的情况下，卫星与 5G 融合网络可以为用户提供卫星接入服务。

2. 地面网络连接密度低区域场景

在人烟稀少、地面基站数量有限的区域，卫星与 5G 网络的融合可以为缺乏地面基础设施的用户提供网络接入服务。卫星网络通过对地面基站网络进行"补盲"，可以为处于偏远地区的用户提供连续的 5G 接入服务。

3. 地面网络连接速率低区域场景

在偏远村庄、偏远生态区、小岛等区域，地面网络连接速率低，不能满足用户对通信服务的要求。5G 与卫星网络的融合可为上述场景用户提供服务，并且增强用户服务质量。

4. 无本地电信运营商地面网络区域场景

在无本地电信运营商地面网络区域场景中，为了保证电信运营商之间的国内漫游、电信运营商之间的国际漫游和国际通信业务正常运行，5G 与卫星网络的融合可以满足相关要求，增强用户服务的质量。

NTN 具有覆盖范围大的优势，因此，能够大大加强 5G 服务的可靠性，可以为物联网设备或飞机、轮船、高铁等交通工具上的用户提供连续性服务，也能够确保在用户需要的区域都有 5G 信号，尤其是铁路、海事、航空等领域。当发生地震、洪水等重大自然灾害，地面通信系统故障后，NTN 网络可以提供应急通信。NTN 还可以为网络边缘节点，甚至用户终端提供高效率的多播 / 广播数据推送服务，以增强 5G 网络的可伸缩性。

"5G + 物联网卫星"融合通信系统可以广泛应用于航空、航海、物流、渔业、农业、电力、煤炭、应急等涉及国计民生的多个领域。一方面，可以为公众用户在应急场景下提供短消息通道服务（例如，报警）；另一方面，可以为政府、企业用户提供全域场景下的各类物联网监测和预警服务，星地融合系统应用领域如图 4-1 所示。

海事船舶监控是"5G + 物联网卫星"融合的典型应用，通过卫星数据回传，可以提供船舶定位、跟踪、遇险呼叫、数据报告、实时动态查询及历史轨迹追踪等多种应用和人员保护方案。

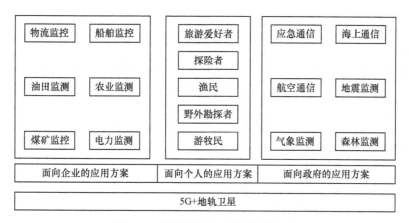

图4-1　星地融合系统应用领域

- 船舶数据采集主要包括船舶位置、船舶运行轨迹、速度、航向等基本数据。
- 提供船舶偏航报警、区域超时报警等功能，船舶航行诊断、航行报告。
- 进行航运效率分析，并提供航运数据建模。
- 为港口测算距离、设计航线、监控航程等全方位航次管理与设计提供通信信息基础。
- 为船舶、港口、码头等提供海洋气候、潮汐等海事信息查询功能，提供高效率的协同工作平台。

"5G + 物联网卫星"融合可为公众用户提供泛在接入通信能力，为旅游爱好者、探险者、渔民、野外勘探者、游牧民等人员提供灾情预警、接收求救信息等功能。

- 将气象、火警、地震等灾情信息实时广播至灾害区域人员的手机终端。
- 可接收求救信号，锁定遇险人员经纬度位置，并与遇险人员进行双向通信。
- 指导遇险人员自救，并将救援安排、救援进度等信息同步至遇险人员。
- 将现场灾情及救援进展等信息实时传递至指挥中心。

4.1.2　NTN 的系统挑战

基于 NTN 的应用场景，由于空中或太空载体的高度较高、移动速度较快，以及由此造成的较高传播时延和多普勒偏移等，所以对非地面网络的设计和应用带来了一些新的问题和挑战。相应地，5G 非地面网络组网需要对 5G 协议进行针对性的修改或增强，以适应上述差异和变化。非地面网络面临以下 6 个方面的系统挑战。

1. 高传输时延

高度在 35786km 的地球静止轨道（Geostationary Earth Orbit，GEO）单路传输时延可达 270.73ms（针对透明转发卫星），非 GEO 单路传输时延至少为 12.89ms[600km，低地球轨道（Low Earth Orbit，LEO）卫星]，而高度在 10000km 的中圆地球轨道（Medium Earth Orbit，MEO）可达 95.2ms，HAPS 单路传输时延至少为 1.526ms。这一数据仍远高于地面蜂窝网络的 0.033ms。高传输时延将极大地影响基站与终端间交互的时效性，特别是接入和切换等需要多次信令交互的过程，以及 HARQ 重传过程等，有可能导致系统的定时器已经超时重启但是信令还没送达，进而对用户体验产生负面影响。

2. 更大的小区半径

地面蜂窝网络小区的覆盖距离一般为几百米到几千米，超远覆盖也不到 100km，与地面蜂窝网络小区相比，非地面网络的小区一般具有更大的覆盖范围，卫星小区的覆盖直径可达 1000km 级别，因此，小区中心与小区边缘的时延差异会更加明显。小区半径增大对系统定时同步带来一定的影响，5G 系统是同步通信系统，因此，有必要引入增强的同步机制保证用户之间的同步从而避免干扰。

3. 多普勒变化率和定时变化率

对于低轨卫星系统，卫星将围绕地球做高速环形运动，这会导致显著的多普勒变化和定时变化。地面 5G 系统在高铁场景应用时，多普勒频偏仅需考虑数千赫兹的频偏，对于低轨卫星系统，将不得不处理几万赫兹甚至兆赫兹级别的多普勒偏移。对于时间变化率，地面通信基本可以忽略，然而对于低轨卫星通信，其定时变化率则达数十毫秒的量级，这对于高频段的 5G 系统是一个巨大的挑战。时频同步技术必须进行较大的技术增强才能支持 NTN 通信。

4. 移动性管理

5G 非地面网络的小区重选和切换、波束选择和恢复等移动性管理过程需要考虑可能的小区移动。一方面，在移动性管理决策中，需要考虑小区的移动状态信息（例如，速度、方向、预计位置），避免不必要的切换或重选等；另一方面，可进一步利用小区的移动状态信息，进行预先的小区或波束切换，减少信令交互开销。

5. 峰均比问题

由于卫星受载荷器件的限制，所以卫星通信的峰均比一直是专家们重点关注的问题。传统的卫星通信采用的是单载波技术，而在 5G NTN 系统中，OFDM 技术是一项基本技术。在实践中，峰均比问题可以通过相应的技术手段进行规避，例如，通过相控阵天线技术，多个波束共享一个功率放大器（Power Amplifier，PA），这会消除多载波技术和单载波技术的差异，进一步考虑到削峰技术，通过对信号的峰值进行限幅从而降低峰均比。经过广泛的技术讨论，3GPP 仍然采用了 5G 的波形体制，峰均比问题仅作为可以实现的问题留给设备商进行技术优化。

6. 资源问题

卫星的星载设备不同于地面网络设备，在功率、质量、尺寸方面存在严格的限制，导致其运算及存储能力均有一定的局限性。因此，星间路由及存储能力等的设计面临极简且能满足需求的严苛挑战。该挑战可以通过增加系统容量，例如，多波束技术和高通量有效载荷、有效的资源管理（例如，高效的算法和编码技术）、优化地面基础设施等改善星上资源的有限性。现存频谱资源逐渐无法满足日益增长的网络服务需求，低轨卫星网络需要向更高频段开发利用，合理分配频谱，可采用频谱分配技术、调制解调技术等合理利用频谱资源。

●●4.2 5G NTN 系统架构

NTN 的网络架构、终端 / 基站特性、具体的协议功能等方面都与传统的地面蜂窝网络有着或多或少的差异。在 3GPP Rel-17 的标准化过程中，针对网络架构讨论了透明转发和再生转发模式两种架构，最终讨论的结果是先支持透明转发模式。

4.2.1 5G NTN 网络组成与架构

NTN 分为透明转发（又称为弯管转发）场景和再生转发场景两大场景。

其中，透明转发场景中卫星扮演的角色是射频中继，服务链路（service link）和馈电链路（feeder link）均采用 5G 的 Uu 接口，而 NTN 网关（gateway）只是透传 NR-Uu 口信号，不同的透传卫星可以连接相同的地面基站（gNB），技术上实现起来较为容易，成本较低，但卫星和基站之间的路径长、时延较高，且不支持星间协作，因此，需要部署大量网关站。基于透明转发的非地面网络如图 4-2 所示。

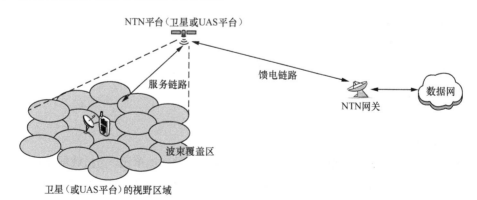

图4-2 基于透明转发的非地面网络

再生转发场景中卫星扮演的角色则是星载基站（gNB-DU 或 gNB），服务链路采用 NR-Uu 接口，不同于透明转发场景，馈电链路采用私有的卫星无线空口（Satellite Radio Interface，SRI），NTN 网关则是传输网络层节点，不同星载 gNB 可以连接相同的地面 5G 核心网，再生转发架构必须改造并新发射卫星，技术复杂度较高、成本较大。其优点是手机和卫星基站之间的时延较低，且由于有星间链路的存在，网关站可以部署得少一些。基于再生转发的非地面网络如图 4-3 所示。

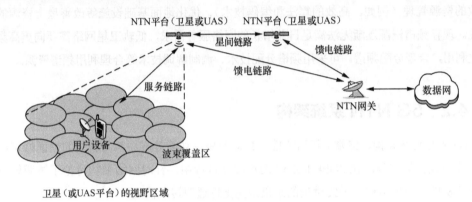

图4-3 基于再生转发的非地面网络

非地面网络由以下 6 个部分组成。

① NTN 网关

非地面网络与公共数据网络之间的参考点，NTN 网关的作用是把 NTN 网络连接到公共数据网上。

② NTN 终端

NTN 终端是 NTN 平台（卫星等）在目标覆盖区域内服务的用户，包括手持终端等小型终端和甚小口径天线终端（Very Small Aperture Terminal，VSAT）。其中，手持终端等小型终端通常直接接入窄带或宽带卫星网络，频段通常在 6GHz 以下，下行速率为 1 ~ 2Mbit/s（窄带）；VSAT 通常搭载于移动平台（例如，船舶、列车、飞机等）作为其内部小型终端的中继，由宽带卫星接入网络提供服务，频段通常在 6GHz 以上，下行速率可超过 50Mbit/s。

③ 馈电链路

NTN 网关与 NTN 平台之间的通信链路。

④ NTN 平台

NTN 平台搭载部分基站单元（例如，RRU）或全部基站功能单元。当搭载部分基站单元，NTN 平台仅具备射频滤波、频率转换和放大功能时，称为透明转发模式；当搭载全部基站单元，NTN 平台额外具备调制 / 编码、解调 / 解码、交换 / 路由等功能时，称为再生转发模式。

⑤ 星间链路（Inter-Satellite Link，ISL）

ISL 用于再生转发模式下 NTN 平台基站之间进行信息交互的情况。以星座方式组网时的可选链路，ISL 之间的传输媒介是无线电波或光波。

⑥ 服务链路

服务链路是指 NTN 终端与 NTN 平台之间的通信链路。

NTN 终端包括手持或 IoT 终端等小型终端和 VSAT 终端。其中，手持或 IoT 终端通常运营在 S 波段（2 ～ 4GHz），VSAT 终端通常运行在 Ka 波段（27 ～ 40GHz）。NTN 终端的典型特征见表 4-2。

表4-2　NTN终端的典型特征

参数	VSAT 终端（固定或安装在移动平台上）	手持或 IoT 终端
发射功率	2W（33dBm）	200mW（23dBm）
天线类型	60cm 等效孔径（圆形极化）	全向天线（线形极化）
天线增益	发射：43.2dBi 接收：39.7dB	发射和接收：0dBi
噪声系数	1.2dB	9dB
EIRP	45.75dBW	–7dBW
G/T	18.5dB/K	–33.6dB/K
极化方式	圆形	线形

NTN 平台包括卫星及无人机系统（Unmanned Aircraft System，UAS）平台。根据轨道高度的不同，卫星又分为低地球轨道（Low Earth Orbit，LEO）卫星、中地球轨道（Medium Earth Orbit，MEO）卫星、地球静止轨道（Geostationary Earth Orbit，GEO）卫星和高椭圆轨道（High Elliptical Orbit，HEO）卫星。UAS 平台中的高空中载体平台（High Altitude Platform Station，HAPS）位于平流层。该平台包括飞机、气球、飞艇等，相对于地球固定在某个特定位置上，具有覆盖半径大、时延低、容量大等特点。NTN 平台类型见表 4-3。

表4-3　NTN平台类型

平台	高度方位	轨道	典型波束直径尺寸
LEO卫星	300 ～ 1500km	环绕地球的圆形	100 ～ 1000km
MEO卫星	7000 ～ 25000km		100 ～ 1000km
GEO卫星	35786km	相对地球保持静止，对于地面上的某个点，具有固定的高度和方向角	200 ～ 3500km
UAS 平台（包括 HAPS）	8 ～ 50km（HAPS 是 20km）		5 ～ 200km
HEO卫星	400 ～ 50000km	环绕地球的椭圆形	200 ～ 3500km

对于表 4-3 中的 NTN 平台，GEO 卫星提供洲际或区域通信服务；LEO 卫星和 MEO 卫

星以星座组网的方式在北半球和南半球提供通信服务，在某些条件下，也可以为包括极地在内的全球区域提供通信服务；UAS 平台提供本地通信服务；HEO 卫星通常为高纬度地区提供通信服务。

卫星在视野范围内的特定区域产生多个波束，波束覆盖区是典型的椭圆形，可以产生固定波束或可调整波束，因此，在地面上产生移动的或固定的波束覆盖区，波束分为以下3 种类型。

① 地面固定（Earth-Fixed）波束

在所有的时间内，同一个地理区域由固定的波束持续地覆盖，例如，GEO 卫星产生的波束。

② 准地面固定（Quasi-Earth-Fixed）波束

在某个有限的周期内，某个地理区域由一个波束覆盖，在其他的周期内，该区域由其他波束覆盖，例如，非 GEO 卫星产生的可调整波束。

③ 地面移动（Earth-Moving）波束

波束的覆盖区域沿着地面滑动，例如，非 GEO 卫星产生的固定的或不可调整的波束。

准地面固定波束和地面移动波束的示意如图 4-4 所示。

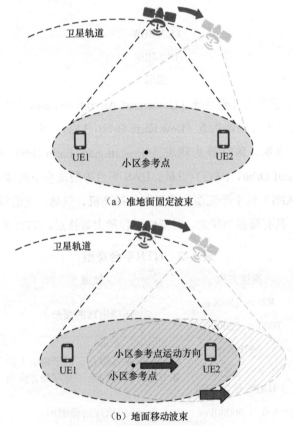

（a）准地面固定波束

（b）地面移动波束

图4–4　准地面固定波束和地面移动波束的示意

各类卫星的特点的具体说明如下。

①LEO 卫星

LEO 卫星距离地球较近，具有路径损耗小、传输时延较低的优点。随着 LEO 卫星发射成本的逐年降低，多个 LEO 卫星可组成星座来实现全球覆盖，频率复用更有效。因此，LEO 系统被认为是最有应用前景的卫星互联网技术。

②MEO 卫星

MEO 卫星的传输时延大于低轨道卫星，但覆盖范围更大。当轨道高度为 10000km 时，每颗卫星可以覆盖地球表面的 23.5%，因此，只要少量卫星就可以覆盖全球。

③GEO 卫星

GEO 卫星运动的角速度和地球自转相同，因此，从地球上看这些卫星是相对静止的。理论上，用 3 颗地球静止轨道卫星即可实现全球覆盖。GEO 卫星有一个不可避免的缺点，就是轨道距离地球太远，链路损耗严重，信号传播时延远大于 LEO 卫星和 MEO 卫星。

LEO 卫星是最有应用前景的卫星互联网技术，是一种能够向地面及空中终端提供接入等通信服务的新型网络，LEO 卫星主要包括以下 6 个方面优点。

①网络可靠性高且灵活

低轨卫星网络中卫星数量相对较多，组网方式相对灵活，单颗卫星发生故障后易进行网络切换，且不受自然灾害影响，大部分时间内，低轨卫星网络可提供稳定且可靠的通信服务。

②时延低

低轨卫星通信链路均为视距通信，传输时延和路径损耗相对较小且稳定，能够支持视频通话、网络直播、在线游戏等实时性要求较高的应用。

③容量大

低轨卫星网络中卫星数量相对较多且通常采用 Ka/V 频段或更高频段，可实现超过 500Mbit/s 大容量通信，且支持海量终端接入的需求。

④地面网络依赖性弱

低轨卫星网络可通过星间链路提供全球通信服务，而不需要全球部署地面信关站，摆脱对地面基础设施的依赖。

⑤多种技术协同应用

多种技术协同应用，例如，点波束、多址接入、频率复用等技术，可缓解低轨卫星网络中存在的频率资源紧张等问题。

⑥可实现全球覆盖

多颗卫星协同组网可以实现全球无缝覆盖，不受地域限制，能够将网络扩展到远洋、沙漠等信号盲区。

尽管 LEO 卫星网络具有很多优点，但依然存在以下 6 个方面缺点。

① 网络拓扑动态变化

低轨卫星周期性运转，具有高动态性，易导致网络拓扑结构的变化，同时，网络路由也随之不断变化。另外，低轨卫星网络的高动态性易引起星间通信链路的中断，致使业务数据传输中断，无法保障终端用户的服务质量。

② 流量分布不均匀

终端用户分布不均匀导致卫星网络的流量分布不均匀。例如，人口密集的城市区域，需要传输的流量较大；人口稀疏的偏远地区，需要传输的流量较少；海洋和沙漠地区几乎不产生流量。当某区域对卫星的任务请求量较大时，某些流量增加将会引起服务阻塞。

③ 卫星切换频繁

当卫星远离时，终端用户需要与当前卫星断开连接，切换到另一颗靠近的卫星进行连接通信。如果不能及时进行切换操作，则无法满足一些对及时性要求较高的业务需求。

④ 多径传输效应

在低轨卫星网络中，星地之间和星星之间通常存在多条通信路径，需要根据自身的需求（例如，服务质量需求）进行选择，以保障网络传输质量。

⑤ 通信链路稳定性差

在低轨卫星网络中，低轨卫星的星地和星间链路都是频繁切换的，链路本身是不稳定的，需要利用合适的移动性管理技术才能保证通信服务的稳定性。

⑥ 多普勒频移明显

低轨卫星动态性强，通信信号在传送过程中的多普勒频移较大，需要对频偏进行估计，并对其进行补偿才能实现通信信号的可靠接收。

4.2.2 基于 NTN 的 NG-RAN 架构

1. 透明转发的 NG-RAN 架构

透明转发的 NG-RAN 架构如图 4-5 所示。卫星对无线信号进行频率转换和放大，对应模拟射频直放站，服务链路的 SRI 接口是 NR-Uu 接口，也就是卫星不终止 NR-Uu 接口。NTN 网关支持面向 NR-Uu 接口的所有必要功能。不同的透传卫星可能连接到地面上的同一个 gNB 上。

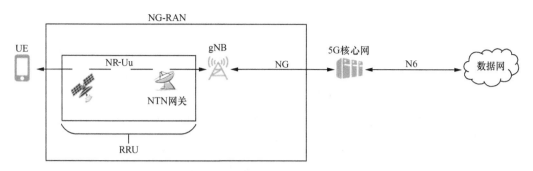

图4-5　透明转发的NG-RAN架构

　　透明转发的 NG-RAN 架构的 QoS 流如图 4-6 所示。5G 核心网为每个 UE 建立一个或者多个 PDU 会话，一个 PDU 会话可能包含多个 QoS 流和多个 DRB，但是只有一个 GTP-U 隧道。gNB 可将单个 QoS 流映射到多个 DRB 上，一个 DRB 可以传输一个或多个 QoS 流。QoS 流是 5G 核心网到终端的 QoS 控制的最细粒度。每个 QoS 流用一个 QoS 标识符（Flow Identity，QFI）来标识。在一个 PDU 会话内，每个 QoS 流都是唯一的。核心网会通知 gNB 每个 QoS 流对应的 5G QoS 标识（5G QoS Identifier，5QI），用于指定此 QoS 流的 QoS 属性。

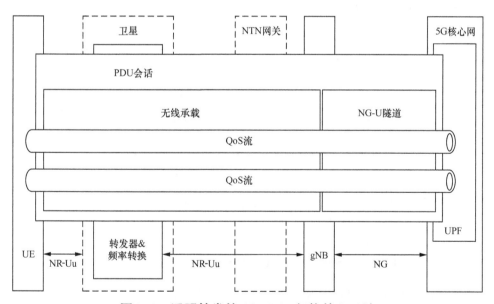

图4-6　透明转发的NG-RAN架构的QoS流

　　透明转发的 NG-RAN 架构的用户面协议栈如图 4-7 所示。UE 和 gNB 之间的 NR-Uu 接口的协议栈由 SDAP、PDCP、RLC、MAC 和 PHY 组成，gNB 和 UPF 之间的 NG-Uu 接口的协议栈由 GTP-U、UDP、IP、L2、L1 组成。与地面 5G 蜂窝网络类似，用户数据经过卫星和 NTN 网关在 UE 和 5GC 的 UPF 之间传输，卫星对无线信号进行频率转换和放大。

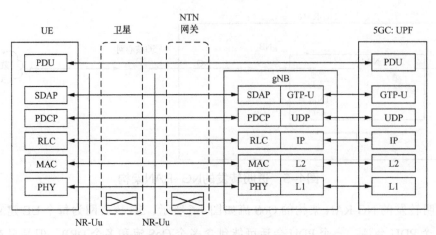

图4-7 透明转发的NG-RAN架构的用户面协议栈

透明转发的 NG-RAN 架构的控制面协议栈如图 4-8 所示。UE 和 gNB 之间的 NR-Uu 接口的协议栈由 RRC、PDCP、RLC、MAC 和 PHY 组成，RRC 信令终止于 gNB；gNB 和 AMF 之间的 NG-C 接口的协议栈由 NGAP、SCTP、IP、L2、L1 组成。与地面 5G 蜂窝网络类似，NAS 层信令经过卫星和 NTN 网关在 UE 和 5GC 的 AMF 之间传输，卫星只对无线信号进行频率转换和放大。

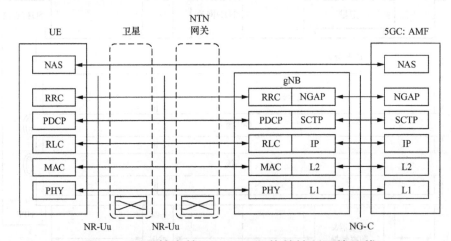

图4-8 透明转发的NG-RAN架构的控制面协议栈

透明转发的 NG-RAN 架构对 NG-RAN 的设计主要有以下 3 个方面的影响。

- 一是不需要修改 NG-RAN 结构即可支持透明转发的 NTN。
- 二是 NR-Uu 接口的定时器需要扩展，从而用来应对馈电链路和服务链路的超长时延。
- 三是控制面（Control Plane，CP）和用户面（User Plane，UP）都在地面终止。

对于 CP，不引起任何问题，但是定时器需要扩展以适应 Uu 接口的超长时延，作为实现问题由设备厂家解决。对于 UP，不影响 UP 协议本身，但是 UP 数据包的长的环回时延会带来问题，因此，gNB 具有更大的缓存以存储 UP 数据包。

2. 再生转发的 NG-RAN 架构（卫星具有 gNB 功能）

再生转发的 NG-RAN 架构分为两类：一类是卫星具有 gNB 的全部功能；另一类是卫星只具有 gNB-DU 的功能，gNB-CU 在地面。

对于卫星具有全部 gNB 功能的 NG-RAN 架构，又可以分为有 ISL 和无 ISL 两类。再生转发的 NG-RAN 总体架构（卫星具有 gNB 功能，无 ISL）如图 4-9 所示，再生转发的 NG-RAN 总体架构（卫星具有 gNB 功能，有 ISL）如图 4-10 所示。在这种架构中，卫星具有全部基站功能，包括频率转换、信号放大以及解调/解码、交换和/或路由、编码/调制等过程。UE 和卫星之间的服务链路是 NR-Uu 接口。NTN 网关和卫星之间的馈电链路是 SRI，SRI 为 NG 接口提供传输通道。卫星负荷也可以在卫星之间提供 ISL 链路，ISL 为 Xn 接口提供传输通道，通过卫星上的 gNB 服务的 UE 可以通过 ISL 接入 5G 核心网。NTN 网关是传输网络层的节点，支持所有必要的传输协议。如果卫星承载不止一个 gNB，那么同一个 SRI 将传输所有对应的 NG 接口实例。

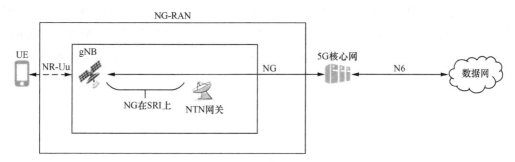

图4-9　再生转发的NG-RAN总体架构（卫星具有gNB功能，无ISL）

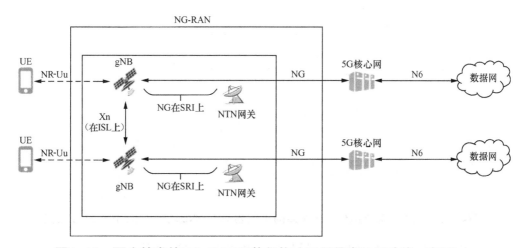

图4-10　再生转发的NG-RAN总体架构（卫星具有gNB功能，有ISL）

再生转发的 NG-RAN 架构（卫星具有 gNB 功能）的 QoS 流如图 4-11 所示。

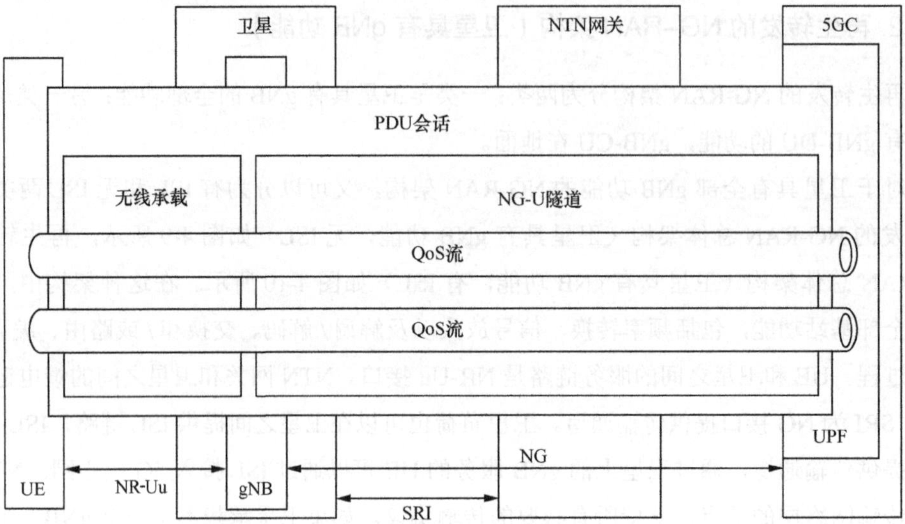

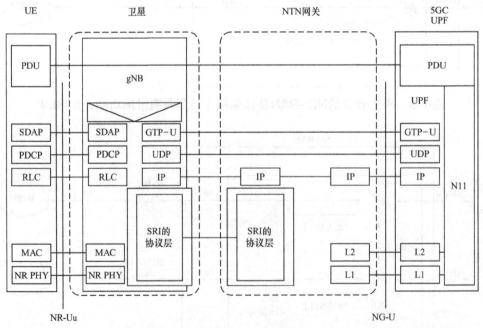

图4-11　再生转发的NG–RAN架构（卫星具有gNB功能）的QoS流

再生转发的 NG-RAN 架构（卫星具有 gNB 功能）的用户面协议栈如图 4-12 所示。SRI 接口的协议栈用于传输卫星和 NTN 网关之间的用户面数据，SRI 可以是 3GPP 协议，也可以是非 3GPP 协议。用户 PDU 经过 NTN 网关在 5GC 和卫星上的 gNB 之间的 GTP-U 隧道上传输。

图4-12　再生转发的NG–RAN架构（卫星具有gNB功能）的用户面协议栈

再生转发的 NG-RAN 架构（卫星具有 gNB 功能）的控制面协议栈如图 4-13 所示。

NG-AP 协议经过 NTN 网关在 5GC 的 AMF 和卫星上的 gNB 之间的 SCTP 上传输。NAS 层信令经过 NTN 网关在 5GC 的 AMF 和星上 gNB 之间的 NG-AP 上传输。

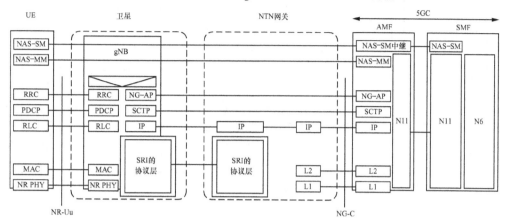

图4-13　再生转发的NG-RAN架构（卫星具有gNB功能）的控制面协议栈

再生转发的 NG-RAN 架构（卫星具有 gNB 功能）对 NG-RAN 的设计主要有以下 3 个方面的影响。

- 一是需要扩展 NG-AP 定时器以应对馈电链路的超长时延。

- 二是 NG-AP 可能比地面 5G 网络经历更长的时延，因此，对控制面和用户面都有不利的影响，该类问题由设备厂家解决。

- 三是对于具有 ISL 的 LEO 场景，时延应该包括 SRI 的时延及 1 个或多个 ISL 的时延。

3. 再生转发的 NG-RAN 架构（卫星具有 gNB-DU 功能）

再生转发的 NG-RAN 总体架构（卫星具有 gNB-DU 功能）如图 4-14 所示。在这种架构中，卫星只具有 gNB-DU 功能，不同卫星上的 gNB-DU 可以连接到同一个 gNB-CU 上，如果卫星上有多个 gNB-DU，则同一个 SRI 将传输所有对应的 F1 接口用例。UE 和卫星之间的服务链路是 NR-Uu 接口。NTN 网关和卫星之间的馈电链路是 SRI 接口，SRI 为 F1 协议提供传输通道，F1 协议由 3GPP 协议定义。NTN 网关是传输网络层的节点，支持所有必要的传输协议。

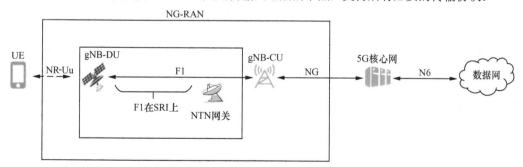

图4-14　再生转发的NG-RAN总体架构（卫星具有gNB-DU功能）

再生转发的 NG-RAN 架构（卫星具有 gNB-DU 功能）的 QoS 流如图 4-15 所示。

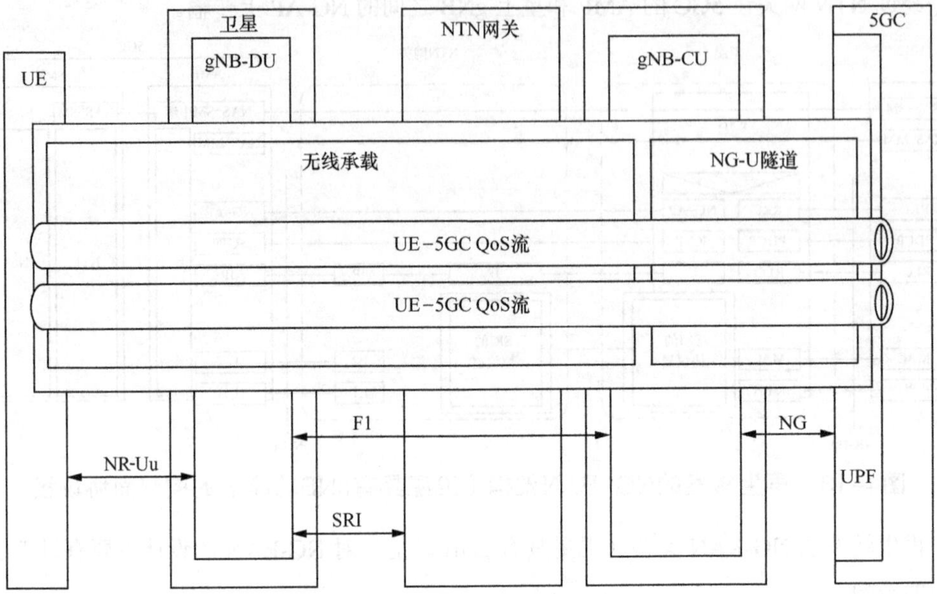

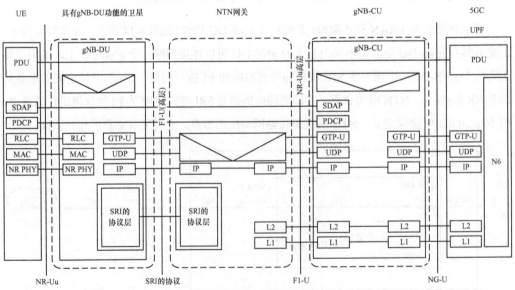

图4-15　再生转发的NG–RAN架构（卫星具有gNB–DU功能）的QoS流

再生转发的 NG-RAN 架构（卫星具有 gNB-DU 功能）的用户面协议栈如图 4-16 所示。SRI 的协议栈用于传输卫星和 NTN 网关之间的用户面数据，SRI 可以是 3GPP 协议，也可以是非 3GPP 协议。用户 PDU 在 5GC 的 UPF 和 gNB-CU 之间的 GTP-U 隧道上传输。用户 PDU 经过 NTN 网关在 gNB-CU 和卫星上的 gNB-DU 之间的 GTP-U 隧道上传输。

图4-16　再生转发的NG–RAN架构（卫星具有gNB–DU功能）的用户面协议栈

再生转发的 NG-RAN 架构（卫星具有 gNB-DU 功能）的控制面协议栈如图 4-17 所示。
NG-AP PDU 在 5GC 的 AMF 和 gNB-CU 之间的 SCTP 上传输。RRC PDU 经过 NTN 网关
在 gNB-CU 和卫星上的 gNB-DU 之间的 F1-C 协议栈的 PDCP 上传输；F1-C PDU 在 SCTP、
IP 上传输。IP 数据包在 gNB-DU 和 NTN 网关之间的 SRI 协议栈上传输，IP 数据包也在
gNB-CU 和 NTN 网关之间的 L1/L2 上传输。NAS 层信令一方面在 5GC 和 gNB-CU 之间的
NG-AP 协议上传输，NAS 层信令另一方面经过 NTN 网关在 gNB-CU 和卫星上的 gNB-DU
之间的 RRC 协议上传输。

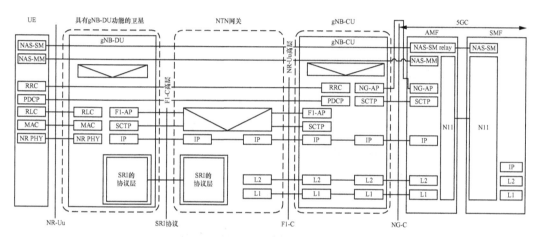

图4-17　再生转发的NG-RAN架构（卫星具有gNB-DU功能）的控制面协议栈

再生转发的 NG-RAN 架构（卫星具有 gNB-DU 功能）对 NG-RAN 的设计主要有以下
3 个方面的影响。

- 一是 RRC 层和其他 L3 层协议的处理都终止于地面的 gNB-CU，需要满足严格的定
时限制。

- 二是 LEO 系统或者 GEO 系统选择该架构，可能影响 F1 的实施，例如，需要对定时
器进行扩展。由于 LEO 系统的时延远小于 GEO 系统，所以该架构对 LEO 系统的影响要远
远小于对 GEO 系统的影响。

- 三是所有面向地面 NG-RAN 节点的控制面接口都在地面上终止。对于控制面，除了 F1
应用层协议（F1 Application Protocol）需要扩展定时器以适应 SRI 非常长的环回时延，该架构不
会产生其他影响。对于用户面，NTN 不影响运行在 Xn 上的用例，经过 SRI 传输的 F1 用例需
要适应 SRI 非常长的环回时延，因此，gNB-CU 需要具有更大的缓存以存储用户面的数据包。

●●●4.3　5G NTN 部署场景

本节定义了 NTN 部署场景和相关系统参数，并分析了 NTN 的信道特征。

4.3.1 NTN 的参考场景

NTN 为 UE 提供的接入服务，具体包括以下 6 个场景。

- 环绕轨道场景和地球同步轨道场景。

- 最高的环回时延限制场景。

- 最高的多普勒限制场景。

- 透明转发场景和再生转发场景。

- 有 ISL 的场景和没有 ISL 的场景。

- 卫星（或 UAS 平台）是固定波束或可调整波束，因此，在地面上产生移动的波束覆盖区或固定的波束覆盖区。

参考场景示例见表 4-4，参考场景示例的详细参数见表 4-5。

表4-4 参考场景示例

场景名称	透明转发场景	再生转发场景
基于 GEO 的 NTN 接入网络	场景 A	场景 B
基于 LEO 的 NTN 接入网络：可调整的波束	场景 C1	场景 D1
基于 LEO 的 NTN 接入网络：波束随卫星移动	场景 C2	场景 D2

表4-5 参考场景示例的详细参数

序号	参数名称	参数定义	
1	场景	基于 GEO 的 NTN 接入网（场景 A 和场景 B）	基于 LEO 的 NTN 接入网（场景 C 类 & 场景 D 类）
2	环绕类型	相对地球保持静止，地面上的点与卫星之间具有固定的高度和方向角	环绕地球的圆形
3	高度	35786km	600km 和 1200km
4	服务链路的频率	小于 6GHz（例如，2GHz）；大于 6GHz（例如，下行是 20GHz，上行是 30GHz）	
5	服务链路的最大信道带宽	小于 6GHz 的频段：30MHz 带宽 大于 6GHz 的频段：1GHz 带宽	
6	负荷	场景 A：透明转发（仅包括无线频率转换和放大功能）场景 B：再生转发（包括 gNB 的全部功能或部分功能）	场景 C：透明转发（仅包括无线频率转换和放大功能）场景 D：再生转发（包括 gNB 的全部功能或部分功能）
7	ISL	无	场景 C 类：无 场景 D 类：有 / 无（两种情况都有可能）

序号	参数名称	参数定义	
8	地面固定波束	是	场景 C1：是（可调整的波束）； 场景 C2：否（波束随卫星移动）； 场景 D1：是（可调整的波束）； 场景 D2：否（波束随卫星移动）
9	边到边的最大波束覆盖区尺寸	3500km	1000km
10	对于网关和 UE，最小的仰角	服务链路 10°，馈电链路 10°	服务链路 10°，馈电链路 10°
11	当仰角最小时，卫星和 UE 之间的最大距离	40581km	1932km（600km 高度）； 3131km（1200km 高度）
12	仅考虑传播时延的最大环回时延	场景 A：541.46ms（服务链路和馈电链路之和） 场景 B：270.73ms（仅服务链路）	场景 C：（透明转发，服务链路和馈电链路之和）25.77ms（600km），41.77ms（1200km）； 场景 D：（再生转发，仅服务链路）12.89ms（600km），20.89ms（1200km）
13	小区内的最大差分时延	10.3ms	600km 高度的 LEO 是 3.12ms； 1200km 高度的 LEO 是 3.18ms
14	当 UE 在地面上静止时，最大多普勒频移	0.93ppm	24ppm（600km）； 21ppm（1200km）
15	当 UE 在地面上静止时，最大多普勒频移变化率	0.000045ppm/s	0.27ppm/s（600km）； 0.13ppm/s（1200km）
16	地面上 UE 的移动速度	1200km/h（例如，飞机）	500km/h（例如，高铁），也可能是 1200km/h（例如，飞机）
17	UE 天线类型	全向天线（线性极化），假定 0dBi； 定向天线（最大 60cm 等效口径，圆形极化）	
18	UE 发射功率	全向天线：UE 功率等级 3，最高是 200mW； 定向天线：最大 20W	
19	UE 噪声系数	全向天线：7dB； 定向天线：1.2dB	
20	服务链路	3GPP 定义的无线接口	
21	馈电链路	3GPP 或 non-3GPP 定义的无线接口	

4.3.2　传播时延和多普勒频移特征

NTN 的信道特征包括传播时延、差分时延和多普勒频移。

其中，传播时延分为单向时延和环回时延两种。对于透明转发，**单向时延**定义为从 NTN 网关经过 NTN 平台（卫星或 UAS 平台）到 UE 的时延；对于再生转发，**单向时延**定义为从 NTN 平台到 UE 的时延。对于透明转发，**环回时延**定义为从 NTN 网关经过 NTN 平台到 UE，再从 UE 经过 NTN 平台到 NTN 网关的时延；对于透明转发，**环回时延**定义为从 NTN 平台到 UE，再从 UE 到 NTN 平台的时延。实际的传播时延依赖于 NTN 平台的高度、NTN 网关和终端的各自位置。当 NTN 网关或 UE 位于波束覆盖边缘的位置时，与 NTN 平台的仰角最小，NTN 网关或 UE 与卫星 NTN 平台的距离最大，因此，传播时延最大。

差分时延是指在波束覆盖区内，在特定位置选择的两个点之间的传播时延的差值。需要说明的是，卫星距离地面最近的点（仰角是 90°）和覆盖边缘点（仰角最小）之间的差分时延最大。小的波束直径对应小的差分时延，为了减少差分时延，3GPP 协议规定，对于 GEO 卫星，波束直径最大是 1500km，对于 LEO 卫星，波束直径最大是 500km。不同高度卫星的传播时延和差分时延见表 4-6。

表 4-6　不同高度卫星的传播时延和差分时延

参数		GEO 卫星（高度 35786km）	LEO 卫星（高度 600km）	LEO 卫星（高度 1200km）
地面网关与卫星之间的最小仰角 /（°）		10	10	10
UE 与卫星之间的最小仰角 /（°）		10	10	10
透明转发	单向时延 /ms	270.73	12.89	20.89
	双向时延 /ms	541.46	25.77	41.77
再生转发	单向时延 /ms	135.37	6.44	10.45
	双向时延 /ms	270.73	12.89	20.89
单向差分时延的最大值 /ms		10.30	3.12	3.18

对于 UAS 平台，UAS 的高度在 8km 到 50km 之间。其中，HAPS 的高度在 20km 到 50km 之间。在 5° 仰角的位置点，NTN 网关与 UAS 的距离是 229km，单向时延大约是 1.526ms，双向时延大约是 3.053ms，单向差分时延的最大值是 0.697ms。

多普勒频移是指由于接收机运动、发射机运动或者二者同时运动导致的无线信号频率的偏移。多普勒变化率是多普勒频移随着时间的变化率。多普勒频移 / 多普勒变化率会对接收信号的质量造成一定的影响。如果多普勒频移 / 多普勒变化率过大，则导致接收机无法正确解调接收信号，出现通话中断或者无法进行数据通信的情况。多普勒频移的大小依赖于卫星的运动速度、用户的运动速度和载波频率。通常情况下，如果载波频率相同，则卫星或者用户的运动速度越大，多普勒频移越大；如果卫星或者用户的运动速度相同，则载波频率越大，多普勒频移也越大。

对于 GEO 卫星，相对于地球不是完全静止的，而是围绕某个点运动，该运动也会引起多普勒频移，但是多普勒频移不会超过 100Hz，相对于无线通信的频率（从几 GHz 到几十 GHz），可以忽略不计。对于 GEO 卫星，主要是因为用户的移动导致的多普勒频移，高速火车的最快速度可以达到 500km/h，当载波频率是 2GHz 时，其最大多普勒频移可以达到 707Hz；当载波频率是 20GHz 时，其最大多普勒频移可以达到 7070Hz；当载波频率是 30GHz 时，其最大多普勒频移可以达到 10605Hz。飞机的速度可以达到 1200km/h，当载波频率是 2GHz 时，其最大的多普勒频移可以达到 1697Hz；当载波频率是 20GHz 时，其最大多普勒频移可以达到 16970Hz；当载波频率是 30GHz 时，其最大多普勒频移可以达到 25455Hz。

对于 LEO 卫星，由于卫星和用户都在运动，所以多普勒频移的计算非常复杂，多普勒频移是二者综合运动的结果。不同高度卫星的多普勒频移总结见表 4-7。

表4-7 不同高度卫星的多普勒频移总结

频率 /GHz	最大多普勒频移	相对多普勒	多普勒频移变化率	场景
2	+/−48kHz		−544Hz/s	
20	+/−480kHz	0.0024%	−5.44kHz/s	600km 高度的 LEO
30	+/−720kHz		−8.16kHz/s	
2	+/−40kHz		−180Hz/s	
20	+/−400kHz	0.002%	−1.8kHz/s	1500km 高度的 LEO
30	+/−600kHz		−2.7kHz/s	

根据表 4-7 可以发现，对于 600km 高度的 LEO 卫星，当载波频率是 2GHz 时，最大多普勒频移可以达到 48kHz；当载波频率是 20GHz 时，最大多普勒频移可以达到 480kHz；当载波频率是 30GHz 时，最大多普勒频移可以达到 720kHz。对于 1500km 高度的 LEO 卫星，当载波频率是 2GHz 时，最大多普勒频移可以达到 40kHz；当载波频率是 20GHz 时，最大多普勒频移可以达到 400kHz；当载波频率是 30GHz 时，最大多普勒频移可以达到 600kHz。

UAS 会沿着它的名义位置移动几千米，最大切向速率是 15m/s，导致最大的多普勒频移在 100Hz（载波频率是 2GHz）到 1500Hz（载波频率是 30GHz）之间。在 S 波段（2～4GHz），汽车以 100km/h 运动产生的最大多普勒频移在 185Hz 左右。

●●4.4 NTN 对 NR 规范的潜在影响

3GPP 在 NR NTN 的工作始于 2017 年，其中，Rel-15 研究了 NTN 网络面临的约束及对 NR 规范的潜在影响。本节首先分析了 NTN 网络面临的约束，然后分析了 NTN 对 NR 规范的潜在影响，重点研究了 NTN 对随机接入和解调参考信号的设计带来的影响。

4.4.1 NTN 网络面临的约束

由于 NTN 网络承载平台的高度较高和具有一定的移动性，所以 NTN 和地面蜂窝网络在传输时延、多普勒频移等方面存在明显差异，为了满足 NTN 场景的应用需求，需要修改 5G NR 协议。NTN 主要存在以下 9 个方面的约束。

1. 传播信道

NTN 传播信道与地面网络的主要差异在于，不同的多径时延和多普勒频移模型对于频率低于 6GHz 的窄带信号可以忽略时间色散，假定 UE 和卫星之间的通信是在室外和直视条件下进行的。在 HAPS 系统，UE 有可能在室内，因此，需要考虑非直视条件。

2. 频率规划和信道带宽

在 S 波段和 Ka 波段，卫星系统分配到的频率分别是 $2 \times 15\text{MHz}$（上行和下行）和 $2 \times 2500\text{MHz}$（上行和下行），卫星系统大多使用圆形极化，支持在不同的小区进行频率复用和灵活的频率分配以最大化每个小区的信道带宽。为了有效使用频率，应尽可能降低卫星系统的小区间干扰。

3. 有限功率的链路预算

卫星通信存在较高的传播时延，链路预算极其有限，特别是上行链路。基于卫星和 HAPS 的通信系统的设计驱动力主要包括两个方面内容：一是对于给定的发射功率（上行功率来自 UE，下行功率来自卫星和 HAPS），使吞吐量达到最大化；二是在深度衰落条件下，使服务的可利用率达到最大化，例如，Ka 波段的深度衰落在 $20 \sim 30\text{dB}$ 时，仍然具有 99.95% 的可利用率。

4. 小区模型

相比于地面蜂窝网络，卫星和 HAPS 系统的典型特征是更大的小区，对于非静止轨道（Non-GeoStationary Orbit，NGSO）系统或 HAPS 系统，有可能是没有固定地面参考点的移动小区。当小区半径很大且仰角很低时，将导致小区中心的 UE 和小区边缘的 UE 之间有较大的差分传播时延，差分传播时延的比率随着卫星或 HAPS 高度的减小而增加。相比于静止轨道（GeoStationary Orbit，GSO）系统，HAPS 小区中心传播时延与小区边缘的传播时延的比值更大。当网络不知道 UE 的位置时，上述特征将影响基于竞争的接入信道设计。另外，小区半径的增大对系统的定时和同步也会带来一定影响，需要引入增强的同步机制保证用户间的同步，从而避免干扰。

5. 传播时延

相比地面蜂窝网络，卫星系统的特征是其具有非常高的传播时延。对于 GEO，UE 和基站之间的单向时延最高达 270.73ms ；对于 LEO 卫星，UE 和基站之间的单向时延大于 12.89ms ；对于 HAPS，单向时延小于 1.6ms，与地面蜂窝系统具有一定可比性。较高的传播时延影响所有的信令，尤其是对随机接入和数据传输带来极大挑战。

6. 发射设备的移动性

地面蜂窝网络的发送设备（gNB 或 RRU）通常是固定的，但是在 NTN 网络，发送设备安装在卫星或者 HAPS。对于 GSO 系统，发送设备相对 UE 是准静止的，仅有较小的多普勒效应。对于 HAPS，发送设备沿着一个理想的中心点环绕或跨越，因此，有较大的多普勒效应。对于 NGSO 系统，卫星相对地面移动，比 GSO 系统产生大得多的多普勒频移效应。

多普勒效应依赖于卫星 /HAPS 与 UE 的相对速度、使用的频率，多普勒效应包括最大多普勒频移和多普勒频移变化率。多普勒效应连续不断地改变载波频率、相位和间隔，可能产生较大的载波间干扰。需要注意的是，尽管多普勒频移和多普勒频移变化率的数值较大，如果知道卫星 /HAPS 运动模型（例如，卫星的星历）和 UE 位置，则可以预补偿 / 后补偿大部分的多普勒频移和多普勒频移变化率。

7. 基于地面 TN 接入和基于 NTN 接入之间的连续性

无论 UE 何时离开或进入地面蜂窝网络的覆盖区域，都可能发生地面网络（Terrestrial Network，TN）到 NTN，或 NTN 到 TN 的切换，从而确保服务的连续性。对于每个方向，触发切换的机制是不同的。例如，只要有足够的 TN 信号强度，就尽快离开 NTN，但是只有 TN 信号强度很低时才离开 TN。切换过程应该考虑服务、接入技术的特征和测量报告，具体包括以下 6 个方面内容。

- 支持透明转发和再生转发。
- 切换准备和切换失败 / 无线链路失败（Radio Link Failure，RLF）处理。
- 时间同步。
- 测量目标协作，包括间隙（Gap）分配和对齐。
- 支持无损切换。
- NTN 内部的移动性、NTN 和 TN 之间的移动性。

8. 适应网络拓扑的无线资源管理

为了支持变化的业务需求，同时考虑 UE 移动性需求，需要使接入控制功能的响应时间尽可能小。对于地面蜂窝系统，接入控制功能位于靠近 UE 的 gNB，可以通过 Xn 接口或经过中央实体实现 gNB 之间的协作。对于卫星系统，接入控制功能通常位于卫星上或位于地面 NTN 网关，导致接入控制的响应时间不是最优的，因此，预配置、半持续调度和 / 或免授权接入方案可能是有利的。

9. 终端的移动性

NTN 需要支持非常高速移动的 UE，例如，飞机的最大速度是 1200km/h，对 NR 的设计带来了很大的挑战。

4.4.2 NTN 对 5G NR 规范的潜在影响

NR 协议为了支持 NTN，在研究阶段，需要采取技术措施来支持无线信号经过卫星或 HAPS 传输。NTN 对 NR 规范的潜在影响主要体现在以下 9 个方面。

1. 传播信道

传播信道主要影响的是物理层的设计。

对于基于卫星的系统，信号主要是直射的 LOS 信号，服从具有较强的主信号分量的莱斯分布，由于临时的信号遮挡（例如，在树下或桥下），也有可能是慢衰落。对于基于 HAPS 的系统，信号包含显著的多径分量，服从莱斯模型，与地面蜂窝系统类似，由于信号分量的再组合是频繁的快衰落，最大相干时间在 100ms 左右。

为了改善网络性能，有可能改变 UE 和 gNB 的接收机同步配置，具体配置改变体现在以下两个方面。

- 物理参考信号：包括下行的 PSS、SSS、DM-RS，上行的 DM-RS、SRS。另外，与随机接入信道有关的随机序列在设计时需要考虑多普勒频移和多径信道模型。
- CP 补偿时延扩展和抖动 / 相位：可能需要更大的子载波间隔以适应较大的多普勒频移。

2. 频率规划和信道带宽

频率规划和信道带宽主要影响的是物理层设计。

可能需要重新考虑信道编号以支持目标频谱（S 波段和 Ka 波段），当上行频率和下行频率是不同的频段时，需要重新对信道进行编号。对于 Ka 波段的 NTN 部署场景，6GHz 以上频段的 5G 无线接口应该重新配置以支持 FDD 接入方案，某些情况下，也有可能更改 MAC 层和网络层信令。

为了支持 800MHz 的信道带宽，有两种可选的方案：一种方案是单个信道带宽扩展到最大 800MHz；另一种方案是选择载波聚合的方法提供等效的吞吐量，如果考虑频率复用的限制，则载波聚合能够使频率分配具有更大的灵活性。

3. 有限功率的链路预算

有限功率的链路预算对物理层和 MAC 层的设计均有影响。

为了最大化吞吐量，在卫星或 UE 上的功率放大器的工作点应该与饱和点尽可能靠近，可以单独考虑或组合考虑以下 3 种技术。

- 一是扩展的多载波调制编码方案（Modulation and Coding Scheme，MCS），尤其是在上行方向，低的 PAPR 在对抗信号失真方面更为健壮。
- 二是通过预失真等信号处理技术来减轻 PAPR 和非线性失真。
- 三是如果有必要，则在 UE 和卫星（或 HAPS）上使用具有最小输出补偿的大功率放大器。

为了在慢衰落和深度衰落条件下，使服务的可用率达到最大化，可能需要扩展 MCS 表以便在非常低的 SNR 条件下收发数据，以满足严苛通信或低功率场景的可靠性需求。

为了最大化频谱效率和适应有限功率的终端，MAC 层应该能够以最灵活的方式分配 PRB，可能考虑缩减 PRB 的子载波数，例如，与 NB-IoT 类似，采用单音（tone）传输模式，即在 1 个 OFDM、1 个子载波或几个子载波上传输信号。

4. 小区模型

小区模型主要影响的是物理层设计。

当不知道 UE 的位置时，在初始随机接入过程中，由于非常大的小区半径导致非常大的差分时延，所以可能需要扩展的时间窗口来提高性能。在会话过程中，如果知道 UE 的位置，则可以通过网络补偿差分时延。对于广播服务，有可能需要特殊的信令以适应面积非常大且其位置是移动的小区。

5. 传播时延

传播时延对物理层、MAC 层和 RLC 层的设计均有影响。

语音和视频会议等用户业务对于时延和抖动是非常敏感的。在地面蜂窝网络中，HARQ 重传也有可能导致抖动，例如，在 LTE FDD 模式，HARQ 重传的最大值是 8ms。在上行方向，通过 TTI 绑定可以减轻抖动，TTI 绑定允许同样的符号，可以在最多 4 个连续的子帧上重传，因此，缩短了抖动时间。

对于卫星系统，由于传播时延较高，HARQ 方案会导致不可接受的抖动，减少抖动的方案包括上行时隙聚合、增加符号重传的数量、减少时隙持续时间等。

较高的传播时延除了影响物理层设计，还会对资源分配的重传方案和响应时间带来影响。为了减轻对时延敏感类业务的影响，应该使 UE 和网络之间交互的信令数量最小。对于随机接入过程，采取数据和接入信令联合发送的方式可以满足时延需求，例如，免授权接入、两步随机接入过程等。对于数据传输过程，可以实施灵活或者扩展的接收窗尺寸，根据频率、事件实施灵活的确认策略，ARQ/HARQ 交叉协作，免确认方案或自适应时延 HARQ-ACK 反馈。

在地面蜂窝网络中，作为自适应调制编码（Adaptive Modulation and Coding，AMC）技术的一部分，gNB 根据 UE 报告的 CQI，选择最合适的 MCS。在卫星系统中，传播时延导致 AMC 环路具有非常大的响应时间，因此，需要余量来补偿可能过期的 CQI，进而导致频谱效率较低，为了提高效率，可使用具有信令扩展的 AMC 过程。

6. 发射设备（gNB 或 RRU）的移动性

发射设备的移动性主要影响物理层的设计。

地面 5G 蜂窝网络的无线接口基于 OFDM 设计，子载波间隔可以配置为 15kHz、30kHz、60kHz、120kHz 或 240kHz。子载波间隔越大，多普勒频移与子载波间隔的比值就越小，就越能容忍较大的多普勒频移，因此，较大的子载波间隔适合于高铁、飞机等场景，以提升系统对频偏的鲁棒性。

在卫星（或 HAPS）系统中，对于 Ka 波段和大的信道带宽（例如，800MHz），需要更大的子载波间隔以减轻多普勒频移对性能的影响。

7. 基于地面 TN 接入和基于 NTN 接入之间的连续性

基于地面 TN 接入和基于 NTN 接入之间的连续性主要影响物理层、MAC 层的资源分配和 RRC 层的移动性管理。

为了支持 TN 和 NTN 之间或 NTN 之间的连续性，建议在 TN 和 NTN 之间采用硬切换方案或双连接 / 多连接方案。

TN 和 NTN 之间传播时延的差异将导致明显的抖动或可能的"数据饥饿"，具体体现在以下 3 个方面。

* 一是对于时延敏感类应用，如果 TN 和 NTN 切换不经常发生，则可以考虑采用临时的 QoS 恶化。
* 二是对于具有高可靠性需求的数据服务，可能需要采用缓存或重传方案。
* 三是在开始切换之前补偿时延。

为了支持 TN 和 NTN 之间的切换，可能扩展 PDCP 重传方案，包括数据重复率、PDCP 层的复制处理。另外，也可能扩展 RRC 层、RLC 层和 MAC 层的切换信令。

8. 适应网络拓扑的无线资源管理

适应网络拓扑的无线资源管理对 NAS 层、RRC 层、RLC 层、MAC 层和物理层以及

NR RAN 架构的设计都会产生影响。

移动性管理应该充分考虑 NTN 特别大的小区尺寸，NTN 的小区可能穿越国家边界，大的小区尺寸对小区的鉴别方法、跟踪区和位置区的设计、漫游和账单处理以及基于位置的服务都会产生很大的影响。另外，NGSO 和 HAPS 系统的小区是移动的，移动的 UE 和静止的 UE 都会发生频繁切换。

对于地面蜂窝网络，控制无线资源分配的接入控制器在 gNB 上实施，接入控制器可以控制 gNB 和 UE 之间的接口或作为中继节点的相邻 gNB 和 UE 之间的接口。对于 NTN 网络，接入控制器的功能可以在 HAPS 上、NTN 网关或在卫星上实施。对于 Ka 波段部署场景，NTN 终端作为中继节点的一部分，可能具有 gNB 的相关功能。

9. 终端的移动性

终端的移动性主要影响物理层的设计。

对于以 1200km/h 移动的终端，应该减少功率控制环路的响应时间，可以考虑采取以下 4 项措施。

- 一是物理帧和子帧结构的重新设计。
- 二是可以考虑减少传输时隙的持续时间进而减少功率控制环路的响应时间。
- 三是考虑增大子载波间隔以支持高速移动的 UE。
- 四是物理信号的重新设计。

4.4.3 NTN 对 5G NR 随机接入的影响分析

由于 NTN 的传播时延和差分时延非常高，所以必须考虑时延对随机接入信号和随机接入过程的影响。这个影响主要体现在 PRACH 前导格式、随机接入响应窗口和上行定时提前机制 3 个方面。

对于给定的波束覆盖区，传播时延可以分为两个部分：一是所有 UE 都要经历的公共传播时延；二是单个 UE 经历的相对传播时延，也即差分时延。由于公共传播时延是已知的，所以如果采取一定措施补偿公共传播时延，那么 PRACH 前导格式的设计、随机接入响应窗口和上行定时提前量将仅依赖于差分时延。

1. 对 PRACH 前导格式的影响分析

传播时延对 PRACH 前导格式的影响可以分为以下两种情况。

① UE 侧采用定时和频率预补偿技术

如果 UE 知道卫星和 UE 自身的精确位置，则 UE 可以计算出 UE 和卫星之间的传播时延。这种情况下，可以使用现有的 Rel-15 定义的 PRACH 前导格式和接入序列，但是由于路径损耗非常大，所以需要采取多次传输和更大的子载波间隔以增加上行覆盖距离。

② UE 侧不采用定时和频率预补偿技术

PRACH 前导格式共有 4 种，当采用 PRACH 前导格式 1 时，循环前缀的长度最大，达到 0.684ms。如果差分时延小于 0.684ms，则可以使用现有 Rel-15 定义的 PRACH 前导格式和接入序列；如果差分时延大于 0.684ms，则需要对 PRACH 前导格式或接入序列进行重新设计，可选的方案包括具有更大子载波间隔、多次传输的单个 ZC（Zadoff-Chu）序列，具有不同根序列的多个 ZC 序列，需要额外处理的 Gold 序列 /m 序列作为接入序列，与扰码序列结合使用的单个 ZC 序列。

2. 对随机接入响应窗口的影响分析

当 UE 发出随机接入前导后，UE 在随机接入响应窗口（由参数 *ra-ResponseWindow* 定义）等待接收 gNB 发出的随机接入响应（Random Access Response，RAR）。在 3GPP Rel-15 版本中，当 RAR 在授权的频谱上发送时，ra-ResponseWindow 的值不高于 10ms；当 RAR 在非授权的频谱上发送时，ra-ResponseWindow 的值不高于 40ms。在 3GPP Rel-16 版本中，ra-ResponseWindow 可以设置为 160 个时隙，对于 15kHz 的子载波间隔，ra-ResponseWindow 的值是 160ms，对于 240kHz 的子载波间隔，ra-ResponseWindow 的值是 10ms。对于地面蜂窝网络，10ms 的窗口足够了，因为 UE 在发出随机接入前导后，在几毫秒内就可以接收到 RAR，但是对于 NTN，10ms 的窗口不能覆盖传播时延，因此，需要对 ra-ResponseWindow 的值或随机接入响应机制进行更改。可选的解决方案包括以下 3 个。

① 方案 1：利用卫星和 UE 的精确位置信息

UE 能够评估出精确的环回时延作为补偿，UE 发出随机接入前导后，只需在环回时延后再开始接收 RAR 即可，在这种情况下，不需要扩展 ra-ResponseWindow。

② 方案 2：仅补偿差分时延

由于公共传播时延是已知的，所以 UE 可以在公共传播时延后开始接收 RAR，但是 ra-ResponseWindow 需要大于最大差分时延的 2 倍。对于 LEO 卫星，最大差分时延是 3.18ms，最大差分时延的 2 倍是 6.36ms，这一数据没有超过 10ms，因此，不需要扩展 ra-ResponseWindow。对于 GEO 卫星，最大差分时延是 10.30ms，最大差分时延的 2 倍是 20.60ms，超过了 10ms，因此，需要扩展 ra-ResponseWindow 或采用方案 3。

③ 方案 3：减少 GEO 卫星的波束覆盖范围

由于 GEO 卫星的覆盖范围很大，在 GEO 卫星覆盖区内只设置一套参数，导致单向差分时延达到 10.30ms，如果每个波束覆盖区的直径减少到 200 ~ 1000km，则在每个波束覆盖区内的最大差分时延会明显小于 10.30ms，所以可以针对每个波束覆盖区，各自设置一套参数。

GEO 卫星差分距离（时延）计算示意如图 4-18 所示。其中，GEO 卫星距离地面的高度 h=35786km。

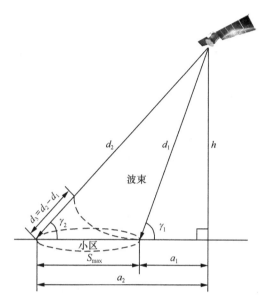

图4-18　GEO卫星差分距离（时延）计算示意

GEO 卫星不同仰角的差分距离（时延）的计算结果见表 4-8。

表4-8　GEO卫星不同仰角的差分距离（时延）的计算结果

γ_2	小区直径 S_{max}/km	d_3/km	差分时延 /ms	小区直径 S_{max}/km	d_3/km	差分时延 /ms
10°	200	197	0.66	1000	985	3.28
20°	200	188	0.63	1000	939	3.13
30°	200	173	0.58	1000	864	2.88
40°	200	153	0.51	1000	763	2.54
50°	200	128	0.43	1000	637	2.12
60°	200	100	0.33	1000	491	1.64
70°	200	68	0.23	1000	331	1.10
80°	200	34	0.11	1000	161	0.54

根据表 4-8，我们可以发现，当 GEO 卫星的覆盖区直径是 200km 和 1000km 时，其最大的差分时延分别是 0.66ms 和 3.28ms，最大差分时延的 2 倍分别是 1.32ms 和 6.56ms，没有超过 10ms，因此，可以不扩展 ra-ResponseWindow。

3. 对上行定时提前机制的影响分析

上行定时提前机制可以确保在同一个小区内，所有 UE 发射的信号可以被 gNB 同步接收，在初始接入过程中，RAR 消息提供了定时提前（Timing Advance，TA）命令以调整上行传输定时。定时提前量 N_{TA} 的计算见式（4-1）。

$$N_{\text{TA}} = \text{TA} \times 16 \times \frac{64}{2^{\mu}} \qquad \text{式（4-1）}$$

其中，对应的子载波间隔是 15kHz、30kHz、60kHz、120kHz 和 240kHz；TA 是 0 ～ 3846 之间的整数。

最大链路距离 $d_{\max}$（当 TA=3846 时）的计算见式（4-2）。

$$d_{\max} = \frac{1}{2} \times N_{\text{TA}} \times T_{\text{c}} \times c \qquad \text{式（4-2）}$$

其中，T_{c} = 0.509ns。根据式（4-2），可以计算出不同子载波的最大链路距离，不同子载波的最大链路距离见表 4- 9。

表4-9　不同子载波的最大链路距离

子载波间隔	15kHz	30kHz	60kHz	120kHz	240kHz	480kHz
最大链路距离 /km	300	150	75	37.5	18.75	9.38

根据表 4-9，可以发现，当子载波间隔是 15kHz，最大链路距离是 300km 时，远远低于 LEO 卫星和 GEO 卫星的高度，现有的 Rel-15 版本的上行定时提前机制不适用于卫星平台。对于 HAPS 场景，当子载波间隔较小时，可以使用 Rel-15 版本的上行定时提前机制；当子载波间隔较大时，不能使用现有的 Rel-15 版本的上行定时提前机制。

可选的解决方案是定时提前量仅补偿差分时延，类似于对随机接入窗口的分析。但是对于 GEO 卫星，当波束覆盖区直径较大时，上行定时提前量不能完全补偿差分时延，可采用的方案是：在 RAR 中携带 1 个 bit 或 2 个 bit 的帧号信息，由于 1 个无线帧长是 10ms，1 个 bit 和 2 个 bit 的帧号信息分别对应 10ms 和 40ms，所以可以充分补偿差分时延。

4.4.4　NTN 对 5G NR 解调参考信号的影响分析

5G NR 解调参考信号分为下行解调参考信号和上行解调参考信号两种。其中，下行解调参考信号的主要作用是信道状态信息的测量、数据解调、波束训练、时频参数跟踪等功能；上行解调参考信号的主要作用是上行信道状态测量、数据解调等功能。下行的 PDSCH、PDCCH、PBCH 以及上行的 PUSCH、PUCCH 等都有伴随的解调参考信号，本节重点讨论与 PDSCH 和 PUSCH 伴随的解调参考信号。

为了降低解调和译码时延，在每个时隙内，解调参考信号首次出现的位置应当尽可能靠近调度的起始点，对于 PDSCH 信道，前置的解调参考信号紧邻 PDCCH 区域之后，由于 PDCCH 区域占用 2 个或 3 个 OFDM 符号，所以解调参考信号的第一个符号从第 3 个或第 4 个 OFDM 符号开始。前置解调参考信号的作用是可以让接收端快速估计信道状态并进行相干解调，有助于 5G NR 低时延业务的应用。

对于低速移动的场景，在 1 个时隙内，仅仅配置前置的解调参考信号就够了，这既可以满足信道估计和相干解调的需求，又不会导致过大的开销，因此，可以达到解调性能和开销的平衡。由于 5G NR 支持的移动速度最高可以达到 500km/h，仅仅依靠前置解调参考信号是不够的，所以在中高速运动场景中，1 个时隙内还需要更多的解调参考信号以满足信道估计的需求。这些额外增加的解调参考信号称为附加的解调参考信号。每组附加的解调参考信号都是前置解调参考信号的重复。附加的解调参考信号的配置数量如下。

● 如果前置解调参考信号是单符号，则当 PDSCH 的持续时间是 3 ～ 7 个、8 ～ 9 个、10 ～ 11 个、12 ～ 14 个 OFDM 符号时，1 个时隙内最多可以配置 0 个、1 个、2 个、3 个附加的解调参考信号。

● 如果解调参考信号是双符号，则当 PDSCH 信道的持续时间是 4 ～ 9 个、10 ～ 14 个 OFDM 符号时，1 个时隙内最多可以配置 0 个、1 个附加的解调参考信号。

1 个时隙内，解调参考信号在时域上的位置如图 4-19 所示。附加的解调参考信号数量与终端的运动速度有关，终端的运动速度越快，需要配置的额外解调参考信号越多，控制信令通知终端具体配置多少个附加的解调参考信号。

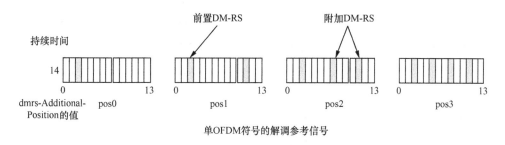

单OFDM符号的解调参考信号

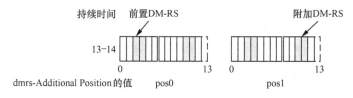

双OFDM符号的解调参考信号

图4-19　1个时隙内，解调参考信号在时域上的位置

多普勒频移与多普勒频移变化率与解调参考信号的设计密切相关。当子载波间隔是15kHz、30kHz、60kHz、120kHz 和 240kHz 时，1 个时隙的持续时间分别是 1ms、0.5ms、0.25ms、0.125ms 和 0.625ms。对于 NTN 网络，根据试验场地的多普勒频移测试结果，对于 NTN，1 个时隙内潜在的最大多普勒频移见表 4-10。根据表 4-10，可以发现 1 个时隙内，

当下行 / 上行的载波频率是 2GHz 时，潜在的最大多普勒频移是 0.544Hz；当下行的载波频率是 20GHz、上行的载波频率是 30GHz 时，潜在的最大多普勒频移分别是 5.44Hz 和 8.16Hz。

表4-10　对于NTN，1个时隙内潜在的最大多普勒频移

卫星高度是 600km 的 LEO 的载波频率	最大多普勒频移变化率 / （Hz/s）	1 个时隙的持续时间 /ms	1 个时隙内潜在的最大多普勒频移 /Hz
2GHz（下行 / 上行）	−544	1	0.544
		0.5	0.272
		0.25	0.136
		0.125	0.068
		0.0625	0.034
20GHz（下行）	−5440	1	5.44
		0.5	2.72
		0.25	1.36
		0.125	0.68
		0.0625	0.34
30GHz（上行）	−8160	1	8.16
		0.5	4.08
		0.25	2.04
		0.125	1.02
		0.0625	0.51

根据 5G NR 的规范，在 UE 侧，1ms 周期内的频率误差应该是 ±0.1PPM（Parts Per Million，百万分率）。当载波频率是 2GHz 时，±0.1PPM 的频率误差是 ±200Hz；当载波频率是 20GHz 时，±0.1PPM 的频率误差是 ±2kHz；当载波频率是 30GHz 时，±0.1PPM 的频率误差是 ±3kHz。由此可以发现，与 UE 侧的频率误差需求相比，最大的多普勒频移可以忽略不计。当 1 个时隙内配置多个解调参考信号，最大的多普勒频移可以忽略不计。上述结论同样适合于 gNB 侧的配置。

与 gNB 和 UE 侧的最小频率误差需求相比，NTN 的最大多普勒变化可以忽略不计，对解调参考信号的时域位置没有特别的影响，因此，对于 NTN 场景，不需要对 5G NR 的规范进行更改。

●●4.5　5G NTN 时频同步和定时关系增强

地面 5G 蜂窝移动通信系统的传播时延通常小于 1ms，而 NTN 网络的传播时延非常高，因此，不可避免地对 5G NR 的定时调整策略带来了极大挑战，Rel-15/Rel-16 版本设计的定

时调整策略已不再适合 NTN 网络，需要重新设计定时调整策略以满足 NTN 超长的传播时延。本节分析了 3GPP Rel-17 的时频同步补偿策略、定时关系增强、NTN 随机接入过程和 HARQ 重传策略。

4.5.1 时频同步补偿

根据是否具有 GNSS 能力，UE 分为具有 GNSS 能力和不具有 GNSS 能力两种。其中，不具有 GNSS 能力的 UE 不能评估 UE 到卫星之间的传播时延，需要对 3GPP 规范进行较大的修改才能补偿非常高的传播时延，为了尽可能减少对规范的修改，3GPP Rel-17 版本规定，UE 必须具有 GNSS 能力。

对于具有 GNSS 能力的 UE，由于 UE 知道自身位置和卫星星历，所以 UE 能够在发送 Msg1（在 PRACH 上发送）前自动评估 UE 到卫星之间的 TA。根据 UE 补偿的链路不同，有以下 2 种可选的方案。

① 方案 1：补偿服务链路和馈电链路的时延

这种方案是 UE 在发射 Msg1 之前，补偿 UE 到 NTN 网关（含 gNB）之间的全部时延，包括服务链路和馈电链路。UE 根据自身位置和卫星星历，自动评估服务链路的 TA，gNB 向 UE 广播馈电链路的 TA。这种方案可以确保下行（Down Link，DL）帧和上行（Up Link，UL）帧在 gNB 处是对齐的。

因为馈电链路的传播时延不随时间变化，所以该方案适合于 GEO 卫星。但是对于 LEO 卫星，由于 LEO 卫星快速移动，所以导致馈电链路的传播时延会迅速变化。一种解决方法是 gNB 不向 UE 指示 TA 值，而是指示 NTN 网关的位置，但是随着 LEO 卫星的移动，NTN 网关会发生更换，因此，需要考虑更换 NTN 网关这种行为。另外，出于保密安全的需要，终端通常不知道 NTN 网关的位置。

② 方案 2：仅补偿服务链路的时延

由于在同一个波束内，馈电链路的时延对所有 UE 都是相同的，只有服务链路的时延是不相同的，所以 UE 只需补偿服务链路的时延即可。UE 根据自身位置和卫星星历计算服务链路的 TA，馈电链路的时延补偿由 gNB 来管理。对于再生转发，DL 帧和 UL 帧在 gNB 处是对齐的。对于透明转发，由于馈电链路时延和卫星处理时间的原因，DL 帧和 UL 帧在 gNB 处是不对齐的，所以需要 gNB 来管理这个帧定时差异。

上述两种方案各有优缺点，经过技术讨论后，最终选择了一个折中方案，即定义一个上行时间同步参考点（以下简称参考点），由 gNB 指定 UE 补偿时延的数值，如果参考点在 TNT 网关，则 UE 补偿包括服务链路和馈电链路在内的所有时延；如果参考点在卫星，则 UE 只补偿服务链路的时延。当然，参考点也可以定义在卫星到 NTN 网关之间的某个点上。

引入参考点后，上行 TA 补偿示意如图 4-20 所示。

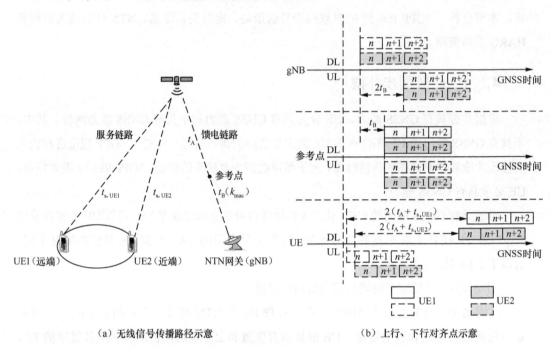

（a）无线信号传播路径示意　　　　　　　　　（b）上行、下行对齐点示意

图4-20　引入参考点后，上行TA补偿示意

在 UE 侧，DL 帧和 UL 帧的定时关系如图 4-21 所示，即 UE 应该相对于 DL 帧 i，提前 T_{TA} 发送上行帧 i，才可以保证 DL 帧和 UL 帧在参考点处是对齐的。

引入参考点后，gNB 需要向 UE 提供公共 TA（TA_{Common}），公共 TA 的主要作用是补偿参考点到卫星之间的传播时延。如果 $TA_{Common} = 0$，则对应的参考点在卫星上；如果 $TA_{Common} > 0$，则对应的参考点在馈电链路上，通常在 NTN 网关。

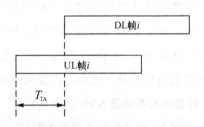

图4-21　在UE侧，DL帧和UL帧的定时关系

对于上述方案，UE 能够补偿大部分的 TA，gNB 处理残余的定时误差，由于残余的定时误差足够小，所以 PRACH 接收机按照地面 5G 蜂窝网络的方法，即可补偿残余的定时误差，然后 gNB 向 UE 发送 Msg2，即随机接入响应（Random Access Response，RAR），以便对上行定时进一步校准，UE 根据 Msg2 中的定时命令，在 Msg3 中应用新的定时校准。

对于 GEO 卫星，由于 GEO 卫星是静止的，所以在 UE 发送 Msg3 后，定时误差主要由 UE 移动引起，gNB 可以按照地面 5G 蜂窝网络的方法，通过 MAC CE 的 TA 命令，对 UE 的定时进行实时调整。

但是对于 LEO 卫星，按照地面 5G 蜂窝网络进行 TA 调整存在以下两个问题。

一是由于卫星高速移动，UE 和 NTN 网关之间的传播时延是持续变化的，当传播时延很大时，gNB 发送的 TA 命令到达 UE 的时刻，TA 命令可能是过期的。例如，因 LEO 卫星移动引起的最大定时漂移可以达到 40μs/s，如果传播时延是 15ms，则 TA 命令到达 UE 的时刻，偏离了 15(ms)×40(μs/s)=0.6μs，0.6μs 已经超过了 SCS=120kHz 的 CP 持续时间(0.57μs)。一种可能的解决方案是 gNB 在 t 时刻发射的 TA 值转换成在 $t+t_{delay}$ 的 TA 值。其中，t_{delay} 是从 gNB 发送 TA 命令到 UE 接收到该命令所经历的时延。

二是在连接模式下，gNB 需要持续的发送 TA 命令给 UE，以便维持上行定时。在 Timing Delta MAC CE 中，有 6 个 bit 信息用于调整 TA。UE 根据式(4-3)计算新的 TA 值。

$$N_{TA\_new} = N_{TA\_old} + (T_A - 31) \times 16 \times 64 \times 2^{-\mu} \times (T_c) \qquad 式（4-3）$$

其中，$T_c = 0.509ns$。

根据式(4-3)可以发现，TA 值的最大变化是 $32 \times 16 \times 64 \times 2^{-\mu} \times T_c$。当 SCS=15kHz、30kHz、60kHz 和 120kHz 时，TA 值的最大变化分别是 16.67μs、8.33μs、4.16μs、2.08μs，为了处理高达 40μs/s 的定时漂移，gNB 每秒需要分别发送至少 3 次、5 次、10 次、20 次 TA 命令，这将导致信令负荷过大。

针对 LEO 卫星移动引起的较高的传播时延和较大的定时漂移，gNB 需要授权 UE，由 UE 调整 UL 定时，在一个波束内，不同的 UE 经历的定时漂移通常是相同的，因此，gNB 可以向 UE 广播定时漂移信息(TA$_{CommonDrift}$ 和 TA$_{CommonDriftVariant}$)。

综上所述，为了确保在参考点处 DL 帧和 UL 帧是对齐的，UE 应该相对于接收到的 DL 帧 i，提前 T_{TA} 发送 UL 帧 i，T_{TA} 的计算见式(4-4)。

$$T_{TA} = (N_{TA} + N_{TA,offset} + N_{TA,adj}^{common} + N_{TA,adj}^{UE}) \times T_c \qquad 式（4-4）$$

在式(4-4)中有 4 个变量，这 4 个变量的计算过程如下。

① N_{TA}

N_{TA} 的计算分为两种情况。

一是当 N_{TA} 由 RAR 提供或由定时提前命令 MAC CE(Timing Advance Command MAC CE)提供时，根据式(4-5)计算 N_{TA}。

$$N_{TA} = T_A \times 16 \times 64 / 2^{\mu} \qquad 式（4-5）$$

其中，T_A= 0, 1, 2, …, 3846，μ 是子载波间隔配置，对于 SCS=15kHz、30kHz、60kHz、120kHz，μ 的值分别是 0、1、2、3。

二是对于其他情况，根据式(4-3)计算 N_{TA}。

② $N_{TA,offset}$

$N_{TA,offset}$ 由 gNB 通过系统参数 n-TimingAdvanceOffset 通知给 UE，其取值是 0、25600

或 39936，如果 gNB 没有提供 n-TimingAdvanceOffset，则 UE 使用 3GPP TS 38.133 定义的缺省值。

③ $N_{\text{TA,adj}}^{\text{common}}$

$N_{\text{TA,adj}}^{\text{common}}$ 根据式（4-6）计算

$$N_{\text{TA,adj}}^{\text{common}} = \left(\text{TA}_{\text{Common}} + \text{TA}_{\text{CommonDrift}} \times \left(t - t_{\text{epoch}}\right) + \text{TA}_{\text{CommonDriftVariant}} \times \left(t - t_{\text{epoch}}\right)^2 \right) / T_{\text{c}} \quad \text{式（4-6）}$$

在式（4-6）中，4 个参数的定义分别如下。

$\text{TA}_{\text{Common}}$：公共 TA，取值是 0 ~ 66485757 的整数，单位是 $4.072 \times 10^{-3} \mu s$，即对应的是 0 ~ 270.73ms。

$\text{TA}_{\text{CommonDrift}}$：公共 TA 的漂移率（drift rate），其取值是 -257303 ~ 257303 的整数，单位是 $0.2 \times 10^{-3} \mu s/s$，对应的漂移率是 $-51.46 \mu s/s$ ~ $51.46 \mu s/s$。

$\text{TA}_{\text{CommonDriftVariant}}$：公共 TA 的漂移率变化（drift rate variation），其取值是 0 ~ 28949 的整数，单位是 $0.2 \times 10^{-4} \mu s/s^2$，对应的漂移率变化是 0 ~ $0.579 \mu s/s^2$。

t_{epoch}：卫星星历时间的辅助信息，当 t_{epoch} 通过系统消息或专用信令提供时，该时间是参考点处的 DL 子帧的开始时间，t_{epoch} 通过无线帧号和子帧号通知给 UE。

④ $N_{\text{TA, adj}}^{\text{UE}}$

$N_{\text{TA, adj}}^{\text{UE}}$ 根据 UE 自身位置和卫星星历计算得到。

由于低轨卫星相对地面高速运动，在没有任何频偏补偿的情况下，手机将面对几十千赫兹甚至兆赫兹级别的多普勒频移（相比之下，手机在高铁场景中仅需要应对几千赫兹的频偏），所以给手机和网络间的时频同步带来较大挑战。在传统地面网络初始下行同步流程中，手机首先进行主同步信号（Primary Synchronization Signal，PSS）检测。其中，传统的互相关检测算法将接收信号直接与 3 组本地 PSS 序列进行互相关运算，根据相关峰值确定粗定时点，之后进行频偏估计与补偿，并进行精定时同步。然而，大频偏的存在容易显著降低 PSS 互相关性能，导致同步失败。有两种可能的算法来解决这个问题：一种是改进的粗同步算法，利用快速傅里叶变换运算代替互相关运算中共轭乘法后的求和运算，同时，从算法中的指数形式频偏中得到对应的整数倍频偏估计，简化了后续小数倍频偏估计，可更好地适应大频偏场景；另一种是基于差分运算和频域相关运算的同步算法，通过将 PSS 与本地序列进行差分运算减少频偏的影响，随后对差分运算得到的信号进行傅里叶变换，并进行频域快速相关检测以降低运算复杂度，实验结果表明，相较于传统互相关算法，改进算法在较大频偏环境下可以实现快速、准确同步。

另外，由于设备晶体振荡器的输出频率与标称频率之间存在偏差且卫星和用户相对移动状态时变，初始下行时频同步状态无法长久维持，手机需要进行时频跟踪与调整。3GPP 协议中定义了多种参考信号，其中，跟踪参考信号（Tracking Reference Signal，TRS）作为

一种特殊的信道状态信息参考信号，用于检测时偏与频偏的变化。具体来说，用户对接收到的两个不同 TRS 位置处的信道频域响应进行互相关运算，可以得到定时误差与频率偏移量。除了对参考信号进行检测，时频跟踪还可以通过同步信号和循环前缀检测实现。与此同时，网络侧可对多普勒频移变化率和时延变化率进行预估算，辅助手机端进行时频偏调整。最后，考虑到两个相邻帧间的定时误差变化较小，可基于前一帧定时位置直接得到当前的粗定时位置，以简化时频跟踪过程。

在 3GPP Rel-17 NTN 中，由于场景设定为透明转发卫星，所以多普勒变化影响服务链路和馈电链路。从 UE 的角度来看，服务链路可以通过星历信息和终端的位置信息计算相应的多普勒变化，而对于馈电链路，由于缺乏地面网关的位置信息，所以这部分多普勒偏移需要基站来进行补偿。

无论定时补偿还是多普勒补偿，网络都需要广播星历信息给终端，星历的精度和格式是其中的关键因素。在 5G NTN 系统中，时间同步误差需要在 1/2 CP 范围之内，频率误差需要控制在 0.1×10^{-6} 以内，因此，星历信息需要周期性更新，并保持必要的精度。另外，为了保持技术实现的灵活性，3GPP Rel-17 NTN 还支持基于轨道 6 个参数（半长轴 a、离心率 e、轨道倾角 i、近心点辐角 ω、升交点经度 Ω 和真近点角 Φ）和基于卫星位置与速度的星历格式，前者的预测时间长，后者有利于简化终端实现。

4.5.2 定时关系增强

在 NTN 中，星地通信时延过大，远超出地面网络中定义的相关定时参数（例如，PDSCH 到 HARQ 反馈时延 K_1，上行调度到 PUSCH 传输时延 K_2 等）的最大指示范围，为了不影响标准的兼容性，3GPP Rel-17 定义了两个调度偏移参数（K_{offset} 和 k_{mac}），即在所有具有一定影响的定时关系上，增加一个 K_{offset} 或 k_{mac} 用于涵盖星地传播时延。

1. 上行定时关系增强

K_{offset} 的主要作用是保证 UE 补偿了上行 TA 后，gNB 与 UE 的时序保持同步，K_{offset} 补偿的时延应该大于等于服务链路 TA 和公共 TA 的双向时延之和。其使用方法是在所有具有一定影响的定时关系上，增加 K_{offset} 以便补偿信号传播时延。K_{offset} 按照式（4-7）计算。

$$K_{offset} = K_{cell,offset} - K_{UE,offset} \qquad\qquad 式（4-7）$$

在式（4-7）中，$K_{cell,offset}$ 是小区专用的定时偏离，gNB 通过系统消息广播给 UE，其取值是 1 ~ 1023 的整数，如果该域不存在，UE 假设 $K_{cell,offset} = 0$；$K_{UE,offset}$ 是 UE 专用的定时偏离，gNB 通过差分 K_{offset} MAC CE（Differential K_{offset} MAC CE）通知给 UE，其取值是 0 ~ 63 的整数。$K_{cell,offset}$ 和 $K_{UE,offset}$ 的单位是 SCS=15kHz 对应的时隙数。

3GPP Rel-17 在以下定时关系中使用 K_{offset}。

- DCI 调度 PUSCH 传输的定时关系。
- RAR 调度 PUSCH 传输的定时关系。
- PDSCH 到 HARQ 反馈的定时关系。
- MAC CE 承载的 TA 命令的生效时间。
- PDCCH 调度 PRACH 传输的定时关系。

对于传统的地面 5G 蜂窝网络，UE 是在 UL 时隙 $n+K_2$ 发送 PUSCH，引入 K_{offset} 后，UE 是在 UL 时隙 $m=n+K_2+2^{\mu}\times K_{\text{offset}}$ 发送 PUSCH，当 SCS=15kHz 时，子载波配置 $\mu=0$。DCI 调度 PUSCH 传输的定时关系示意（SCS=15kHz）如图 4-22 所示。

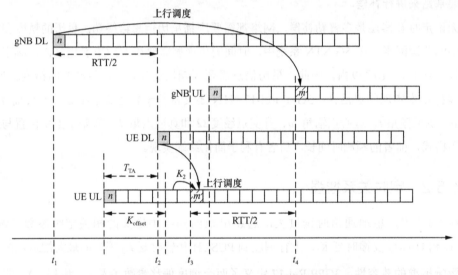

图4-22　DCI调度PUSCH传输的定时关系示意（SCS=15kHz）

在图 4-22 中，gNB 在 t_1 时刻（gNB 侧 DL 时隙 n）发送承载上行调度信息的 DCI；该 DCI 经过 RTT/2 的空间传播时延后，在 t_2 时刻（UE 侧 DL 时隙 n）到达 UE 侧；UE 根据网络指示，经过和地面网络相近的处理时延后，在 t_3 时刻（UE 侧 UL 时隙 $m=n+K_2+K_{\text{offset}}$）发送被调度的 PUSCH。该 PUSCH 再经过 RTT/2 的空间传播时延后，在 t_4 时刻（gNB 侧 UL 时隙 $m=n+K_2+K_{\text{offset}}$）到达 gNB 侧。可以看出，$K_{\text{offset}}$ 的主要作用是保证终端做了上行定时补偿后，基站与终端的时序保持同步。因此，K_{offset} 取值不能小于终端的上行补偿 TA 值。需要注意的是，UE 的 UL 时隙 n 与 DL 时隙 n 之间的定时偏移是 T_{TA}。

2. MAC CE 定时关系增强

k_{mac} 是对 MAC CE 定时关系进行增强，当 DL 帧和 UL 帧在 gNB 侧不对齐时，使用该参数。k_{mac} 应该大于等于馈电链路的差分 TA（双向时延）。如果参考点在 NTN 网关，则 $k_{mac} = 0$；如果参考点在馈电链路上，则 $k_{mac} > 0$。

k_{mac} 的取值是 $1 \sim 512$ 的整数，其单位是 SCS=15kHz 对应的时隙数，如果该域不存在，则 UE 假设 $k_{mac} = 0$。

3GPP Rel-17 在以下定时关系中使用 k_{mac}。

- MAC CE 承载的上行功率控制的生效时间。
- UE 接收 RAR 窗口的生效时间。
- MAC CE 承载的 TCI 状态激活的生效时间。
- MAC CE 承载的半持续（或非周期)CSI-RS 资源的生效时间。

如果 gNB 为 UE 提供了 k_{mac}，当 UE 在 UL 时隙 n 发送含有 HARQ-ACK（该 HARQ-ACK 是对承载 MAC CE 命令的 PDSCH 的确认消息）的 PUCCH 后，UE 应该假设 MAC CE 激活的下行配置在 DL 时隙 $p = n + 3N_{slot}^{subframe,\mu} + 2^{\mu} \times k_{mac}$ 之后生效，$N_{slot}^{subframe,\mu}$ 是 1 个子帧内包含的时隙数，当 SCS=15kHz 时，子载波配置 $\mu = 0$。引入 k_{mac} 后，MAC CE 定时关系增强示意（SCS=15kHz）如图 4-23 所示。

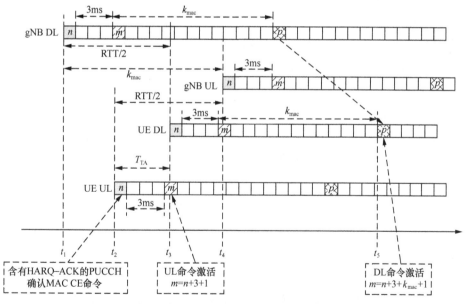

图4-23　MAC CE定时关系增强示意（SCS=15kHz）

4.5.3　随机接入过程

基于卫星通信网络的随机接入是非地面网络需要解决的关键技术之一，卫星通信网络中常见的接入方式有以下几种。

① 按需分配接入

各用户向网络请求用于上行链路传输所需的资源，网络侧按照不同用户对所需资源的请求分配不同的信道资源。该方式原则上具有动态分配特性，在一定程度上节约了信道资源。

② 最短距离优先接入

用户选择距离最近的卫星接入，理论上距离越近的卫星信道质量越好，接收信号的强度也越强。该方案只需检测卫星信号的信噪比，实现简单，但在距离最近的卫星没有空闲信道的情况下，将会导致用户频繁地发起接入与切换请求，接入效率低。

③ 最长覆盖时间接入

用户被多颗卫星同时覆盖时，根据星历信息可计算卫星覆盖某一小区的可视时间，从而选择覆盖时间最长的卫星接入。该方式可以避免用户在一次通信过程中的频繁切换，降低掉话率，减少星间切换的时间。

④ 负载均衡接入

用户选择覆盖卫星中空闲信道数最多的卫星接入，可以均衡低轨卫星网络中单个卫星业务量。该方案只考虑卫星空闲信道数，没有利用卫星信道状况和其他与卫星相关的知识，接入性能较差。

面向 5G-Advanced 的空天地一体化系统，卫星通信与地面通信协议统一，特别是基站上星后，卫星之间可以通过星间链路交换信息，结合星历等信息可辅助用户实现高效快速地接入卫星网络。

低轨卫星的高速移动性导致波束服务的时长可能只有几十秒，需要在波束间频繁切换，同时，用户还会面临多星多重覆盖问题。因卫星上的功率及处理能力受限、星地链路传输时延长、卫星移动性导致的多普勒频移较大等因素，空天地一体化系统的接入和同步设计面临很多挑战。

为了简化卫星接入协议流程，考虑在空天地一体化系统中引入两步接入流程，并做适配性增强方案设计。空天地一体化系统包括多层异构子网（高、中、低轨卫星网络及地面移动通信网络），终端接入不同网络开销（包括信令交互、测量与上报开销等）存在较大差异，可考虑利用星间链路、卫星网络与地面网络的接口互通来进行信息传递，辅助设计接入方案，减少卫星与终端间的直接信令交互，降低接入时延。例如，利用星历或终端定位信息实现终端接入网络时，TA 自调整与功率自控制等，降低信令指示开销，或根据卫星具有运行信息可知特性，通过对网络信道状态预判及利用星间的交互信息，提前预测终端接入与切换需求状态，完成接入配置与资源调度，减少终端测量与上报开销等。

UE 接入 NTN 的难点是如何补偿 UE 到 gNB 之间的传播时延。第一个难点是 UE 到 gNB 之间的传播时延和差分时延非常大；第二个难点是对于 LEO 卫星，由于卫星高速移动，所以服务链路和馈电链路的时延都在快速变化。NTN 采用与传统地面 5G 蜂窝移动通信网络类似的流程，即 gNB 根据 UE 发送的随机接入前导码计算 TA，然后再通过定时提前命令（Timing Advance Command，TAC）通知 UE 提前发射的上行信息，以便不同 UE 发送的上行信息在同一个时刻到达 gNB，只要定时误差落在 CP 范围内，gNB 就能正确接收 UE 所发送的上行数据。

UE 无论是发送第一个上行信道 PRACH，还是发射后续的 PUSCH 和 PUCCH，都必须保证提前量是 T_{TA}。UE 需要根据 gNB 发送的定时提前命令，不停地调整 T_{TA}，T_{TA} 的计算见式（4-4）。在式（4-4）中，N_{TA} 主要补偿 UE 位置变化引起的上行定时误差，gNB 通过 MAC 层信令通知给 UE，属于 UE 专用参数。N_{TA} 的计算分为以下 3 种情况。

- 第一种是对于 PRACH，由于 gNB 不知道 UE 的位置，所以 $N_{TA}=0$。
- 第二种是对于 RAR 调度的 PUSCH，gNB 通过 RAR 通知给 UE，有 12 个 bit。
- 第三种是对于其余的 PUCCH 和 PUSCH，gNB 通过绝对定时提前调整 CE 或者相对定时调整 CE 通知给 UE。对于绝对定时提前调整 CE，有 12 个 bit；对于相对定时提前调整 CE，有 6 个 bit。

从物理层角度来看，基于竞争的随机接入过程包括 4 个步骤，即 UE 在 PRACH 上发送随机接入前导码给 gNB，称为 Msg1；gNB 根据接收到的前导码计算 UE 的 TA，并在 PDCCH/PDSCH 上发送随机接入响应（RAR）给 UE，称为 Msg2；UE 在 RAR 指示的上行时频资源（通过 PUSCH 信道）发送上行数据，称为 Msg3；UE 接收 gNB 发送的下行数据，该下行数据包含竞争解决信息，称为 Msg4。基于竞争的随机接入流程如图 4-24 所示。

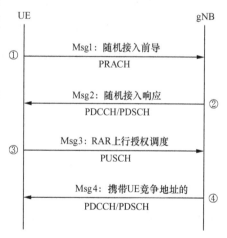

图4-24 基于竞争的随机接入流程

1. 随机接入前导（Msg1）

当 PRACH 采用长序列格式时，PRACH 共有 4 种前导格式，长序列的 PRACH 前导格式如图 4-25 所示。建议采用前导格式 1，前导格式 1 的长度是 3ms，CP、随机接入前导、保护时间的长度分别是 0.684ms、2×0.8=1.6ms、0.716ms，子载波间隔 Δf^{RA}=1.25kHz。前导格式 1 的 CP 最大，可以纠正 0.684ms 以内的定时误差，且前导格式 1 的随机接入前导重复 2 次，在较低的 SINR 条件下有较好的接收质量，尤其适合于 NTN 这种小区覆盖半径非常大的场景。UE 按照式（4-4）的计算结果，在上行时隙

m–2、m–1 和 m 上发送随机接入前导（Msg1）。

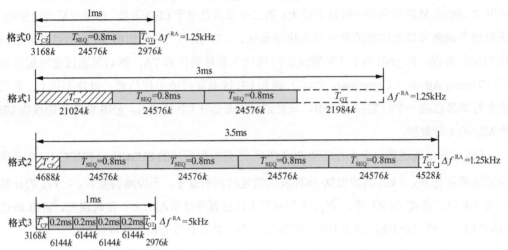

图4-25　长序列的PRACH前导格式

2. 随机接入响应（Msg2）

UE 发送完 Msg1 后，在规定的搜索窗口上监听 DCI 格式 1_0 的 PDCCH。搜索窗口的开始位置是在 Msg1 对应的 PRACH 时机的最后 1 个符号之后，再推迟 $(T_{TA} + k_{mac})$ ms，也即搜索窗口的开始时间是在时隙 $n = m + T_{TA} + k_{mac}$ 之后，T_{TA} 按照式（4-4）计算，k_{mac} 由 gNB 通过系统消息通知给 UE，取值是 $1 \sim 512$ 的整数，单位是 SCS=15kHz 对应的时隙数，如果该域不存在，则 UE 假设 $k_{mac} = 0$。搜索窗口的长度由高层参数 ra-ResponseWindow 提供，在 3GPP Rel-15 版本中，最大的搜索窗口时间是 10ms；在 Rel-16 版本中，当 SCS=15kHz、30kHz、60kHz、120kHz 时，最大的搜索窗口的时间分别是 160ms、80ms、40ms、20ms。

如果 UE 在规定的搜索窗口上监听到 DCI 格式 1_0 的 PDCCH（使用相应的 RA-RNTI 对 CRC 加扰），则 UE 把该 PDCCH 调度的传输块，即 RAR 传递给 MAC 层，RAR 具有固定尺寸，包括 12 个 bit 的 TAC，27 个 bit 的上行授权及 16 个 bit 的 TC-RNTI。12 个 bit 的 TAC 可以调整 2ms 以内的定时误差；27 个 bit 的上行授权主要包括跳频标志、PUSCH 频域资源分配、PUSCH 时域资源分配、MCS、功率控制命令等。

3. RAR 上行授权调度 PUSCH（Msg3）

Msg3 包含来自高层的与 UE 竞争解决地址相关联的信息。UE 根据 RAR 中的 27 个 bit 上行授权信息，确定 PUSCH（Msg3）使用的时频资源、MCS 等。UE 在上行时隙 $p = n + k_2 + \Delta + K_{cell,offset}$ 上发送 Msg3，时隙 n 是包含 RAR 的 PDSCH 的最后一个时隙。当 PUSCH 的 SCS=15kHz 时，PUSCH 时隙偏移 $k_2 = 1$，$\Delta = 2$；$K_{cell,offset}$ 由 gNB 通过系统消息

通知给 UE，其取值是 1 ～ 1023 的整数，如果该域不存在，则 UE 假设 $K_{\text{cell,offset}} = 0$。

4. 携带 UE 竞争地址的 PDCCH/PDSCH（Msg4）

如果 UE 发送的 Msg3 消息中包含的是 CCCH SDU，则 gNB 通过 PDCCH（使用 TC-RNTI 对 CRC 进行扰码）调度 Msg4，Msg4 中包括 UE 竞争解决地址 MAC CE。该 MAC CE 是 Msg3 中包含的上行 CCCH SDU 消息的复制，UE 将该 MAC CE 与自身在 Msg3 上发送的上行 CCCH SDU 进行比较，如果二者相同，则判定为竞争成功，UE 使用 TC-RNTI 作为 C-RNTI；如果二者不相同，则判定为竞争失败，UE 重新发起随机接入过程。

5G NTN 随机接入过程的定时关系示意（SCS=15kHz）如图 4- 26 所示。

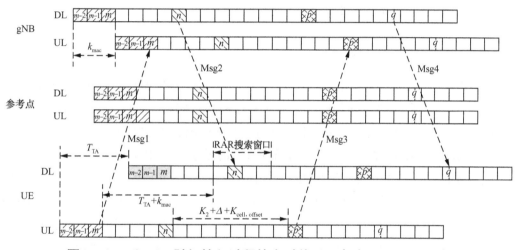

图4-26　5G NTN随机接入过程的定时关系示意（SCS=15kHz）

上述 Msg1、Msg2、Msg3、Msg4 共 4 步随机接入过程可保证用户的接入可靠性，但此过程需要用户和基站之间进行 4 次信息交互，接入效率不高。为了降低随机接入时延，Rel-16 版本的 NR 标准引入了两步随机接入流程，两步随机接入流程如图 4-27 所示。此流程将原 4 步随机接入中的 Msg1 和 Msg3 内容合并在一步中发送，称为 MsgA；将 Msg2 和 Msg4 合并为 MsgB。当用户发送的 MsgA 被成功检测，且基站反馈的 MsgB 中包含该用户的成功接入的 RAR 时，该用户反馈成功接收 MsgB 的 HARQ-ACK 信息给基站，表示该用户已经完成随机接入过程。

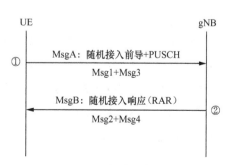

图4-27　两步随机接入流程

两步随机接入过程可降低随机接入过程中的时延及信令开销。在 Rel-17 版本的卫星通信引入了两步接入流程，与 4 步随机接入相比，其接入时延理论上可降低一半，从而可以极大地改善用户接入体验，但同样需要针对大往返时延设计 TA 补偿机制。

两步随机接入流程发送 MsgA 之前也需要进行 TA 补偿，其补偿方法和计算式与 4 步随机接入过程一样，这里不再赘述。UE 发送完 MsgA 后，在规定的搜索窗口上监听 DCI 格式 1_0 的 PDCCH，该 PDCCH 的 CRC 使用高层通知的 MsgB-RNTI 进行扰码。搜索窗口的开始位置是在 MsgA 对应的 PRACH 时机的最后 1 个符号之后，再推迟 $(T_{TA}+k_{mac})$ ms，也即搜索窗口的开始时间是在时隙 $n=m+T_{TA}+k_{mac}$ 之后，T_{TA} 按照式（4-4）计算，k_{mac} 由 gNB 通过系统消息通知给 UE。搜索窗口的长度由高层参数 *msgB-ResponseWindow* 提供，在 3GPP Rel-16 版本中，最大的搜索窗口的时间是 320 个时隙；在 Rel-17 版本中，最大的搜索窗口的时间是 2560 个时隙。

4.5.4 HARQ 重传

在 NTN 中，卫星到地面的时延较高，例如，高度在 35786km 的 GEO 单向传输时延可达 270.73ms，非 GEO 单向传输时延至少为 12.89ms（600km LEO），而高度在 10000km 的 MEO 单向传输时延可达 95.2ms，传统地面网络中 HARQ 重传技术受到挑战，至少对于 GEO 和 MEO 网络，HARQ 进程数过大，导致 UE 的缓存能力受限。因此，3GPP Rel-17 确定 NTN 有能力配置 UE 是否关闭 HARQ 的反馈和重传功能，并且基于终端能力的考虑，确定最大仅支持 32 个进程。现有技术中，HARQ 关闭意味着 UE 无法做软合并。当 PDSCH 传输失败后，RLC 层重传虽然也能工作，但与 MAC 层的 HARQ 重传相比，一是频谱效率低，UE 无法将多次重传结果做软合并；二是时延更高。为了避免 RLC 层重传，NTN 需要通过降低频谱效率的手段（例如，重复传输、高 BLER 目标、低 MCS 调度等）提高初传成功率，但同样导致 NTN 的频率效率较低。因此，为了尽量避免采用简单"一刀切"的方式，盲目使用这种能耗很大、效率较低的技术，最终面向 NTN 的 HARQ 过程增强说明如下。

● 对于下行链路，可以启用或禁用 HARQ 反馈，但在 SPS 去激活场景下，要求始终发送 HARQ 反馈。

● 对于上行链路上的动态授权，网络可为 UE 的每个 HARQ 过程配置 UL HARQ 状态，确定是允许重传或非重传模式。另外，每个逻辑信道（Logical CHannel，LCH）可被配置为在一种 UL HARQ 状态上传输。因此，配置了 UL HARQ 状态的 LCH 的数据只能映射到配置了相同状态的 HARQ 进程，否则，引起数据处理错误。面向逻辑信道配置 UL HARQ 状态的示意如图 4-28 所示。

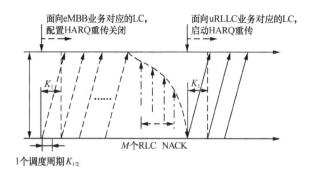

面向eMBB业务对应的LC，配置HARQ重传关闭

面向uRLLC业务对应的LC，启动HARQ重传

K_1

K_1

M个RLC NACK

1个调度周期$K_{1/2}$

图4-28　面向逻辑信道配置UL HARQ 状态的示意

●● 4.6　5G NTN 移动性管理

5G NTN 的移动性管理包括空闲模式下的移动性和连接模式下的移动性两种。其中，连接模式下的移动性由网络驱动，主要是切换；空闲模式下的移动性由 UE 驱动，包括小区选择和小区重选。

NTN 和 TN 联合部署的移动性场景如图 4-29 所示。NTN 和 TN 为所有终端提供服务，终端类型包括静止的 UE、步行移动的 UE、机器类型的 UE 以及静止的中继 UE、在交通工具上（汽车、高铁、轮船、飞机）的中继 UE。其中，TN 和 NTN（LEO 卫星）提供中到高速的吞吐量，NTN（GEO 卫星）提供低到中速的吞吐量。为了保证用户拥有良好的体验，需要确保 NTN 内、NTN 和 TN 之间的无缝连接和服务。

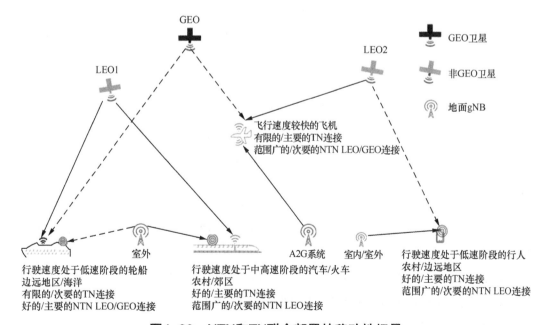

图4-29　NTN和TN联合部署的移动性场景

5G 引入 NTN 后，包含 3 种类型的切换，分别是卫星内的切换，即服务小区和目标小区由同一个卫星提供服务；卫星间的切换，即服务小区和目标小区由不同的卫星提供服务；NTN 和 TN 之间的切换，即服务小区和目标小区由不同接入方式（NTN 和 TN）提供服务。卫星内的切换和卫星间的切换称为 NTN 内切换，NTN 小区和 TN 小区之间的切换称为 NTN-TN 切换。

对于相同卫星不同波束间的切换，通过使用 NTN 无线技术保障同一卫星上 gNB 内切换的业务连续性，不同卫星间的切换基于星历信息与地面核心网预建立连接，从而降低切换时延，保障业务的连续性。对于 NTN-TN 切换，通过在切换前由核心网网元发起与目标无线接入网元的连接，从而在切换时通过激活连接来减少切换，从而保障业务的连续性。

若 NTN 和 TN 使用的是相同的频率，由于 NTN 小区具有较大的小区半径、较低的 SINR，而 TN 小区具有较小的小区半径、较高的 SINR，所以 NTN 小区和 TN 小区之间将不可避免地产生较大的干扰。为了避免干扰，在网络部署的时候，NTN 和 TN 运行在不同的频段上或者同一个频段的不同频率上。

4.6.1　连接态的移动性管理

在低轨卫星网络中，卫星是终端用户接入的端口。低轨卫星网络的服务区域通常由配置的特定天线波束决定，但低轨卫星的高速运转将导致网络拓扑高动态变化，星地之间和卫星之间的链路频繁切换。例如，由于低轨卫星周期性的移动，终端用户需要随着卫星移动频繁地切换到新的链路上，即发生卫星内切换。当卫星逐渐远离终端用户时，终端用户需要切换到另一个新的卫星网络，即发生星间切换；当卫星网络拓扑结构发生变化时，在同一卫星波束间或不同卫星波束间，需要重新分配无线信道进行切换以避免干扰，即波束间切换。如果网络中所有终端用户频繁切换（例如，组切换），则会给整个卫星系统带来大量的信令开销并明显提高切换过程冲突的概率，信号也会延迟，切换成本也会大大增加，严重影响网络的连续性及用户的服务体验。因此，综合考虑低轨卫星移动速度快、网络拓扑动态变化等因素，寻找一种新颖的移动切换方法以简化切换操作、提高切换可靠性是低轨卫星组网的重要研究方向之一。

对于低轨卫星，波束覆盖存在准地面固定波束和地面移动波束两种模式。在 3GPP Rel-17 NTN 系统中，由于假设透明转发场景，还存在服务链路和馈电链路的分离切换模式，所以增大了切换管理的复杂度。连接模式移动性管理按照 UE 移动及卫星移动分为以下 5 种特定场景。

- 场景 1：用于准地面固定波束的馈电链路切换，包含 UE 服务链路切换。
- 场景 2：用于地面移动波束的馈电链路切换，包含 UE 服务链路切换。
- 场景 3：卫星切换导致的准地面固定波束服务链路切换。

- 场景 4：当地面移动波束不再服务于 UE 时，地面移动波束的连接模式移动性。
- 场景 5：由于 UE 移动，地面移动和准地面固定波束的连接模式移动性。

对于 NTN 系统的切换，主要考虑的问题是，如何利用星历和终端的位置信息保证切换的可靠性。在地面系统切换中，无线资源管理（Radio Resource Management，RRM）测量是主要切换依据，然而在卫星通信中，切换不仅依靠 RRM 测量，还需要充分利用终端的位置和卫星的波束移动规律。因此，在 3GPP Rel-17 NTN 中，引入了条件切换（Conditional Hand Over，CHO）的技术方案，即基于卫星移动的规律提前按照某种条件配置终端到点自主切换。具体的触发条件包括以下内容。

- CHO 执行触发的测量 CHO 事件 A4。
- 基于时间的触发条件，定义 UE 可以对候选小区执行 CHO 时的时间窗口。
- 基于位置的触发条件，定义从 UE 到源小区和从 UE 到候选小区的两个距离阈值，UE 可以根据该距离阈值执行 CHO。
- 基于时间或基于位置的触发条件始终与基于测量的触发条件之一（CHO 事件 A3、A4 或 A5）共同进行配置。

1. NTN 内的移动性策略

在连接模式下，5G NTN 的移动性管理与 2G、3G 和 4G 网络一样，也是网络为 UE 下发测量配置和报告配置，UE 完成测量后上报测量报告，由网络根据测量报告来决定是否进行切换，上报的形式有周期性触发和基于事件触发两种。

对于地面网络，采用基于信号强度触发的切换策略，定义了 5 个同系统测量事件，即 A1 ～ A5 事件。

- A1 事件：服务小区高于门限值。
- A2 事件：服务小区低于门限值。
- A3 事件：邻小区高于主服务小区的偏滞。
- A4 事件：邻小区高于门限值。
- A5 事件：服务小区低于门限值 1，邻小区高于服务小区的门限值 2。

对于 A1 ～ A5 事件，测量目标是 SSB 或者 CSI-RS 的 RSRP、RSRQ、SINR。对于 TN，UE 可以测量 SSB 或者 CSI-RS；对于 NTN，UE 只测量 SSB，通常只测量 RSRP。基于信号强度触发的切换策略非常适合 TN 小区，这是因为当 UE 远离 TN 小区中心时，信号强度会急剧下降，UE 通过信号强度很容易区分出是位于小区的中心还是小区的边缘。由于卫星的轨道非常高，来自卫星的信号几乎是垂直到达地面，所以导致 NTN 小区中心的信号强度和 NTN 小区边缘的信号强度只有很小的差异，也即对于 NTN 小区，没有明显的远近效应。卫星信号的传播特征见表 4-11。

表4-11　卫星信号的传播特征

卫星类型	卫星高度 /km	小区半径 /km	UE 与卫星的距离 /km		小区中心和小区边缘自由空间的损耗差值 /dB
			小区中心	小区边缘	
LEO 卫星	600	50	600	602.08	0.0301
	1200	100	1200	1204.16	0.0301
MEO 卫星	21500	500	21500	21505.81	0.0023
GEO 卫星	35786	1000	35786	35799.97	0.0034

为了解决基于信号强度触发的切换的局限性，对于 NTN，引入了基于位置触发的切换和基于时间触发的切换，即分别定义了 D1 事件和 T1 事件。

（1）D1 事件

在地面网络中，由于基站天线高度一般不超过百米，距离基站越远的 UE，接收到的信号强度越弱，并越容易受到相邻小区的干扰，所以小区中心和边缘的 UE RSRP 或 RSRQ 存在明显差异，即小区边缘效应明显。

与地面网络的天线高度不同，NTN 的基站天线由卫星（高度为 600～35786km）或高空平台（高度为 8～20km）搭载，因此，在 NTN 小区中，小区中心和小区边缘的 RSRP 或 RSRQ 差异并不明显。另外，天地信号传播受天气影响（例如，雨衰、雾衰等），NTN 小区中的边缘效应更模糊。在此场景下，网络难以配置合适的 RSRP，或 RSRQ 事件或门限，例如，过高的门限易导致测量报告、条件切换、邻区测量等过迟触发，反之，则会过早触发或频繁触发。

D1 事件的定义：UE 与服务小区参考位置的距离大于门限值 1，UE 与邻小区参考位置的距离小于门限值 2，D1 事件与 A5 事件类似，只是测量对象为距离，参考位置定义为小区的中心，以椭圆点模型（经度和纬度）来表示。

对于连接态切换，D1 事件可以用于测量报告触发，也可以作为执行条件配置，即当 UE 距离服务小区参考点的距离大于门限 1，且距离指定相邻小区参考点的距离小于门限 2 时，UE 切换至指定相邻小区。在传统的 A3 或 A5 执行条件之外，事件 A4 也被允许作为执行条件之一进行配置。

（2）T1 事件

与地面网络相比，NTN 的另一个重要特性是卫星或高空平台的高速运动，例如，低轨道卫星相对地面的运动速度可以达到 7.9km/s。高速运动带来的直接影响之一便是其生成的小区会频繁变动，卫星因能力限制（例如，最小波束水平角）或运营规划等多重因素影响，一方面，当卫星无法为当前覆盖区域提供服务时，NTN 小区会随之消失；另一方面，当卫星更换地面基站连接时，NTN 小区也会随之变更。对于前者，Rel-17 进一步根据 NTN 低轨卫星小区的运动状态划分为准地面固定小区和地面移动小区，二者的区别在于小区覆盖范围是否会随着卫星运动而不断移动。

观察 NTN 小区的特性可知，由于小区覆盖与时间强相关，在小区消失或发生变动时，UE 仍有可能测得较强的 RSRP 或 RSRQ，基于二者的传统移动性管理设计不再完全适用，所以 Rel-17 引入了基于卫星服务的时间或时序的衡量准则，即 T1 事件，并与传统基于 RSRP 或 RSRQ 的衡量准则相结合。

T1 事件定义：UE 在高于协调世界时（Universal Time Coordinated，UTC）但是低于 UTC+ 持续时间（duration）内测量。其中，UTC 以原子时秒为基础，在时刻上与世界时的误差不超过 0.9ms；持续时间（duration）的取值是 1 ～ 6000 的整数，单位为 100ms，即最大持续时间是 600s。

为了降低 UE 功耗和改善用户体验，一般将 T1 事件与 A3 事件、A4 事件或 A5 事件（以下称为 A 事件）结合起来配置。UE 将接收到的 UTC、持续时间（duration）和 A 事件作为条件，UE 仅在 UTC 之后才开始测量，如果满足 A 事件，则 UE 向网络报告 A 事件，网络下发候选小区的配置信息给 UE，UE 完成面向目标小区的切换。在 UTC 之前，即使满足 A 事件，也不会触发测量和切换。在 UTC+duration 之后，如果 UE 没有成功接入目标小区，则由于 UE 不可能再进行切换，所以 UE 和网络丢弃目标小区的切换配置。这种好处是可以避免目标小区为 UE 长时间预留资源。同理，网络将 D1 事件与 A 事件结合起来配置，只有当 D1 事件满足后，UE 才开始评估 A 事件。

NTN 引入 D1 事件和 T1 事件后，还需要解决以下 4 个问题。

- 一是 UE 如何上报位置信息。
- 二是网络为 UE 配置 D1 事件还是 T1 事件。
- 三是当多个候选小区满足切换条件时，如何选择目标小区。
- 四是信令风暴。

① UE 粗略位置信息

3GPP Rel-17 规定，NTN UE 需要具有 GNSS 能力，因此，UE 清楚自身的位置信息，UE 上报位置信息可以更好地辅助网络进行移动性管理，例如，判断 UE 是在小区边缘还是小区中心、计算 T1 事件的 duration、辅助选择目标小区等。UE 既可以按照网络请求，被动地上报 UE 的位置信息，也可以在上报测量报告时，主动携带 UE 的位置信息。根据 3GPP 协议，UE 以椭圆点模型的形式上报位置信息，椭圆点模型是把地球当作椭圆的球体，用经度和纬度二维向量来指示位置信息。为了进一步减少信令负荷，UE 上报的位置信息精度只需达到 2km 即可，因此，称为粗略位置信息。

② D1 事件和 T1 事件的选择

对于地面固定波束，由于在所有的时间内，同一个地理区域都是由固定的波束持续覆盖，所以建议为 UE 配置 D1 事件。

对于移动波束，由于小区的中心位置是随时间变化的，所以 UE 难以评估与小区中心的距离，建议为 UE 配置 T1 事件。

对于准地面固定波束，根据实际情况，配置 D1 事件和 T1 事件。准地面固定波束的示意如图 4-30 所示。卫星 1 的 3 个小区是 A、B、C，卫星 2 的 3 个小区是 A2、B2、C2，卫星 3 的 3 个小区是 D、E、F。当覆盖小区 A 的卫星 1 离开覆盖区 A 时，小区 A2 将进入原来由小区 A 覆盖的区域，小区 B 是小区 A 的邻区，小区 B2 将进入原来由小区 B 覆盖的区域。其中，一种策略是根据切换原因选择 D1 事件和 T1 事件，对于卫星运动引起的切换，建议配置 T1 事件，例如，位于 A 小区中心位置的 UE1；对于 UE 运动引起的切换，建议配置 D1 事件或者 D1 事件 +T1 事件，例如，位于 A 小区边缘的 UE2。另一种策略是根据选择的目标小区，例如，对于 UE2，如果选择的目标小区是 A2，则建议配置 T1 事件；如果选择的目标小区是 B，则建议配置 D1 事件。

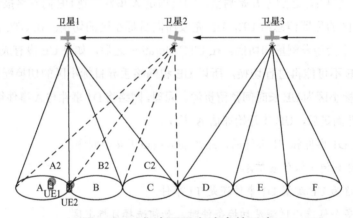

图4-30　准地面固定波束的示意

③ 目标小区的选择

如果多个候选小区同时满足切换执行条件，建议选择具有最长保持服务时间的小区。还是以图 4-30 为例来分析，在图 4-30 中，UE2 正由卫星 1 的 A 小区提供服务，经过 UE 评估，发现卫星 1 的 B 小区和卫星 2 的 B2 小区同时满足切换执行条件。选择 B 小区的优点是卫星 1 的高度低，可以减少 UE 的功耗，缺点是 B 小区的服务时间短，这将使 UE 在短时间后执行另一起切换，进而导致不必要的信令负荷和可能的服务中断。选择 B2 小区的优点是服务时间长，缺点是卫星 2 的高度较高。考虑到在 NTN 小区内有许多 UE，为了减轻信令负荷和不必要的服务中断，建议 UE 选择 B2 小区作为目标小区。选择 B2 小区的另外一个好处是可以避免卫星 1 调整 B 小区波束覆盖范围时引起的切换失败。

④ 信令风暴

对于准地面固定波束和移动波束，卫星高速运动使波束覆盖某个区域的时间很短，导致 UE 频繁切换，且卫星具有很大的覆盖范围。如果大量的 UE 在同一时间接入同一个小区，则有可能导致信令风暴和接入资源短缺，进而导致切换困难和服务中断。可能的解决方案是，UE 在服务小区配置的时间范围内随机选择一个时间接入目标小区，或者根据 UE 标识和网络提供的参数，完成一个模数运算，从而得到 UE 接入目标小区的特定时刻。对于短时间内大量 UE 产生的频繁切换，如果一些信令和消息对所有的 UE 都是相同的，则可以通过系统消息广播给 UE。另外，源 gNB 可以将 UE 的信息，例如，UE 上下文、协议信息和定时器、UE 位置信息等，直接提前传递给目的 gNB，从而可以进一步减少 UE 和网络之间的信令负荷。

2. NTN 和 TN 之间的移动性策略

NTN 和 TN 之间的移动性策略包括 NTN 向 TN 的切换和 TN 向 NTN 的切换。接下来，我们以轮船的进出港为例来分析 NTN 和 TN 之间的切换策略，NTN 和 TN 之间的移动性如图 4-31 所示。当轮船从海上向港口移动时，先后经过 NTN 小区 1、NTN 小区 2 的覆盖区域后进入 TN 小区的覆盖区域；当轮船离开港口后，先后经历 TN 小区、NTN 小区 2、NTN 小区 1 的覆盖区域。

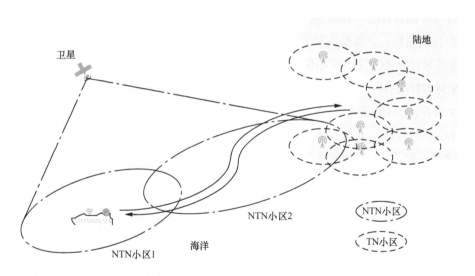

图4-31　NTN和TN之间的移动性

（1）NTN 向 TN 的切换策略

NTN 向 TN 的切换策略一般包括两种：一种是基于信号强度触发的切换策略；另一种是基于位置和信号强度联合触发的切换策略。

其中，基于信号强度触发的切换策略，例如，为轮船上的 UE 配置 A3 事件，只要 UE 进入 NTN 小区 2 的覆盖范围，UE 就开始搜索 TN 小区，当 UE 向海岸靠近并进入 TN 小区的覆盖范围后，UE 向网络报告 A3 事件。这种方案会导致调度用户吞吐量急剧下降。这是因为 NTN 和 TN 通常工作在两个异频点上，需要配置测量间隙来完成测量，由于 NTN 传播的时延高、定时变化率大（对于 LEO 卫星和 MEO 卫星），UE 离开 NTN 小区，在 TN 小区完成测量，再返回 NTN 小区后，所以需要重新进行同步和定时调整，这将导致调度的灵活性较低，因此，不建议采用这种切换策略。

基于位置和信号强度联合触发的切换策略，当轮船上的 UE 由 NTN 小区 1 提供服务时，由于网络知道 NTN 小区 1 与 TN 小区的覆盖区域没有重叠，所以 UE 不需要搜索 TN 小区使用的频率。当 UE 向港口移动时，服务小区由 NTN 小区 1 变更为 NTN 小区 2，由于 NTN 小区 2 与 TN 小区覆盖区域有重叠，所以网络为 UE 配置 TN 小区使用的频率时，UE 先检测自身位置，当 UE 的位置超过某个门限后，触发 UE 上报 D1 事件，为了响应该报告，网络为 UE 配置一个测量间隙以便 UE 测量 TN 小区使用的频率，网络接收到 A3 事件报告后，网络将发起从 NTN 小区 2 到 TN 小区的切换。该策略的好处是避免了 UE 持续测量 TN 小区导致的服务中断，为了改善连接模式下 UE 的性能，UE 应尽快从 NTN 小区切换到 TN 小区。

（2）TN 向 NTN 的切换策略

对于 TN 向 NTN 的切换，可以采用基于信号和位置联合触发的切换策略，类似 NTN 向 TN 的切换策略。该策略的缺点是，UE 上报的位置精度信息只有 2km，网络无法判断 UE 是靠近 NTN 小区还是 TN 小区。

TN 向 NTN 的切换建议采用基于信号强度触发的切换策略，例如，为 UE 配置 A2 事件和 A3 事件。当 UE 进入 TN 小区的覆盖边缘时，网络为 UE 配置 A2 事件，UE 通过测量服务小区的信号强度，可以很容易判断 UE 位于小区的边缘，触发 UE 上报 A2 事件，为了响应该事件，网络为 UE 配置 A3 事件，网络接收到 A3 事件报告后，网络将发起从 NT 小区到 NTN 小区 2 的切换。该策略的优点是，不管 TN 小区的邻小区是 TN 小区还是 NTN 小区，二者都可以实现统一的切换策略。

3. TN/NTN-NTN 之间移动性管理增强方案

具有应用前景的移动性管理增强方案，包括支持 TN/NTN-NTN 的双激活协议栈（Dual Active Protocol Stack，DAPS）切换用户面（User Plane，UP）和控制面（Control Plane，CP）增强方案，以及支持 TN/NTN-NTN 双连接（Dual Connectivity，DC）的主 / 辅接入点快速链路重建增强方案等。增强方案与传统地面网络方案的比较见表 4-12。

表4-12　增强方案与传统地面网络方案的比较

场景	控制面方案	控制面方案优缺点比较	用户面方案	用户面优缺点比较
传统地面网络（TN–TN）DAPS 切换	RLF 切换失败后，优先尝试源小区恢复或重建。适用 DAPS 切换流程	逻辑简单，源小区可用时成功率高。源小区不可用时（例如，LEO–NTN）恢复或重建尝试失败，中断延长	源小区和目标小区使用相同承载和用户面配置（目标小区默认复制源小区配置）。适用 DAPS 切换流程	信令少，实现简单。无法适应TN/NTN–NTN 之间的网络特性差异（时延）
天地一体网络间（TN/NTN–NTN）DAPS 切换	恢复或重建考虑源小区及目标小区可用性，可跳过不必要的恢复或重建尝试；适用DAPS 切换流程	根据可用性简化信令流程，减少终端时间和能耗；额外配置和 UE 行为，标准复杂度增加	根据 TN/NTN–NTN 网络特性使用相同承载差异化用户面配置；适用 DAPS 切换流程	使 TN/NTN–NTN 之间的 DAPS 切换可用，保障业务连续；额外配置和 UE 行为，标准复杂度增加
传统地面网络（TN–TN）双连接	MCG RLF 快速恢复，直接通过当前激活的 SN 及其 SCG 进行（默认承载）；SCG RLF 恢复通过 MN 及其 MCG 进行（默认承载）	逻辑简单，SN 或 MN 可时恢复的成功率高；SN 不可用（例如，LEO–NTN）或时延高（GEO–NTN）时，没有其他选择，MN 不可用（例如，LEO–NTN）时，仍然通过 MN 尝试恢复，然后才能尝试重建	使用不同的用户面承载；适用非切换流程	与 DAPS 切换不同，不需要保持相同承载
天地一体网络间（TN/NTN–NTN）双连接	MCG RLF 快速恢复考虑 SN 及其 SCG 的可用性和/或时延进行选择；SCG RLF 恢复考虑 MN 可用性，如果不可用，则直接跳过恢复进行重建	根据 SN 的可用性及时延提高 MCG 恢复的成功率和效率，或根据 MN 可用性简化 SCG 恢复信令流程，减少重建和能耗；额外配置和 UE 行为，标准复杂度增加	TN/NTN–NTN 可使用不同用户面承载；适合非切换流程；不需要增强	与 DAPS 切换不同，不需要保持相同承载；不需要增强

（1）TN/NTN-NTN DAPS 增强

在 Re-15 版本中，连接态的切换采用的是硬切换的方式，即 UE 在接收切换命令之后，首先释放与源小区的连接，然后与目标小区建立连接，因此，在切换执行过程中不可避免地存在用户数据中断的情况。在 Rel-16 中，为了满足 5G 用户业务连续性的需求，引入了 DAPS 切换，即 UE 在接收到切换命令之后，在保持源小区连接的同时向目标小区建立连接，只有 UE 成功接入目标小区之后，才将源小区的连接释放。DAPS 切换通过短时间维持 UE 与源小区和目标小区的双重连接，以及相同的用户面配置，保障了用户数据在切换过程中传输的连续性。在天地一体化网络中，特别是 TN 与 NTN 融合的网络架构下，为了保障

TN-NTN 或 NTN-NTN 之间切换时的业务连续性，Rel-16 为 TN 引入的 DAPS 可以作为基础方案之一。但是为了适应 NTN 的特性，特别是 NTN 与 TN 的特性差异，传统的 DAPS 机制面临用户面和控制面的双重挑战。

① NTN 中的 DAPS 用户面问题与解决方案

为了实现 DAPS 切换，源小区为 UE 指示 DAPS 专用的承载配置，包括在切换过程中用于源小区和目标小区 MAC/RLC/PDCP 层配置等。对于每个配置的 DAPS 承载，UE 的 PDCP 层会被重配置为面向源小区和目标小区的统一设置，用于维持切换过程中的 PDCP 层序列号连续性，进而保证用户数据的按序递交。相应地，面向源小区和目标小区的重排序和复制功能也会被统一配置，只有加密、解密和报头压缩、解压缩等不影响数据顺序的功能会被分开配置。类似地，为了保障切换过程中用户数据连续性，3GPP 标准进一步规定，对于配置的 DAPS 承载，UE 将复制源小区的 MAC、RLC 层以及逻辑信道配置，面向目标小区建立相同的协议层实体。这种简化设计在 TN 内部应用是较为合理的，但是在 NTN 中会遇到新的挑战。

NTN 极高的天线高度在带来广覆盖的同时，不可避免地导致 UE 到网络的传播时延增加，例如，相比 TN 约 0.033ms（以 5km 覆盖半径计算）的 RTT，NTN 的 RTT 可以达到数十乃至数百毫秒，即使在 NTN 内，LEO 的 26ms 和 GEO 的 541ms 之间也有较大差异。综合考虑传统 TN 的 DAPS 的统一用户面配置规定和 NTN 的特殊用户面配置增强，可以发现，如果在 TN 与 NTN 之间，或者使用不同轨道高度卫星（例如，LEO 和 GEO）的 NTN 之间配置使用 DAPS 时，难免会出现矛盾，具体矛盾体现在以下 3 个方面。

- 一是对于需要涵盖整个 RTT 时间范围的计时器，例如，MAC 层的 sr-ProhibitTimer、RLC 层的 t-Reassembly、PDCP 层的 DiscardTimer 和 t-Reordering 等，Rel-17 NTN 将其取值范围扩展至大于甚至数倍于 NTN 最大 RTT（即 541ms）的范围。如果面向目标 TN（或 LEO-NTN）小区适用源 NTN（或 GEO-NTN）小区的用户面配置，会出现参数设置过大等问题，反之，则会导致参数设置得过小。

- 二是对于在 RTT 时间范围内不需要启动的计时器（没有数据或信令接收），例如，MAC 层的 ra-ContentionResolutionTimer、drx-HARQ-RTT-TimerDL 和 drx-HARQ-RTT-TimerUL 等，Rel-17 NTN 将其启动时间向后偏置 RTT 时间。如果面向目标 TN（或 LEO-NTN）小区适用源 NTN（或 GEO-NTN）小区的用户面配置，则会出现计时器过晚启动等问题，反之，则会导致计时器过早启动。

- 三是为了避免高传播时延导致的 HARQ 停滞问题，即过多的 HARQ 反馈或重传导致信道资源占用、可用 HARQ 进程不足以及缓存器溢出等，Rel-17 NTN 允许配置 UE 关闭针对下行数据的 HARQ 反馈以及针对上行数据的 HARQ 重传机制。是否允许关闭的配置在 MAC 层配置实现，并且对于上行传输资源可以额外配置逻辑信道优先级（Logic Channel Prioritization，LCP）策略以限制其可承载的 HARQ 重传模式。如果面向目标 TN（或 LEO-NTN）小区适用源

NTN（或 GEO-NTN）小区的用户面配置，则会出现 HARQ 反馈或重传不必要禁止等问题，反之，则会导致 HARQ 停滞等。针对 NTN 的 DAPS 用户面增强方案如图 4-32 所示。

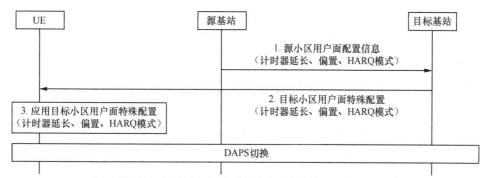

#1a：基站间交互信息后，由目标基站单独配置目标小区用户面相关配置

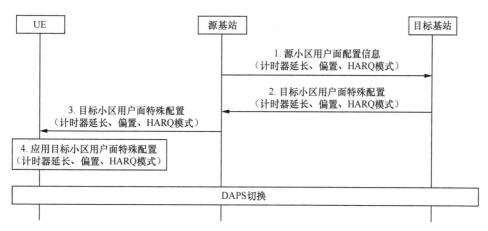

#1b：基站间交互信息后，由源基站和基站各自单独配置目标小区用户面相关配置

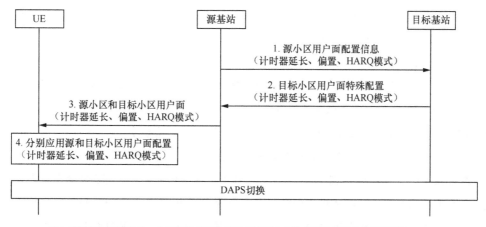

#2：基站间交互信息后，由源基站和基站同时配置源小区和目标小区用户面相关配置

图4-32 针对NTN的DAPS用户面增强方案

为了解决上述问题，有别于传统 TN DAPS 中简单的用户面配置复制而无基站间交互，通过源小区和目标小区所属基站间的信息交互，确定需要针对 TN 和 NTN 各自网络特性所需差异化用户面配置的用户面参数，然后通过以下 3 种任一选项发送至 UE。

- 选项 #1a：由目标小区所属基站通过 Xn 透传信令将差异化用户面配置额外发送至 UE，UE 针对目标小区应用差异化用户面配置。
- 选项 #1b：由源小区所属基站通过空口信令将差异化用户面配置额外发送至 UE，UE 针对目标小区应用差异化用户面配置。
- 选项 #2：直接由源小区所属基站在配置 DAPS 之初通过空口信令将 2 套不同的用户面配置发送至 UE，UE 针对源小区和目标小区分别应用 2 套不同的用户面配置。

其中，选项 #1a 和 #1b 的区别在于，负责生成差异化用户面配置并送达 UE 的网络实体及相应的信令流程，该差异化配置在逻辑上位于 DAPS 配置之后，属于不同的信令消息。选项 2 不同于选项 #1a 和 #1b，在 DAPS 配置之初便将两条不同的配置分别送达 UE，与 DAPS 配置使用同一条信令消息。该方案使 UE 在执行 DAPS 切换过程中，既能保证用户数据的顺序，又能以不同的参数配置契合 TN 与 NTN 各自的网络特性。

②NTN 中的 DAPS 控制面问题与解决方案

用户面方案用于在 UE 和 TN、UE 和 NTN 的无线链路存续的前提下，通过差异化配置保障用户数据经不同时延链路无损到达且按序递交，而与无线链路状态变化导致的普通切换失败类似，源小区或目标小区链路的 RLF 可能导致 DAPS 切换失败，这就需要控制面通过信令交互流程实现上报、处理和恢复的过程。

在面向 TN 的 Rel-16 中，RLF 和切换失败处理和恢复流程未考虑小区或基站的运动，因此，无法适用于 NTN 存在的场景。其具体原因如下。

一是在 TN DAPS 切换进行中，UE 持续监测源小区链路 RLF，直至目标小区的随机接入成功完成，在此期间，如果源小区链路发生 RLF，则 UE 停止该链路上的数据收发但保留其配置；如果目标小区链路发生 RLF 或切换失败，则 UE 试图寻找合适小区发起重建；如果无合适小区，则进入空闲态。当 TN/NTN-NTN DAPS 切换过程中源 LEO-NTN 小区发生 RLF 时，如果源 LEO-NTN 小区接近其服务时间（t-Service），则 UE 可能无法重建或者恢复源小区链路。如果 UE 需要选择合适小区发起重建，而没有排除可能接近服务停止时间的源小区或目标小区（按照信号最强原则仍有可能被选中），则可能会出现再次重建失败的情况。

二是在 TN DAPS 切换失败发生后，如果源小区链路仍可用，则 UE 回退至源小区配置且恢复源小区链路，并可以上报 DAPS 切换失败指示。当 TN/NTN-NTN DAPS 切换失败发生时，如果源 LEO-NTN 小区接近其停止服务时间（t-Service），则 UE 可能无法重建或者恢复源小区链路，进而也无法上报 DAPS 切换失败指示，且当前协议不支持 UE 在后续连接成功后上报失败的原因，以协助网络纠正不合理的 DAPS 切换配置。

为了解决上述问题，针对 NTN 的 DAPS 控制面增强方案如图 4-33 所示，在传统 TN DAPS 失败处理流程的基础上，引入针对 NTN 相关特性的条件配置，即 UE 参考源 NTN 小区或目标 NTN 小区的服务停止时间以及相应的网络配置，从而决定是否可以忽略不必要的失败处理逻辑，包括在源小区接近或到达服务停止时间时释放源小区链路及其配置，忽略在源小区发起重建或恢复，并在后续的小区选择中排除源小区，以及在目标小区接近或到达服务停止时间时终止随机接入，释放目标小区配置，触发切换失败，并在后续的小区选择中排除目标小区。另外，UE 可以将接近或到达服务停止时间作为失败原因存储，并在下一次接入网络时上报。

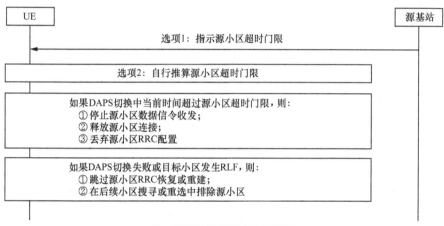

#1：当前时间超过源小区超时门限

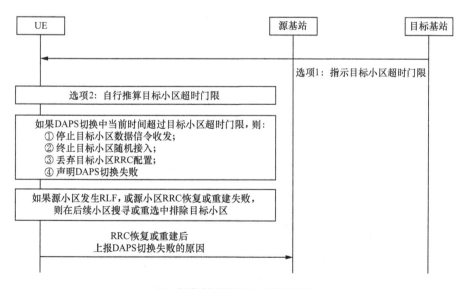

#2：当前时间超过目标小区超时门限

图4-33 针对NTN的DAPS控制面增强方案

（2）TN/NTN-NTN 双连接增强

双连接是 Rel-15 版本支持的网络架构，用来满足 UE 同时接入多个网络节点保障业务吞吐量和连续性、负载均衡和可靠性等需求。与 DAPS 仅适用于切换过程不同，DC 适用于任何存在多个可连接节点的场景，可以配置一个主节点（Master Node，MN）和多个辅节点（Secondary Node，SN），同时激活其中一个节点，并且不必要求统一的用户面配置。DAPS 的目标是，当切换不可避免地发生时，同时被动地建立 TN 和 NTN 两条无线连接（切换成功后即释放源小区连接），通过有效的控制面信令交互保障切换，以及通过差异化用户面配置（使用相同的用户面承载）保障用户数据的连续性。而 DC 可以在没有切换需求的情况下，通过主动建立 TN 和 NTN 两条连接，充分利用 TN 和 NTN 各自的网络优势，使用不同的用户面承载提升用户体验。因此，DC 不需要面对 DAPS 的用户面和切换失败问题，主要解决 RLF 处理和恢复问题，特别是针对 TN 设计流程的适用性，具体包括以下两个方面。

① 一是在 TN 中，当主小区组（Master Cell Group，MCG）发生 RLF 时，如果配置了快速 MCG 链路恢复（即 T316），UE 通过辅小区组（Secondary Cell Group，SCG）向 MN 发起恢复请求，并启动 T316 等待答复。如果 T316 超时，则 UE 发起连接重建。TN/NTN-NTN 双连接用例如图 4-34 所示，对于两种用例，如果 SN 中存在 NTN-SN，则当 MCG 发生 RLF 并触发快速 MCG 恢复流程时，UE 首先面临是否及如何选择 SCG 以发送恢复请求的问题。其中，一方面，如果某个 SCG 属于 NTN-SN 控制，则通过该 SCG 恢复时延较大，且可能由于接近或到达服务停止时间导致发送请求或接收回复失败；另一方面，UE 使用统一的 T316 配置，而 TN-SN 和 NTN-SN 所需的信令往返时延存在差异，无法适用同样的 T316 时长配置。

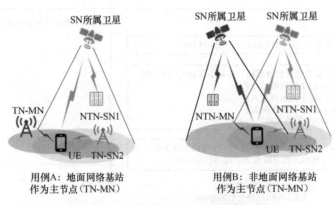

图4-34　TN/NTN-NTN双连接用例

② 二是在 TN 中，当 SCG 发生 RLF 时，如果 MCG 的无线承载没有暂停，则 UE 向 MN 发送 SCG 失败信息并等待处理；如果 MCG 的无线承载已暂停，则 UE 发起连接重建。

对于用例 B，在 SCG 失败恢复的过程中，存在 NTN-MN 由于接近或到达服务停止时导致恢复失败的可能性。

为了解决上述问题，针对 TN/NTN-NTN 的双连接增强方案如图 4-35 所示。该方案具体包括以下 3 个方面内容。

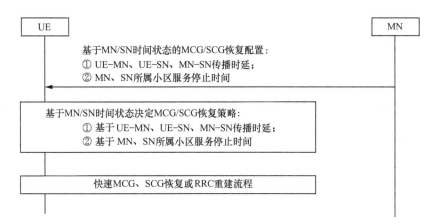

图4-35 针对TN/NTN-NTN的双连接增强方案

- 一是在执行 MCG 快速恢复时，有别于传统 TN 中直接通过当前激活的 SCG 及其所属 SN 发送恢复请求，本方案通过综合考虑所配置 SCG 及其所属 TN/NTN-SN 的时延及可用时间等因素，选择时延最低、可靠性最高的 SN 发送恢复请求，还包括为不同时延的 TN/NTN-SN 配置独立的 T316 以适配 TN 与 NTN 各自的网络特性。

- 二是在执行 SCG 恢复时，有别于传统 TN 中必须等待恢复失败后才能发起重建，本方案通过考虑 MCG 及其所属 NTN-MN 的时延及可用时间等因素，允许 UE 选择暂停 MCG 承载或放弃恢复流程而直接进入连接重建尝试。

- 三是有别于传统 TN 中失败信息只能由 RLF 被动触发，考虑到 NTN-MN 及 NTN-SN 服务停止时间的可预测性，本方案允许 UE 在服务停止时间到达之前，提前触发失败信息上报，从而允许网络根据可预测的 RLF 信息提前进行连接的重配置。

该方案在 TN 双连接机制的基础上，针对 TN/NTN-NTN 双连接场景优化了信令内容和流程，实现了 TN/NTN-NTN 双连接中 RLF 的高效处理和恢复。一方面，该方案充分利用了 Rel-17 NTN 所引入的 NTN 相关信息交互和指示，即 MN 知晓其所属卫星 MCG 小区，其为 UE 配置的 SN 及所属卫星 SCG 小区的星历信息、服务停止时间以及 MN-SN 传播时延等，并可以通过 UE 上报的 TA 和传播时延差获得 UE-MN、UE-SN 传播时延，从而能够有效生成基于 MN/SN 时间状态的 MCG/SCG 恢复配置。另一方面，得益于 NTN UE 的定位能力、卫星 MCG/SCG 小区星历信息和服务停止时间的获取，UE 可以自行计算 UE-MN、UE-SN 传播时延并根据网络配置执行相应的恢复策略。

4.6.2　连接态的测量管理

对于传统的同频测量和异频测量，由于基站均在地面上，不同的地面基站到终端的传输时延差比较小，所以协议中规定的测量窗口长度比较小。而对于非地面网络，卫星到 UE 之间的传输时延差异较大，尤其是 GEO 到 UE 的传输时延差，更是到了百毫秒级别，如果使用现有的测量配置，则可能导致 UE 无法检测到目标小区的 SSB。同时，由于卫星的移动速度较快，所以测量配置在实际执行时可能会比地面网络的错误率高。

因此，3GPP Rel-17 对测量方案进行了增强，充分考虑目标小区和服务小区到 UE 的传播时延差，使 UE 能够正确检测到目标小区的 SSB。同时，综合考虑卫星的移动速度，提高测量配置的容错性能。具体的网络配置说明如下。

- 每个载波信道最多配置并行 5 个同步块测量时序配置（SS/PBCH block Measurement Timing Configuration，SMTC），并且对于一组给定的小区，配置的数目具体取决于 UE 能力。作为最低要求，UE 能够在每个载波上并行支持 2 个 SMTC。

- SMTC（包括偏移、周期性）根据 UE 报告的定时提前信息、馈电链路时延以及服务 / 相邻卫星小区星历计算网络传播的时延差。

1. SMTC 和测量间隙

在连接模式下，UE 的测量目标可以是 SSB，也可以是 CSI-RS，对于 NTN，UE 通常只测量 SSB。SSB 在无线帧的第 1 个半帧或者第 2 个半帧，即 SSB 突发占用的时间不超过 5ms。根据频率的不同，每个 SSB 突发最多可以配置 4 个、8 个或者 64 个 SSB，SSB 突发的周期可以配置为 5ms、10ms、20ms、40ms、80ms 或者 160ms。

由于设备复杂度和尺寸的原因，UE 通常只装备一个射频模块。UE 通过使用 SMTC 来完成 SSB 的测量，SMTC 的周期是 5 个、10 个、20 个、40 个、80 个或 160 个子帧，每个 SMTC 窗口的持续时间是 1 个、2 个、3 个、4 个或 5 个子帧，在 3GPP Rel-16 版本中，网络共可以为 UE 配置 3 个 SMTC。根据 3GPP TS 38.133 协议，只有当服务小区的 SSB 的中心频率和邻小区的 SSB 的中心频率相同且子载波间隔相同时，才定义为同频测量，UE 完成同频测量不需要配置测量间隙。

当 UE 测量异频邻小区的时候，为了解码邻小区的 SSB，UE 必须中断在服务小区的服务业务，这个中断的时间称为测量间隙（Measurement Gap，MG），测量间隙示意如图 4-36 所示。测量间隙长度（Measurement Gap Length，MGL）定义了测量间隙的持续时间，可以配置为 1.5ms、3ms、3.5ms、4ms、5.5ms 或者 6ms。测量间隙重复周期（Measurement Gap Repetition Period，MGRP）定义了测量间隙的重复周期，可以配置为 20ms、40ms、80ms 或者 160ms。测量间隙定时提前（Measurement Gap Timing Advance，MGTA）是 UE

开始测量的偏移,用于射频器件调整频率,可以在测量窗口之前和之后各预留 0.5ms 的时间,实际的定时提前可能是 0.5ms(FR1)或者 0.25ms(FR2)。

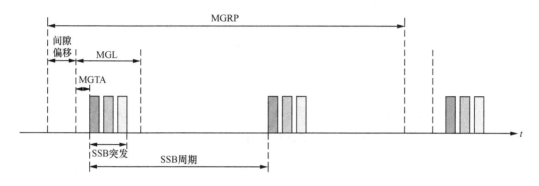

图4-36　测量间隙示意

在 TN 中,服务小区和邻小区之间的 SSB 在时间上的相对位置是固定的,小区内的传播时延与小区半径和 UE 位置有关,由于 TN 小区半径小,传播时延非常低,即使小区半径达到 100km,传播时延只是在 0.5ms 以内。从 UE 角度来看,仅仅是由于 UE 运动引起非常小的传播时延变化,所以现有的 SMTC 和测量间隙配置是足够的。

2. NTN 测量面临的挑战

在 NTN 中,传播时延非常高,LEO 卫星的双向传播时延最大可达 25.77ms(LEO,卫星高度为 600km,透明转发)或者 41.77ms(LEO,卫星高度为 1200km,透明转发),GEO 卫星的双向传播时延最大可达 541.46ms(透明转发),且高速移动的 LEO 卫星还会导致 UE 和服务小区之间及 UE 和邻小区之间的传播时延随着时间的推移而变化,随着卫星高度的增加以及考虑到馈电链路的时延,传播时延将变得更复杂,为 SMTC 和测量间隙配置带来了巨大挑战。

LEO 卫星部署场景示意如图 4-37 所示。SAT1 和 SAT2 在同一个或并行的轨道上,卫星的高度是 600km。SAT1 是当前为 UE 提供服务小区的卫星,称为服务卫星,SAT1 正在离开 UE,SAT1 和 UE 之间(服务链路)的传播时延定义为 $d_{\text{SAT1-UE}}(t)$。SAT2 是潜在的目标小区,称为邻卫星,SAT2 正在向 UE 移动,SAT2 和 UE 之间(服务链路)的传播时延定义为 $d_{\text{SAT2-UE}}(t)$。在透明卫星场景,传播时延也与 NTN 网关的位置有关。在本例中,SAT1 连接到 NTN-GW1 并且向 NTN-GW1 移动,SAT1 和 NTN-GW1 之间(馈电链路)的传播时延定义为 $d_{\text{SAT1-GW1}}(t)$。SAT2 连接到 NTN-GW2 且向 NTN-GW2 移动,SAT2 和 NTN-GW2 之间(馈电链路)的传播时间定义为 $d_{\text{SAT2-GW2}}(t)$。$d_{\text{SAT1-UE}}(t)$、$d_{\text{SAT2-UE}}(t)$、$d_{\text{SAT1-GW1}}(t)$ 和 $d_{\text{SAT2-GW2}}(t)$ 随着时间的推移而变化,都是时间的函数。

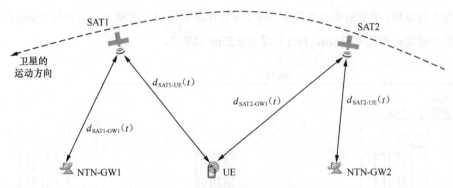

图4-37　LEO卫星部署场景示意

UE 与卫星之间、卫星和 NTN 网关之间的传播时延与 UE 或网关到卫星的仰角有关。以图 4-37 为例，在 T1 时刻，UE 与 SAT1 和 SAT2 的仰角都是 30°；在 T2 时刻，UE 与 SAT1 和 SAT2 的仰角分别是 10° 和 50°。在 T1 时刻，SAT1 与 NTN-GW1、SAT2 与 NTN-GW2 的仰角分别是 10° 和 65°；在 T2 时刻，SAT1 与 NTN-GW1、SAT2 与 NTN-GW2 分别是 30° 和 80°。根据以上条件，可以计算出 UE 到卫星、卫星到网关的传播时延。UE 在不同时刻与两个透明卫星的传播时延见表 4-13。

表4-13　UE在不同时刻与两个透明卫星的传播时延

卫星	时间	UE		NTN-GW（SAT1 是 GW1，SAT2 是 GW2）		GW-SAT-UE 的联合时延 /ms
		仰角	传播时延 /ms	仰角	传播时延 /ms	
SAT1	T1	30°	4	10°	6.4	10.4
	T2	10°	6.4	30°	4	10.4
SAT2	T1	30°	4	65°	2.2	6.2
	T2	50°	2.5	80°	2	4.5

根据图 4-37 假定的几何位置，NTN-GW1 和 UE 之间的传播时延保持在近似的 10.4ms，而 NTN-GW2 和 UE 之间的传播时延从 T1 时刻的 6.2ms 减少到 T2 时刻的 4.5ms，因此，GW1-NTN-UE 和 GW2-NTN-UE 之间的传播时延差值，在 T1 时刻是 4.2ms，而在 T2 时刻是 5.9ms。图 4-37 仅仅是个示例，根据 UE 和地面网关位置的不同，实际的传播时延差值可能会更大。SMTC 窗口的最大持续时间是 5 个子帧，对于 15kHz 的子载波间隔，SMTC 的最大持续时间是 5ms，由于 Rel-15/Rel-16 的 SMTC1 是个静态的 SMTC 窗口，而且 UE 不需要监测 SMTC 窗口以外的 SSB，所以静态的 SMTC 窗口处理超过 5ms 的传播时延差值具有较大的挑战。

3. NTN 在连接模式下的测量策略

NTN 在连接模式下的测量策略包括 SMTC 配置策略、UE 上报位置信息和 UE 上报传播时延差值。

（1）SMTC 配置策略

为了解决 LEO 卫星高速运动引起的较高且快速变化的传播时延问题，需要对 Rel-15/Rel-16 的测量策略进行调整。具体包括以下 3 个潜在的解决方案。

• 方案①：为 UE 配置足够长的测量窗口，从而解决来自不同卫星导致的传播时延差值过高问题。

• 方案②：由 UE 自动调整测量窗口。

• 方案③：网络为 UE 配置多个 SMTC 和测量间隙，例如，为 GEO 和 LEO 卫星分别配置 SMTC 和测量间隙，为不同仰角的卫星分别配置 SMTC 和测量间隙等。

方案①会使 UE 用于数据发送和接收的资源减少，导致调度灵活性变差，数据速率降低；方案②将导致不可预期的 UE 行为，可能引起 UE 在下一个传输窗口不能正确接收服务小区的数据。因此，我们建议采取方案③，即为 UE 配置多个 SMTC 和测量间隙。

针对 NTN，3GPP Rel-17 在原有的 3 个 SMTC 配置的基础上，增加了第 4 个 SMTC。在 Rel-17 版本中，共定义了 4 个 SMTC，4 个 SMTC 的定义分别如下。

• SMTC1：提供了主要的 SMTC 配置，包括 SMTC 的周期、偏移和持续时间。

• SMTC2：主要配置与 SMTC1 基本相同，但是相比于 SMTC1，SMTC2 具有更小的周期。

• SMTC3：用于集成接入与回传（Integrated Access and Backhaul，IAB）的测量。

• SMTC4：测量周期和持续时间与 SMTC1 相同，但是定义了相对于 SMTC1 的偏移，可以最多配置 4 个偏移。

对于 NTN，主要使用的是 SMTC1 和 SMTC4，也即一个具有相同 SSB 频率的测量目标，可以配置的 SMTC 数量最多是 5 个（1 个由 SMTC1 配置，4 个由 SMTC4 配置），并且每个 SMTC 可以与一组小区相关联。根据 UE 能力的不同，UE 能够在每个载波上并行支持 2 个或 4 个 SMTC。5G NTN 的 SMTC 配置示意如图 4-38 所示。

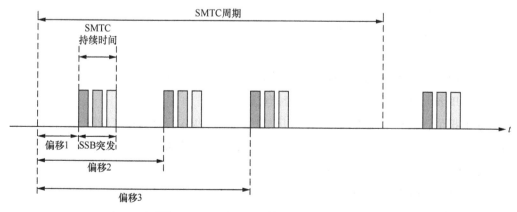

图4-38　5G NTN的SMTC配置示意

与 SMTC 配置类似,在 Rel-17 版本,5G NTN 的测量间隙最多可以配置 8 个,在此不再赘述。

由于 NTN 小区的半径较大,UE 在不同位置导致 UE 到 NTN 网关的双向传播时延差值最大可达 6.36ms(LEO 卫星,高度为 1200km)或 20.60ms(GEO 卫星)。为了配置 SMTC 和测量间隙,网络需要 UE 提供辅助信息以便计算 UE 与服务小区和邻小区的传播时延差值。根据 3GPP Rel-17P,UE 提供给网络的辅助信息既可以是 UE 的位置信息,也可以是精确的传播时延差值。

(2)UE 上报位置信息

若 UE 提供给网络的辅助信息是 UE 的位置信息,基于 UE 位置信息的 SMTC 调整步骤如图 4-39 所示。

在开始阶段,网络提供给 UE 的 SMTC 和测量间隙配置应该覆盖所有的邻区或者大部分邻区。为了保护用户的隐私,网络应该在接入层(Access Stratum,AS)安全建立后,请求 UE 上报位置信息,UE 以椭圆点模型的形式上报位置信息。基于 UE 上报的位置信息及服务卫星和邻卫星的星历信息,网络产生 SMTC 和测量间隙配置,随着卫星的运动,UE 重新上报位置信息,网络更新 SMTC 配置。

考虑到用户的隐私,UE 报告的位置信息不必非常精确,只需达到 2km 的精度即可,称为粗略位置信息。由于 SMTC 和测量间隙配置的颗粒度是毫秒级的,1ms 对应距离的颗粒度是 300km,2km 的精度对于 SMTC 和测量间隙配置是足够的。

UE 通过信令 MeasurementReport 上报位置信息,既可以周期性上报位置信息,也可以基于事件上报位置信息。

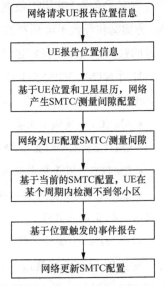

图4-39 基于UE位置信息的
SMTC调整步骤

5G NTN 使用的事件与 TN 使用的事件略有区别,TN 使用基于信号强度触发的事件报告,在 NTN 中,由于卫星的轨道非常高,远近效应不明显,不能使用基于信号强度触发的事件报告,而是使用基于位置触发的事件报告,即 D1 事件。另外,UE 也可以根据网络请求,通过信令 UEInformationResponse 上报自身的位置信息。

UE 上报位置信息不需要邻卫星的星历信息,而且 2km 的定位精度只需上报 28 个 bit 的信息(经度和纬度各 14 个 bit)即可,因此,UE 具有传输的信令少、复杂度低、效率高等优点,适合对位置信息不敏感的用户。

(3)UE 上报传播时延差值

考虑到隐私问题,一些 UE 不允许上报精确的位置信息,因此,网络不能根据 UE 的位置信息获得传播时延差值，在这种情况下，UE 通过报告敏感性低的传播时延差值来辅助网络配置 SMTC 和测量间隙。

UE 为了计算传播时延，需要知道服务卫星和邻卫星的位置信息，因此，网络应该为 UE 提供服务卫星和邻卫星的星历信息以及邻卫星的 PCI。网络为了计算 UE 与服务小区和邻小区的传播时延差值，需要知道以下 4 个时延。

- UE 到服务卫星的传播时延，即图 4-37 中的 $d_{\text{SAT1-UE}}(t)$。
- UE 到邻卫星的传播时延，即图 4-37 中的 $d_{\text{SAT2-UE}}(t)$。
- 服务卫星到 NTN 网关的传播时延，即图 4-37 中的 $d_{\text{SAT1-GW1}}(t)$。
- 邻卫星到 NTN 网关的传播时延，即图 4-37 中的 $d_{\text{SAT2-GW2}}(t)$。

UE 到邻小区和 UE 到服务小区总的传播时延差值是 $d_{\text{SAT2-UE}}(t) - d_{\text{SAT1-UE}}(t) + d_{\text{SAT2-GW2}}(t) - d_{\text{SAT1-GW1}}(t)$。

考虑到安全性，网络不会把网关的位置信息通知给 UE，UE 不知道馈电链路的传播时延，即 UE 不知道 $d_{\text{SAT1-GW1}}(t)$ 和 $d_{\text{SAT2-GW2}}(t)$，因此，UE 并不是报告总的传播时延差值，而是报告 UE 到邻卫星和服务卫星的传播时延差值，即报告 $d_{\text{SAT2-UE}}(t) - d_{\text{SAT1-UE}}(t)$。由于 Rel-17 的 NTN UE 具有 GNSS 能力且 UE 知道服务卫星和邻卫星的星历信息，所以 UE 可以计算 $d_{\text{SAT1-UE}}(t)$ 和 $d_{\text{SAT2-UE}}(t)$。至于 $d_{\text{SAT1-GW1}}(t)$ 和 $d_{\text{SAT2-GW2}}(t)$，与网络部署有关，其值可以通过网关之间的通信获得。另外，UE 也可以只报告 $d_{\text{SAT2-UE}}(t)$，因为在连接模式下，通过 UE 报告的定时提前（Timing Advance，TA）和 TA 调整，服务卫星能够知道 $d_{\text{SAT1-UE}}(t)$，相比 $d_{\text{SAT2-UE}}(t)$，$d_{\text{SAT2-UE}}(t) - d_{\text{SAT1-UE}}(t)$ 的信令负荷通常较小，所以 3GPP Rel-17 协议规定，UE 上报的是传播时延差值。

对于传播时延差值，网络通过重配置信令 RRCReconfiguration 给 UE 下发传播时延差值报告配置（propDelayDiffReportConfig），传播时延差值报告配置包括传播时延差值门限（threshPropDelayDiff）和邻卫星列表（neighCellInfoList），传播时延差值门限取值是 0.5ms、1ms、2ms、3ms、4ms、5ms、6ms、7ms、8ms、9ms 或 10ms，邻卫星列表可以最多配置 4 个邻卫星的星历信息。UE 在最近一次上报传播时延差值后，如果邻卫星和服务卫星之间的服务链路传播时延差值变化量超过门限，UE 通过信令 UEAssistanceInformation 上报邻卫星的服务链路和服务卫星的服务链路的传播时延差值，即上报 $d_{\text{SAT2-UE}}(t) - d_{\text{SAT1-UE}}(t)$。

4.6.3 寻呼和空闲态的管理

卫星网络的位置区设计研究的主要目的是降低用户位置管理中的开销，可以分为静态的位置区设计和动态的位置区设计两种。其中，静态位置区划分主要分为基于卫星的覆盖范围、基于 NTN 网关的覆盖范围、基于卫星和 NTN 网关相结合的覆盖范围，以及基于用户所在地理位置 4 种。动态位置区设计根据用户移动时的各种特性、用户的呼叫类型以及用户发起位置更新操作等，可以分为基于移动的动态位置区更新、基于时间的动态位置区更新、基于移动和时间相结合的动态位置区更新、基于距离的动态位置区更新 4 种。

根据 3GPP 发布的卫星的移动性管理存在的关键问题，5G 与卫星网络融合的移动性管理还存在以下 3 类问题。

1. 广卫星覆盖区域的移动性管理

卫星网络由于其广覆盖特性，卫星小区可能跨越多个国家，其覆盖范围远超 5G 移动性管理系统所设计的接入网覆盖范围，因此，5G 与卫星网络融合将会引发较大的卫星覆盖区域内如何处理终端的寻呼、卫星覆盖区与 5G 系统跟踪 / 注册区的关系、卫星和地面接入之间的空闲 / 连接模式下移动性如何执行等问题。针对这些问题，3GPP 提出基于位置和固定的注册区域卫星接入、用于具有大型或移动无线电覆盖的 5G 卫星接入的解决方案，这些方案都能减少卫星覆盖区域的移动性管理问题。

2. 移动卫星覆盖区域的移动性管理

如果 gNB 位于 NGSO 卫星，则连接的小区和注册区域将与相应的 gNB 一起移动，相应的地理覆盖范围、小区、注册区域等概念可能需要重新定义；gNB 的移动也可能会对与地理区域相关的功能产生一些影响，例如，授权、计费等。另外，还存在卫星和地面接入之间的空闲 / 连接模式移动性如何执行等问题。针对这些问题，3GPP 提出了减少来自 NGSO 卫星小区终端的移动性注册更新信令，从而解决移动卫星覆盖区域的移动性管理问题。

3. 基于 NGSO 再生卫星接入 RAN 的移动性管理

在 NGSO 卫星上启用 RAN 意味着 RAN 对任何相连 5G 核心网的频繁切换。由于 NGSO 卫星的覆盖范围很大，大量终端可以同时从一个 RAN 切换到另一个 RAN，所以导致锚点为 RAN 和核心网的组切换。

为了解决由卫星运动触发的频繁寻呼跟踪区更新（Tracking Area Update，TAU）过程的问题，5G NTN 提出了"固定跟踪区域"的概念，即跟踪区域码（Tracking Area Code，TAC）固定在地面上，而小区在地面上随着卫星的移动而改变，也就是说，当小区在地面扫描时，如果小区到达下一个计划的地面固定跟踪区域时，广播的跟踪区域码（即 TAC）发生变化。"固定跟踪区域"虽然解决了卫星运动触发的频繁 TAU 过程的问题，但也对小区的系统消息更新或寻呼周期带来了新的问题。

于是，3GPP Rel-17 在传统的硬跟踪区更新的基础上引入了软跟踪区更新方案，具体是网络可以在 NTN 小区中针对每个公众陆地移动通信网络（Public Land Mobile Network，PLMN）广播多达 12 个以上的 TAC，包括相同或不同的 PLMN，系统信息中的 TAC 变化受网络控制。另外，如果当前广播的 TAC 之一属于 UE 的注册区域，则不期望 UE 执行由移动性触发的注册过程。跟踪区域码和地理位置固定示意如图 4-40 所示。

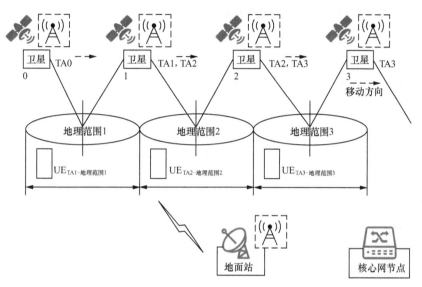

图4-40　跟踪区域码和地理位置固定示意

NTN 的小区选择采取与 NR 一样的流程，根据 UE 内部是否存储先验信息，小区选择分为两类，即没有 NR 频点等先验信息的初始小区选择和有先验信息的小区选择。

对于没有 NR 频点，也没有之前驻留的小区等先验信息的初始小区选择，UE 需要扫描 NR 频带上所有的信道来寻找合适的小区，在每个频点上，UE 只需找到最强的小区，一旦找到一个合适的选择，UE 即可以尝试在该小区驻留。

对于有先验信息的小区选择，UE 先依靠先验小区去找一个合适的小区，一旦 UE 找到一个合适的小区，UE 就可以马上尝试驻留，如果依靠先验消息没找到合适的小区，则 UE 使用初始小区选择流程。合适的小区是指满足 S 准则，S 准则的计算见式（4-8）。

$$\text{Srxlev} > 0 \text{ 且 Squal} > 0 \qquad\qquad \text{式（4-8）}$$

式（4-8）中，Srxlev 和 Squal 分别是小区选择接收电平和信号质量，单位都是 dB；Srxlev 和 Squal 的计算分别见式（4-9）和式（4-10）。

$$\text{Srxlev} = Q_{\text{rxlevmeas}} - (Q_{\text{rxlevmin}} + Q_{\text{rxlevminoffset}}) - P_{\text{compensation}} - Q_{\text{offset}_{\text{temp}}} \qquad \text{式（4-9）}$$

$$\text{Squal} = Q_{\text{qualmeas}} - (Q_{\text{qualmin}} + Q_{\text{qualminoffset}}) - Q_{\text{offset}_{\text{temp}}} \qquad\qquad \text{式（4-10）}$$

在式（4-9）和式（4-10）中，除了 $Q_{\text{rxlevmeas}}$ 和 Q_{qualmeas} 是通过 UE 测量得到的，其余参数都是通过系统消息通知给 UE 的。各个参数的具体说明如下。

- $Q_{\text{rxlevmeas}}$ 和 Q_{qualmeas} 分别是测量小区接收的电平值（RSRP）和信号质量（RSRQ）。

- $Q_{rxlevmin}$ 和 $Q_{qualmin}$ 分别是小区要求的电平值和信号质量，单位分别是 dBm 和 dB。

- $Q_{rxlevminoffset}$ 和 $Q_{qualminoffset}$ 分别是相对于 $Q_{rxlevmin}$ 和 $Q_{qualmin}$ 的偏移量，单位都是 dB，其目的是防止出现"乒乓"选择。

- $Q_{offset_{temp}}$ 是应用在特定小区的临时偏移，单位是 dB。

- $P_{compensation}$ 与 UE 可以采用的最大发射功率和 UE 能发射的最大输出功率有关。

在小区重选中，不同无线接入技术（Radio Access Technology，RAT）和频点有不同的优先级，UE 可以通过系统消息或 RRC 释放消息获得频点的优先级，对于 RAT 之间的重选，也可以从另外一个 RAT 中继承。

小区重选的第一步是测量，UE 根据下列规则进行测量。

① 同频测量

如果在 SIB19 中配置了距离门限（distanceThresh）和参考位置（referenceLocation）两个参数且 UE 支持基于距离的测量，如果服务小区满足 Srxlev > $S_{IntraSearchP}$ 和 Squal > $S_{IntraSearchQ}$，且 UE 与参考位置的距离小于距离门限，则 UE 不进行同频测量，否则，UE 要进行同频测量。Srxlev 和 Squal 是根据 S 准则计算的信号电平值和信号质量；$S_{IntraSearchP}$ 和 $S_{IntraSearchQ}$ 是同频测量启动门限，通过系统消息 SIB2 通知给 UE。

② NR 异频或异系统测量

如果异频或异系统的优先级高于当前 NR 频点的优先级，则 UE 进行测量；如果异频优先级低于或者等于当前 NR 频点的优先级，或者异系统的优先级低于当前 NR 频点的优先级，在 SIB19 中配置了距离门限和参考位置两个参数且 UE 支持基于距离的测量，服务小区满足 Srxlev > $S_{nonIntraSearchP}$ 和 Squal > $S_{nonIntraSearchQ}$，且 UE 与参考位置的距离小于距离门限，则 UE 不进行异频或异系统测量，否则，UE 要进行异频或异系统测量。$S_{nonIntraSearchP}$ 和 $S_{nonIntraSearchQ}$ 是异频或异系统启动测量门限，由系统消息 SIB2 通知给 UE。

小区重选的第二步是选择新的小区，UE 根据下列规则进行重选。

① 异频和异系统小区重选

异频和异系统小区按照频率的优先级进行重选，每个频率都有一个优先级，共有 8 个优先级。其中，0 表示最低优先级，7 表示最高优先级。异频和异系统小区重选存在以下两种情况。

第一，向高优先级频点或异系统重选，如果配置了参数 threshServingLowQ，则重选准则为 UE 在当前服务小区驻留超过 1s，且优先级邻区满足 Squal > $Thresh_{X, HighQ}$，同时持续时间大于 TreselectionRAT；如果没有配置参数 threshServingLowQ，则重选准则为 UE 在当前服务小区驻留超过 1s，Srxlev > $Thresh_{X, HighP}$ 且持续时间大于 TreselectionRAT。

第二，向低优先级频点或异系统重选，如果配置了参数 threshServingLowQ，则重选准则为 UE 在当前服务小区驻留超过 1s，且当前服务小区满足 Squal < Thresh$_{\text{Serving, LowQ}}$，同时低优先级邻区满足 Squal > Thresh$_{\text{X, LowQ}}$ 且持续时间大于 TreselectionRAT；如果没有配置参数 Thresh$_{\text{ServingLowQ}}$，则重选准则为 UE 在当前服务小区驻留超过 1s，且服务小区满足 Srxlev < Thresh$_{\text{Serving, LowP}}$，同时低优先级邻区满足 Srxlev > Thresh$_{\text{X, LowP}}$，且持续时间大于 TreselectionRAT。

NR 异频和异系统小区重选示意如图 4-41 所示。

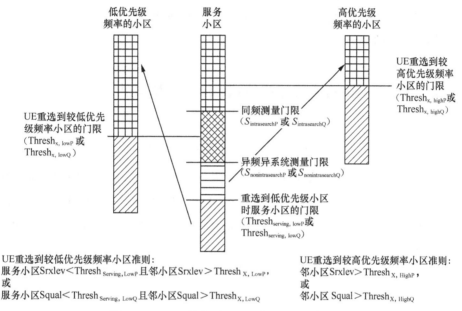

图4-41　NR异频和异系统小区重选示意

② 同频和同优先级异频小区重选

同频和同优先级异频小区重选采用 R 准则对所有满足小区选择准则（即 S 准则）的小区进行排序，如果没有配置参数 rangeToBestCell，则 UE 重选到具有最高排序的小区；如果配置了参数 rangeToBestCell，则 UE 重选到波束最多的小区，只有 RSRP 大于 absThreshSSBlocksConsolidation 的波束才是有效波束。对于同频和同优先级小区重选，也需要满足 UE 驻留在服务小区的时间超过 1s 且满足 R 准则的小区持续时间超过 TreselectionRAT。

R 准则的计算见式（4-11）和式（4-12）。

$$R_s = Q_{\text{meas, s}} + Q_{\text{hyst}} - Q_{\text{offset}_{\text{temp}}} \qquad 式（4-11）$$
$$R_n = Q_{\text{meas, n}} - Q_{\text{offset}} - Q_{\text{offset}_{\text{temp}}} \qquad 式（4-12）$$

在式（4-11）和式（4-12）中，各个参数的具体说明如下。

- R_s 和 R_n 分别是服务小区和邻小区的排序标准。
- $Q_{\text{meas, s}}$ 和 $Q_{\text{meas, n}}$ 分别是小区重选测量的电平值（RSRP），单位是 dB。
- 对于同频，例如，$Q_{\text{offset}_{\text{s,n}}}$ 有效，则 $Q_{\text{offset}} = Q_{\text{offset}_{\text{s,n}}}$，否则 $Q_{\text{offset}} = 0$；对于异频，如果

$Q_{\text{offset}_{s,n}}$ 有效，则 $Q_{\text{offset}} = Q_{\text{offset}_{s,n}} + Q_{\text{offset}_{\text{frequency}}}$，否则 $Q_{\text{offset}} = Q_{\text{offset}_{\text{frequency}}}$。

- $Q_{\text{offset}_{\text{temp}}}$ 是应用在特定小区的临时偏移，单位是 dB。

对于空闲态小区排序，基于距离的排序或排除（即仅考虑距离较近的相邻小区）曾作为备选方案，但最终未能获得支持，其原因在于空闲态对 UE 节能的要求较高，而该类方案需要 UE 获取多个相邻小区的参考点并计算距离，实现相对复杂且增益有限。

当多个小区同时满足了重选条件，其中，既包括高优先级小区，也包括低优先级小区，则 UE 会优先重选到最高优先级小区。如果有多个同优先级 NR 小区同时满足了重选条件，则选择最高排序的小区。

●● 4.7 面向 Rel-18 和 6G 的 NTN 技术演进

4.7.1 3GPP Rel-17 NTN 技术演进的需求

在 3GPP Rel-17 版本中，NTN 技术的标准化主要是基于透明转发的 GSO 和 NGSO 网络场景下对具备定位能力终端的支持。3GPP Rel-17 NTN 只是一个比较基础的版本，仍无法满足更为灵活多样的"空-天-地"一体化网络架构和网络部署需求，以及更为多样的终端类型和业务需求。

NTN 技术在 3GPP Rel-18 的演进需求主要包括新特性支持和现有特性增强两个方面。在新特性支持方面，不少公司提出了各种不同的想法和需求，例如，多播广播服务（Multicast Broadcast Service，MBS）的支持、RedCap 的支持、新频谱的支持、再生模式的支持以及没有 GNSS 能力的终端的支持等。现有特性增强方面，例如，进一步的覆盖增强、波束管理增强以及移动性管理增强等。

对于卫星波束的配置和部署假设，3GPP Rel-17 NTN 版本虽然没有增强，其主要的原理是遵循地面 5G 通信的控制波束和数据波束的概念，但受卫星波束的大覆盖和链路预算的影响，客观上存在增强的需求。受限于 3GPP Rel-18 的时间进度，最终采纳的 NTN 标准化需求包括以下内容。

- 支持 10GHz 以上部署的新场景，主要覆盖现有卫星通信的常用 Ku/Ka 频段。
- 基于卫星系统大的传播时延和低轨卫星高速运动的特点，对手持终端尤其是智能手机的性能进一步优化。
- 对终端的移动性和业务连续性的进一步增强，以减少低轨卫星系统下 UE 频繁切换对终端业务造成的影响。
- 对终端位置报告进行网络验证，以满足相关监管的要求，例如，合法的拦截、紧急呼叫、公共预警系统等。

4.7.2　3GPP Rel-18 NTN 主要关键技术

1. 覆盖增强

3GPP Rel-18 目标的重点是考虑 NR 覆盖增强方案在 NTN 系统中的适用性，识别 NTN 系统中覆盖方面的潜在问题，并根据这些问题有针对性地进行方案设计，设计应考虑 NTN 特征包括较大的传播时延和卫星的快速运动。

3GPP Rel-18 NTN 覆盖增强的相关工作仅包含 NTN 特定特征，对于覆盖增强通用技术则可以直接应用。对于应用场景，至少需要考虑商业智能手机的语音和低速率数据服务。关于天线增益，使用更合理的假设（例如，–3dBi），而不是目前 NTN 链接预算分析假定的 0dBi。

对于 NTN 覆盖增强，主要考虑下列 3 个技术研究方向。

- 在 3GPP Rel-17 覆盖增强项目标准化的重复增强之外的 NTN 特定的重复增强技术。
- NTN 特定的分集增强或极化增强技术。
- 在链路预算有限的情况下，提高低速率编解码的性能，减少对 VoNR 在接入网的协议开销。

2. 10GHz 以上频谱的支持

对于高频段，卫星通信有巨大的应用需求，因此，3GPP Rel-18 要研究和确定 NTN 示例频带，包括相邻信道共存的场景和规则分析，具体包括以下 5 个方面的要求。

- 根据 ITU 分配，以卫星 Ka 频段和终端类型（例如，VSAT）为参考，结合 ITU-R 和地区法规，定义一个适合开发通用的 3GPP 最低性能要求的示例频带。
- 研究 FR2 FDD 操作的影响，推导得到需求确定适当的示例频带。3GPP 为 FDD NTN 系统引入的示例频带，不得影响现有的 3GPP TDD 规范中地面所使用的与 NTN 邻近的频谱。
- 相关的共存场景和分析需要在 RAN4 阶段考虑，如果适用于其他地方，则要保证 3GPP 引入的频谱不影响现有的规范，不对使用 NTN 频谱的邻近频谱的地面网络造成损害。
- 以 FR1 中的设计作为 10GHz 以上的共存分析的基础和参考。
- 定义 10GHz 以上的 NTN 频带不应改变当前 FR1/FR2 的定义，也不会自动适用于未来地面网络在该频谱上定义的频带。

对于确定的示例频段，需要尽快明确定义卫星接入点接收 / 发射的要求和不同的 VSAT UE 等级。从现有 FR1 和 FR2 集合中确定物理层参数的值，可以包括但不限于以下一组参数。

- 时间关系相关增强（例如，K_{offset}）。
- 不同的 UL/DL 信号 / 通道的子波间隔。

- 10GHz 以上的 PRACH 配置索引。

3. UE 位置的网络验证

3GPP Rel-17 NTN 版本中，3GPP 系统与架构小组 SA2 和 SA3 提出了对 UE 位置信息的使用监管需求，具体内容包括以下两个方面。

- 一是在卫星小区跨国 / 地区覆盖的场景下，基站应为 UE 选择该 UE 当前位置所处国家或者地区对应的核心网网元；并且 UE 连接态在一个小区内发生了跨国或者地区移动的情况下，基站应能识别并触发跨 AMF 或者跨 PLMN 的切换。

- 二是基站向核心网上报的用户位置信息中包含的全球小区识别码（Cell Global Identifier，CGI）应和 NR 地面网络中的小区大小的粒度差不多。

为了满足上述需求，3GPP Rel-17 设计了空口的 UE 位置上报机制，但上报的 UE 位置是否准确有效，目前没有明确的网络验证方法。因此，3GPP Rel-18 要进一步讨论网络验证 UE 位置的法规要求及精度要求，并基于该要求，设计对应的网络验证 UE 上报位置的具体方法。

4. 移动性和业务连续性增强

3GPP Rel-17 NTN 版本中，对 NTN LEO 系统内的移动性方案进行了设计，包括空闲态的小区选择和重选、连接态的基于 UE 位置和基于时间的条件切换。NTN-TN 之间的移动性在 3GPP Rel-17 中没有得到充分讨论，也没有进行完善的方案设计。

3GPP Rel-18 将以 3GPP Rel-17 的移动性方案设计为基础，设计和完善 TN-NTN 之间的移动性方案，同时考虑 NTN 系统内的移动性管理方案的优化和增强，从而降低切换带来的业务中断风险。由于 TN 和 NTN 的覆盖具有互补性，所以在两种网络中的平滑切换能有效提升业务服务的连续性。

移动性管理的增强方面有多种优化机制可以考虑，具体说明如下。

（1）基于 UE 位置上报进行切换的决策和实施

3GPP Rel-17 已经设计了空口的 UE 位置上报，3GPP Rel-18 会进一步讨论 UE 上报位置的精度和如何验证的问题。基于此，如果基站侧能够获得相对精准的 UE 位置信息（例如，精确的 GNSS 位置或者百米精度的 UE 位置），则基站可以直接基于 UE 的位置和自身覆盖情况来确定和执行星内切换及星间切换。

（2）基于 DAPS 的切换

基于 DAPS 的切换在 3GPP 移动性增强项目中已经进行了相关的标准化。通过 UE 的双协议栈，可以先与目标小区建立连接，再进一步降低切换的时延。该技术可以重用在 NTN 系统中，适用于 NTN 小区间的切换及 TN 和 NTN 之间的切换。

（3）基于 DC 的切换

通过引入 DC，在提升用户吞吐量的同时，可以进一步缩减由于频繁切换造成的业务时延。双连接有多种场景，例如，"GEO+LEO""LEO+LEO""TN+NTN"等。但目前 NTN 系统中对某些场景支持的增益并不明显（例如，"LEO+LEO"），对网络覆盖提出了新的要求，提高了系统的复杂度，同时也无法改善频繁切换的问题。在"GEO+LEO"场景下，DC 的引入在理论上可以有一些增益，例如，信令通过 GEO、数据通过 LEO 来传递，但双连接对 UE 的能力，尤其是天线同时收发的能力，以及 UE 的功耗提出了新的挑战。

4.7.3 面向 6G 的 NTN 技术演进

卫星通信在覆盖、可靠性及灵活性方面的优势能够弥补地面移动通信的不足，卫星通信与地面 5G 的融合能够为用户提供更为可靠的一致性服务体验，降低电信运营商网络部署的成本，连通"空－天－地－海"多维空间，形成一体化的泛在网络格局。

从需求和技术方面来看，NTN 未来的演进可以体现在以下 6 个方面。

1. 网络架构和组网方式增强

基于部署和业务的需求实现接入网功能的弹性部署，支持全再生模式、部分再生模式、透明模式等接入网架构。将地面基站的部分或全部功能逐步迁移到卫星上，这是最新的发展趋势，能够有效降低信令和业务的处理时延、提升用户体验，并综合利用星地的空口和硬件资源。通过星间链路，可以更好地进行覆盖延伸，可以提供更为灵活的网络部署方案。

对于核心网，需要考虑卫星网络和地面网络的深度融合，包括更灵活的天地融合架构的设计，GSO、NGSO、TN 等不同层次网络间更好的互联互通以及协同工作，真正实现"空－天－地"一体化。引入网络功能虚拟化（Network Functions Virtualization，NFV）和软件定义网络（Software Defined Network，SDN）技术，实现卫星平台的虚拟化和智能化，实现网络功能的按需部署，并实现高轨、低轨、地面网络的统一的移动性管理和资源管理框架。在卫星网络提供用户面数据处理功能和边缘计算业务，实现业务不落地，降低通信时延并保障业务的安全性。考虑到卫星载荷的有限性及软件定义卫星技术发展的情况，需要对上星网元和平台的功能进行轻量化裁剪，并结合卫星通信高时延、高误码率和易丢包特点进行定制化增强。

2. 星地统一的频率资源分配

频率资源仍是制约星地融合的主要瓶颈因素，随着低轨星座的大面积部署，频率冲突的问题将愈发严重,探索星地频率规划及频率共享新技术是实现星地融合需要解决的首要问题。未来的网络不再分卫星频段和地面频段,基于用户需求实现频率的统一分配和动态共享,并且研究星地频率干扰协同和干扰规避技术,大幅度提高频率资源的利用效率。

3. 统一的空口设计和移动性管理

针对卫星通信和地面通信,空口的差异性需要考虑时延、同步、移动性等因素。面向6G,从第一个版本就需要考虑统一的波形设计和统一的空口技术,实现极简接入和智能接入,真正实现零时延接入和零时延切换。无论何时何地,终端可以动态地选择地面网络、临空平台或者卫星网络,按照业务 QoS 需求智能接入网络,使用户获得最优的体验。

4. 卫星波束管理和大规模天线技术的应用

大规模 MIMO 技术是 5G 的一大特色,在卫星通信中也可以进行增强,充分考虑星载平台的特点,设计合理的波束成形机制和多流传输技术。星载相控阵技术是未来的主要卫星天线实现方式,多星多波束的协同传输技术将成为可能,可有效提升系统容量。

5. 终端的一体化设计

现有地面终端和卫星终端的差异较大,在 6G 系统中,由于采用统一的空口设计,终端芯片将采用一体化设计。更重要的是,随着天线技术的发展,适合多频段的终端天线和射频技术将更成熟。因此,终端的一体化设计是"空-天-地"一体化的重要环节,用户可以在不同的网络中切换和漫游,享受"空-天-地-海"的无缝覆盖和连续的业务服务。

6. 更丰富的业务提供能力

卫星通信系统最大的优势是广覆盖技术,卫星物联网是一个重要的发展方向,后续"空-天-地"一体化网络将提供个人移动、宽带接入、物联网服务等更丰富的业务。基于卫星的垂直行业的服务能力将大幅提升。例如,通过 RedCap 等技术,使用更小的带宽实现 IoT 类的业务支持,以提供 IoT 业务海量的接入和服务,同时,支持 MBS 等新广播业务特性也是重要的一个方面。卫星网络的广覆盖,对支持广播类的业务有着天然的优势,尤其是应急类的广播业务。

●● 4.8 本章小结

非地面网络作为 5G 蜂窝移动通信网络的重要补充,具有覆盖范围较大的优势,能够大大加强 5G 服务的可靠性，可以为物联网设备或飞机、轮船、高铁等交通工具上的用户提供连续性服务，也能够确保在用户所在区域都有 5G 信号，尤其是铁路、海事、航空等领域。当发生地震、洪水等重大自然灾害，地面通信系统失灵后，NTN 网络可以提供应急通信。本章首先从 NTN 应用场景、系统挑战、系统架构、部署场景等方面分析了 NTN 的部署背景，然后给出了 NTN 对 NR 规范的潜在影响，重点研究了 NTN 时频同步和定时关系增强以及 NTN 移动性管理。最后，本章对面向 Rel-18 和 6G 的 NTN 技术演进做了一定展望。

参考文献

[1] 缪德山，柴丽，孙建成，等 . 5G NTN 关键技术研究与演进展望 [J]. 电信科学，2022（3）：10-21.

[2] 张建国，杨东来，徐恩，等 . 5G NR 物理层规划与设计 [M]. 北京：人民邮电出版社，2020.

[3] 张建国，韩春娜，杨东来 . 5G NR 随机接入信号的规划研究 [J]. 邮电设计技术，2019（8）：40-44.

[4] 尼凌飞，胡博，王辰，等 . 5G 与卫星网络融合演进研究 [J]. 移动通信，2022，46（1）：51-57.

[5] 王爱玲，刘建军，潘成康，等 . 空天地一体化空口接入 P 研究 [J]. 移动通信，2021，45（5）：53-56.

[6] 刘善彬，陈达伟，朱斌，等 . 5G 与物联网卫星的融合通信及应用 [J]. 移动通信，2023，47（1）：2-6.

[7] 徐珉 . 面向 5G-Advanced 的天地一体化网络移动性管理研究 [J]. 移动通信，2022，46（10）：26-34.

[8] 孙耀华，彭木根 . 面向手机直连的低轨卫星通信：关键技术、发展现状与未来展望 [J]. 电信科学，2023，39（2）：25-36.

[9] 蒋瑞红，冯一哲，孙耀华，等 . 面向低轨卫星网络的组网关键技术综述 [J]. 电信科学，2023，39（2）：37-47.

[10] 张建国，谢鹏，韩春娜 . 非地面网络对 5G NR 随机接入的影响分析 [J]. 电信工程技术与标准化，2022，35（11）：88-92.

[11] 庞一迪，谢亮亮 . 非地面网络对 5G NR 随机接入的影响分析 [J]. 通讯世界，2021，28（12）：34-36.

[12] 叶向阳，单单，韩春娜，等 . 5G NTN 定时提前调整策略分析 [J]. 邮电设计技术，2023（9）：58-62.

[13] 于江涛，王森，张建国 . 5G NTN 随机接入过程分析 [J]. 邮电设计技术，2023（10）：40-44.

[14] 张建国，王森，杨东来 . 5G NTN 在连接模式下的测量策略分析 [J]. 邮电设计技术，2023（11）：18-22.

[15] 芮杰，何华伟，张建国，等 . 连接模式下 5G NTN 移动性策略分析 [J]. 邮电设计技术，2023（11）：23-27.

[16] 3GPP TS 38.300, NR; NR and NG-RAN Overall Description；Stage2.

[17] 3GPP TS 38.304, NR;User Equipment (UE) procedures in Idle mode and RRC Inactive state.

[18] 3GPP TS 38.321, NR; Medium Access Control (MAC) protocol specification.

[19] 3GPP TS 38.331, NR; Radio Resource Control (RRC) protocol specification.

[20] 3GPP TR 38.811, Study on New Radio (NR) to support non-terrestrial networks.

[21] 3GPP TR 38.821, Solutions for NR to support non-terrestrial networks (NTN).

5G 定位技术

Chapter 5

第5章

5G 通信以高速率、低时延、大量连接为特征，其关键技术包括大规模天线阵列、超密集组网、新型多址、全频谱接入和新型网络架构等。当 5G 采用毫米波通信后，由于毫米波具有优良的方向性，可以实现精确的测角、测距等，能得到比 4G 定位方法更高的精度，从而实现精确的基站定位。大规模天线技术具有更高的自由度，可以实现更高精度的测距和测角特性，特别是基于到达角度测距（Angle-of-Arrival，AoA）的定位方法，5G 具有更高的精度。基于下行到达时间差（Down Link-Time Difference of Arrival，DL-TDoA）和上行到达时间差（Up Link-Time Difference of Angle，UL-TDoA）、小区 ID 或增型单元身份（Enhanced-Cell IDentity，E-CID）等已知定位技术，利用定时测量来定位 UE，带来了新的性能界限。同时，新的网络架构也为高精度定位服务带来了低延迟、高可靠和高通信服务的可用性。

●●5.1 无线定位技术分类

室外定位技术主要包括卫星定位、蜂窝网定位，以及卫星定位与蜂窝网定位相结合的辅助的全球导航卫星系统（Assisted Global Navigation Satellite System，A-GNNN）定位。针对室内定位，蜂窝网的室分系统同样可以利用，另外，基于无线局域网（Wireless Local Area Network，WLAN）和超宽带（Ultra Wide Band，UWB）的定位技术在室内定位中发挥着重要作用。

5.1.1　卫星定位

全球导航卫星系统（Global Navigation Satellite System，GNSS）是一种空间无线电定位系统，在地球上的任何时间、地点和天气下，只要接收机可以接收到良好的卫星信号，就能确定它自身的准确位置。

目前，在轨运行的卫星导航系统包括美国的 GPS、我国的北斗系统、俄罗斯的全球导航卫星系统（简称为 GLONASS）以及欧盟的伽利略（Galileo）系统。这些系统拓展了卫星导航定位技术。

GPS 是最早研究成功也是目前应用最为广泛的一个全球导航定位系统。目前，GPS 的空间星座部分由 21 颗工作卫星和 3 颗备用卫星组成。这些卫星均匀地分布在 6 个轨道上（每个轨道面上分布 4 颗），轨道倾角为 55°。GPS 可以提供的服务分为两类，分别是精密定位服务（Precise Positioning Service，PPS）和标准定位服务（Standard Positioning Service，SPS）。其中，PPS 主要服务于美国军方和取得授权的政府机构用户，系统采用 P 码定位，单点定位精度可以达到 $0.29 \sim 2.9m$。SPS 则主要用于民用，定位精度可达 $2.93 \sim 29.3m$。目前，美国正加紧部署和研究 GPS Ⅲ 计划，GPS Ⅲ 将选择全新的优化设计方案，放弃现有的 24 颗中轨卫星，采用全新的 33 颗高轨道和静止轨道卫星组网。据介绍，与现有的 GPS 相比，GPS Ⅲ的信号发射功率可提高 100 倍，定位精度提高到 $0.2 \sim 0.5m$。

北斗定位导航系统（以下简称为"北斗"）是由我国自主研发的，可以和目前世界上其他几大卫星导航定位系统实现兼容与互操作的全球卫星导航定位系统。北斗具有三大基本功能，分别是快速定位、双向通信和精密授时。根据我国的战略方针，北斗按照 3 步走的总体规划分步骤实施：第一步是建立区域有源系统，1994 年启动北斗导航试验系统建设，即实施"北斗一代"导航系统的建设，2000 年形成区域有源服务能力；第二步是建立区域无源系统，于 2000 年启动北斗卫星导航系统建设，在 2012 年形成区域无源服务能力；第三步是建立全球无源定位系统，于 2020 年形成能够提供无源定位的全球卫星导航定位系统。截至 2023 年，北斗每天提供的定位次数平均达到了 3000 亿次，已经成为全球第二大卫星定位导航系统。

GLONASS 是由苏联国防部研制和控制的军用导航定位系统，采用与 GPS 相近的 24 颗卫星组成，其中 21 颗处于工作状态的运行卫星分布在 3 个轨道平面上，同时 3 颗处于工作状态的在轨备份卫星。这 3 个轨道平面两两相隔 120°，同平面内的卫星之间相隔 45°。每颗卫星都在 19100km 高、64.8° 倾角的轨道上运行。每颗卫星需要 11 小时 15 分钟完成一个轨道周期。与 GPS 采用的 CDMA 不同，GLONASS 系统使用 FDMA 的方式，每颗 GLONASS 卫星广播两种信号，即 L1 信号和 L2 信号。

伽利略计划是一个欧洲的全球导航服务计划。它是世界上第一个专门为民用设计的全球性卫星导航定位系统。它的总体思路具有自成独立体系、能与其他的 GNSS 系统兼容互动、具备先进性和竞争能力、公开进行国际合作四大特点。完全部署之后的伽利略系统将主要由空间星座部分、地面监控与服务设施部分和用户设备部分组成。另外，伽利略系统还将为外部系统及地区增值服务运营系统提供接口。伽利略系统的空间星座部分将包括 30 颗卫星（27 颗工作卫星、3 颗备份卫星），它们均匀地分为 3 组运行于中地球轨道上，预定轨道半径为 29601.297km，轨道平面与地球赤道平面的轨道倾角为 56°，卫星运行周期约为 14 小时，卫星设计寿命为 20 年。

4 种全球卫星导航系统的相关参数和特点对比见表 5-1。

表5-1　4种全球卫星导航系统的相关参考和特点对比

主要特点	GPS	北斗	GLONASS	Galileo
研制国家（地区）	美国	中国	俄罗斯	欧盟
卫星数量 / 颗	24	35	24	30
轨道面数	6	3	3	3
轨道倾角	55°	55°	64.8°	56°
运行周期	11h 58min	12h50min	11h15min	14h22min
多址方式	CDMA	CDMA	FDMA	CDMA
轨道高度	20200km	21500km	19000km	23616km
时间系统	GPS 时间（GPST）	北斗时间（BDT）	GLONASS 时间（GLONASST）	Galilie 系统时间（GST）
位置精度（民用）	10m	10m	12m	1m[1]
覆盖范围	全球	全球	全球	全球
业务类型	导航定位、授时等	导航定位、授时、通信	导航定位、授时、通信、搜索救援	导航定位、授时、通信、测速等

注：1. 欧盟承诺 Galileo（伽利略）系统建成后达到 1m 的精度，实际情况有待系统建成之后观测。

5.1.2 蜂窝网定位

蜂窝网定位主要是利用现有的蜂窝网络,通过测量信号的某些特征值来完成定位的技术。因为蜂窝网的覆盖率比较广,不需要移动终端硬件上的升级,在室内也能完成定位,所以基于蜂窝网的定位技术是目前常用的定位技术。依据定位技术采用的测量值,可以将基于蜂窝网的定位技术分为基于到达时间、到达角度、接收信号场强及混合定位技术等。

在蜂窝网中,按照定位主体、定位估计位置及所使用设备的不同,移动台无线定位方案分为以下5种系统。

1. 基于移动台的系统

该系统又称为前向链路定位系统或移动台自定位系统。在定位过程中,移动台检测多个位置已知的发射机发射的信号,并按照信号中包含的与移动位置坐标相关的特征信息(例如,传播时间、时间差、场强等)来确定它与发射机之间的位置关系,并由移动台中集成的位置计算功能,依据相关定位算法计算出估计位置。

2. 基于网络的定位系统

该系统又称为远距离定位系统或是反向链路系统。在定位过程中,多个位置固定的接收机对移动台发出的信号同时进行检测,并将接收信号中包含的与移动位置相关的信息传送到网络中的移动定位中心(Mobile Localization Center,MLC),并由定位中心的分组控制功能(Packet Control Function,PCF)最终计算出移动台的位置估计值。

3. 网络辅助定位系统

该系统属于一种移动台自定位系统。在定位过程中,多个网络中位置固定的接收机对移动台发出的信号同时进行检测,并将接收信号中包含的位置相关信息经过空中接口传送至移动台,并利用移动台中的 PCF 计算得到最终估计位置。在该系统中,网络为移动台定位提供必要的辅助信息。

4. 移动台辅助定位系统

该系统利用基于网络的定位方案。在定位过程中,移动台对多个位置固定的发射机发射的信号进行检测,并将信号中携带的移动台位置相关信息经过空中接口传送回网络中,并由网络 MLC 中的 PCF 计算出移动台位置的估计值。在该系统中,移动台为网络定位提供了相关的检测信息。

5. GNSS 辅助定位系统

该系统采用的是卫星系统定位方案，由网络中的 GNSS 辅助设备和移动台中集成的 GNSS 接收机对移动进行定位估计。但是 GNSS 接收机通常具有"首次定位时间"问题，会造成较大的定位时延，为了减少首次定位时延，地面网络可以给配备 GNSS 的 UE 提供一些辅助数据。辅助数据包含卫星广播信息，使接收机能在任意时刻计算轨道位置。

5.1.3　无线局域网定位

无线局域网定位的发展主要基于人们对室内定位的需求。与室外定位相比，室内定位技术的起步较晚，但发展迅速。人们对室内环境下的定位、导航需求越来越大，例如，医院对病人和医疗设备的跟踪和管理，机场、展厅、博物馆等场馆的人员导航，矿井、建筑物内发射火灾等紧急情况时的人员定位和线路规划，以及在仓库、停车场等场所物品和车辆的管理等。

室内定位的巨大需求，促使人们对室内定位展开了广泛而深入的研究。方法之一就是将室外定位技术引入室内环境，但是由于其信号难以穿透建筑物而使定位效果并不精准。另外，现有的移动通信网定位精度太低，无法满足室内对定位精度的要求。因此，人们又专注于其他定位技术，例如，无线局域网定位技术。

无线局域网具有传输速率高、安装便捷等特点，覆盖了人们活动的大多数区域（例如，办公楼、宾馆、车站、家庭、学校、超市等），使人们在日常生活和工作中可以随时随地快速接入网络。室内定位系统可以在无线局域网中获取无线局域网信号，并对信号进行处理，提取与目标位置相关的信息（例如，信号强度等），运用定位算法来估计目标的位置。比较常见的有 Wi-Fi 定位、射频识别（Radio Frequency IDentification，RFID）定位、蓝牙定位、ZigBee 定位、UWB 定位等。

5.1.4　其他定位技术

除了上述常见的定位方法，近几年市场中还出现了一些新兴的定位技术，主要包括以下 5 种。

1. 地磁定位

地磁场是地球的固有资源，为航空、航天、航海提供了天然的坐标系。地磁定位的原理是通过地磁传感器测得的实时地磁数据，与存储在计算机中的地磁基准图进行匹配来实现定位。由于地磁场为矢量场，在地球近地空间内任意一点的地磁矢量都不同于其他地点的矢量，且与该地点的经纬度存在一一对应的关系，所以理论上只需确定该点的地球矢量场即可以实现全球定位。地磁导航作为一种新兴的导航技术，具有不受地形、位置、气候等外部环境限制，可实现全地域、全天候导航的优点，能够有效弥补现有导航方法的不足，因此，地磁导航具有广阔的应用前景。地磁导航主要包括磁场测量技术、全息磁图数字化技术、定位与导航技术共 3 个分支领域。

2. 气压计定位

气压计定位主要依据不同高度气压的变化对定位目标的高度进行估计。由于受到技术和其他方面原因的限制，GPS 在定位中的高度一般误差会有 10m 左右，所以在手机原有 GPS 的基础上再增加气压计，可以辅助 GPS 使定位更加精准。尤其在一线城市交通中，立交桥、高架桥林立，以往基于 GPS 的导航无法判断汽车是在高架桥的上方还是下方，容易造成错误的引导。当加入气压计后，导航软件可感应到气压变化，实现高架区域内的垂直定位，进行精确判断，从而带来了更为精准的导航服务。另外，气压计定位也可以为用户提供所在楼层信息，这种垂直定位在高楼林立的城市中尤为重要。

3. 可见光定位

在发光二极管（Light Emitting Diode，LED）定位系统中，由天花板上固定位置的 LED 阵列发射带有位置信息的光信号，经编码调制后由移动目标携带光探测器接收光信号，通过解码、解调等信号处理后恢复出原始信号，再由相应的定位算法分析得到移动目标的位置。

4. 视觉定位

视觉定位可以描述为运动载体通过视觉设备观察场景，再通过图像分析、目标识别等技术，计算载体在世界坐标系下的全局位置，或是载体相对场景中特定参照物的局部相对位置。

5. 红外线室内定位

红外线室内定位技术的原理是，红外线标识发射调制的红外射线，通过安装在室内的光学传感器接收并进行定位。虽然红外线具有相对较高的室内定位精度，但是由于光线不能穿过障碍物，所以红外射线仅能视距传播。直线视距和传输距离较短这两大因素使其室内定位的效果很差。当标识放在口袋里或者有墙壁及其他遮挡时便不能正常工作，需要在每个房间、走廊安装接收天线，造价较高。因此，红外线定位只适合短距离传播，在医疗、机械、消防、军事方面都有重要应用。

5.2 5G 蜂窝网定位需求和原理

5.2.1 5G 定位服务的性能需求

5G 定位服务的性能需求包括水平和垂直精度、定位速度精度、定位服务可用性、定位服务时延、首次定位时间等。其中，水平和垂直精度描述的是需要定位的 UE 的测量位置相对于它的实际位置的精度，是最重要的评估标准，通常使用概率门限作为评估标准。定位速度精度要求在 99% 服务区内，对于速度的定位优于 0.5m/s，对于三维方向移动的定位优于 5°。定位服务时延是指无线层的时延，不是端到端的时延。首次定位时间要求小于30s，某些特殊用例要求小于 10s。5G 定位服务的性能需求见表 5-2。

表5-2 5G定位服务的性能需求

定位服务等级	精度（95%可信度）		定位服务可用性	定位服务时延	覆盖，使用环境和 UE 速度		
	水平精度	垂直精度			5G 定位服务区	5G 增强定位服务区	
						室外和隧道	室内
1	10m	3m	95%	1s	室内：最高 30km/h 室外：最高 250km/h	—	
2	3m	3m	99%	1s	高铁：最高 500km/h 其他车辆：最高 250km/h	密集市区：最高 60km/h 公路沿线：最高 250km/h 高铁沿线：最高 500km/h	
3	1m	2m	99%	1s	高铁：最高 500km/h 其他车辆：最高 250km/h	密集市区：最高 60km/h 公路沿线：最高 250km/h 高铁沿线：最高 500km/h	最高 30km/h
4	1m	2m	99.9%	15ms	—	—	
5	0.3m	2m	99%	1s	室外（农村）：最高 250km/h	密集市区：最高 60km/h 公路和高铁沿线：最高 250km/h	
6	0.3m	2m	99.9%	10ms	—	密集市区：最高 60km/h	
7	0.2m	0.2m	99%	1s	室内和室外（农村、城市、密集市区）：最高 30km/h		

服务等级 1 是广域定位，其需要的定位精度最低，主要用于物流管理、废物管理和收集、紧急呼叫、医院外的患者和急救设备定位、资产跟踪和管理等领域。其中，废物管理和收集、资产跟踪和管理要求 UE 具有极低的功耗，假设每小时更新多次位置，1800mW·h 的电池可以使用 12 年以上。

服务等级 2～4 是高精度定位，主要应用于人员跟踪、机器控制和交通等领域。服务等级 2 应用于共享单车、可穿戴设备、广告推送、医院内的人员和医疗设备定位；服务等级 3 应用于交通流量监控、管理和控制，车辆收费等领域；服务等级 4 应用于工厂内的无人搬运车定位。

服务等级 5～6 是超高精度定位，主要应用于自动驾驶、工业控制等领域，服务等级 5 适合于进行数据分析，服务等级 6 适合于高服务可用性、低时延需求的远程控制。

服务等级 7 是相对定位，适合于无人机集群定位，只有当两个 UE 或 UE 和 5G 定位节点的距离在 10m 以内时，相对位置的定位精度才有可能低于 0.2m。

需要说明的是，单独依赖 5G 定位技术不能完全满足表 5-2 的性能需求，5G 定位技术应与其他定位技术结合起来使用，才有可能完全满足表 5-2 的性能需求。

5.2.2　5G 蜂窝网定位系统架构

蜂窝网定位的基本流程如图 5-1 所示。一般来说，定位基本过程由定位客户端（LCS Client）发起定位请求给定位服务器，定位服务器通过配置无线接入网络节点进行定位目标的测量，或者通过其他手段从定位目标处获得位置相关信息，并最终计算得出位置信息并和坐标匹配。需要指出的是，定位客户端和定位目标可以合设，即定位目标本身可以发起针对自己的定位请求，也可以是外部发起针对某个定位目标的请求。最终定位目标位置的计算可以由定位目标自己完成，也可以由定位服务器计算得出。

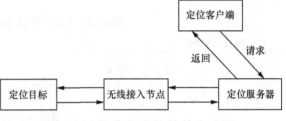

图5-1　蜂窝网定位的基本流程

NG-RAN 的定位架构如图 5-2 所示，图 5-2 中的方框代表参与定位的功能实体，连接线表示实体间的通信接口及相关协议。

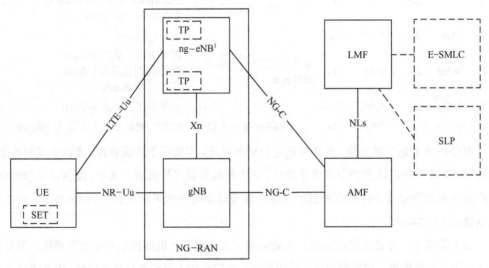

1.ng-eNB和gNB可以不必同时存在。

图5-2　NG-RAN的定位架构

NG-RAN 定位架构的各个网元的功能说明如下。

1. 演进型服务移动位置中心

演进型服务移动位置中心（Enhanced-Serving Mobile Location Center，E-SMLC）通常可以被认为是控制面的定位服务器，可以是逻辑单元或者实体单元。E-SMLC 将客户端请求的位置要求转化为相应的 NG-RAN 测量参数，并选择定位方法，对返回的位置信息计算最终结果和精度。

2. AMF

5GC 网元一般可以通过 AMF 完成控制面的定位请求，AMF 可以接收其他实体请求，或者自己发起定位请求。

3. 定位测量功能

定位测量功能（Location Measurement Function，LMF）为目标 UE 的位置服务提供各种支持，包括 UE 的定位和为 UE 发送辅助数据。LMF 可以与目标 UE 的服务 gNB 或服务 ng-eNB 进行交互，以便得到 UE 的位置测量，包括由 NG-RAN 节点实施的上行测量和 UE 实施的下行测量。如果 LMF 被请求某个位置服务，则 LMF 可以与目标 UE 进行交互，以便发送辅助数据，或者根据请求得到 UE 的位置估计。LMF 可以与多个 NG-RAN 节点进行交互，以提供用于广播目的的辅助数据信息。为了定位目标 UE，LMF 根据 LCS 客户端类型、请求的 QoS、UE 定位能力、gNB 定位能力、ng-eNB 定位能力等因素决定使用的定位方法。LMF 可以与 AMF 进行交互，向 AMF 提供（或更新）UE 定位能力，以及接收 AMF 存储的 UE 定位能力。

4. 安全用户面定位

定位信息通过安全用户面定位（Secure User Plane Location，SUPL）协议在 LMF 和安全用户面定位平台（Secure User Plane Location Platform，SLP）之间的用户面进行交互和传输。

5. 安全用户面定位平台（SLP）

安全用户面定位平台（SLP）是承载 SUPL 协议的实体，通常可被认为是用户面定位服务器。

6. UE/ 安全用户面定位使能终端

UE/ 安全用户面定位使能终端（Secure User Plane Location Enabled Terminal，SET）是指用户面的定位目标。UE 可以测量来自 NG-RAN 或者其他信号源的下行信号，其他信号源包括 E-UTRAN、不同的 GNSS 和地面信标系统（Terrestrial Beacon System，TBS）、WLAN 接入节点、蓝牙信标、UE 的气压计和运动传感器。选择的定位方法决定了 UE 实施的测量。UE 也可以包括 LCS 应用或者接入 LCS 应用。其中，LCS 应用包括必需的测量和计算功能以决定 UE 的位置。UE 也可以包括独立的定位功能（例如，GPS），因此，SET 能够不依赖 NG-RAN 传输来报告它的位置，具有独立定位功能的 UE 可以使用来自网络的辅助信息。

7. ng–eNB/gNB

NG-RAN 的网络节点可以提供目标 UE 的测量信息并与 LMF 进行通信，为了支持与 RAT 相关的定位，ng-eNB/gNB 对目标 UE 的无线信号进行测量，为位置估计提供测量值。ng-eNB/gNB 可以服务几个 TRP，例如，RRU、仅有 UL-SRS 的接收节点（Reception Point，RP）、仅有 DL-PRS 的发射节点（Transmission Point，TP）。gNB 通过定位系统消息 SIB9（ng-eNB 通过定位系统消息 SIB16），广播来自 LMF 的辅助数据信息。

长期演进技术定位协议（Long term evolution Positioning Protocol，LPP）在目标终端（控制面用例的 UE 或者用户面用例的 SET）和定位服务器（例如，控制面用例的 LMF 或用户面用例的 SLP）之间终止。LPP 既可以使用控制面协议进行传输，也可以使用用户面协议传输。LMF 和 UE 之间传输 LPP 消息，LPP PDU 通过 AMF 和 UE 之间的 NAS PDU 承载，LMF 和 UE 之间的协议栈如图 5-3 所示。

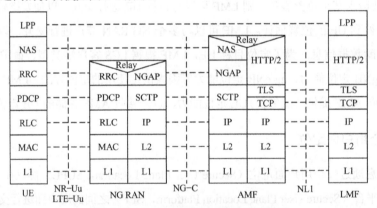

图5-3　LMF和UE之间的协议栈

gNB 与 LMF 信令通过 NR 定位协议附加协议（NR Positioning Protocol a，NRPPa）通信。NRPPa 对 AMF 是透明的，AMF 基于路由 ID 透明地路由 NRPPa PDU，路由 ID 对应 NG 接口上相关的 LMF 节点而不必知道 NRPPa 处理。在 NG 接口上承载的是 NRPPa PDU，或者是 UE 相关的模式，或者是 non-UE 模式。LMF 和 NG-RAN 节点的协议栈如图 5-4 所示。

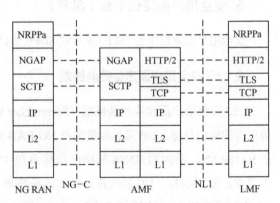

图5-4　LMF和NG–RAN节点的协议栈

NRPPa 支持以下定位功能。

- E-UTRA 的 E-CID，测量结果从 ng-eNB 发送到 LMF。
- 支持 E-UTRA 的可观察到达时间差（Observed Time Difference of Arrival，OTDoA）定位，收集来自 ng-eNB 和 gNB 的数据。
- 支持 NR 小区 ID 定位方法，检索来自 gNB 的小区 ID 和部分小区 ID。
- 支持辅助数据广播，在 LMF 和 NG-RAN 节点之间进行信息交互。
- NR E-CID，测量结果从 gNB 发送到 LMF。
- NR Multi-RTT，测量结果从 gNB 发送到 LMF。
- NR UL-AoA，测量结果从 gNB 发送到 LMF。
- NR UL-TDoA，测量结果从 gNB 发送到 LMF。
- 支持 DL-TDoA、DL-AoD、Multi-RTT、UL-TDoA、UL-AoA，收集来自 gNB 的数据。
- 测量预配置信息发送，允许 LMF 请求 NG-RAN 节点预先配置和激活 / 去激活测量间隙或 PRS 处理窗口。

AMF 可以自己发起（例如，来自 UE 的紧急呼叫），或者收到另外一个实体（例如，来自 UE 的定位业务或者其他设备等）发起的针对某一个终端的定位请求时，AMF 将向 LMF 发起一个定位服务请求（Location Service Request，LSR）。LMF 会对该请求进行处理，例如，向目的 UE 发起一些辅助数据来帮助终端使用基于终端 / 终端辅助的方法进行定位，或者 LMF 通过获取的数据自行计算终端位置。LMF 将会把获得的服务数据或者定位结果返回给定位请求的发起方 AMF，然后 AMF 再将对应的结果返回发起定位请求的实体，以上是控制面的定位流程。SLP 是用户面定位的定位服务器，用户面定位主要"走"的是应用层，即所有定位相关数据分组都通过应用层直接传输到对应的服务器。

NG-RAN 支持的定位流程如图 5-5 所示。NG-RAN 主要涉及 UE、gNB、AMF、LMF、5GC LCS 实体这 5 个功能。

NG-RAN 支持的定位的具体流程说明如下。

步骤 1a：在核心网中的一些实体（例如，GMLC）向服务 AMF 发起对目标 UE 的定位请求。

步骤 1b：服务 AMF 自行决定对目标 UE 发起位置请求服务（例如，获取紧急呼叫 UE 的位置）。

步骤 1c：UE 通过 NAS 信令向服务 AMF 请求某个位置服务（定位或提供辅助数据）。

步骤 2：AMF 发送位置服务请求到 LMF。

步骤 3a：LMF 与 UE 服务的 ng-eNB 或 gNB，也可能包括邻近的 ng-eNB 或 gNB 交互，获得定位观测或辅助数据。

步骤 3b：承接步骤 3a 继续执行或用步骤 3b 代替步骤 3a，LMF 与 UE 交互，获得位置估计或定位测量，或向 UE 发送定位辅助数据。

步骤 4：LMF 向 AMF 提供定位服务的响应，包括任何可能的结果（例如，成功或失败的指示，或 UE 的位置估计）。

步骤 5a：如果执行步骤 1a，则 AMF 返回位置服务响应到 5GC 实体（例如，UE 的位置估计）。

步骤 5b：如果执行步骤 1b，则 AMF 使用步骤 4 的位置服务响应辅助步骤 1b 触发的位置请求（例如，可以向 GMLC 提供与紧急呼叫相关联的位置估计）。

步骤 5c：如果执行步骤 1c，则 AMF 返回位置服务响应给 UE（例如，UE 的位置估计）。

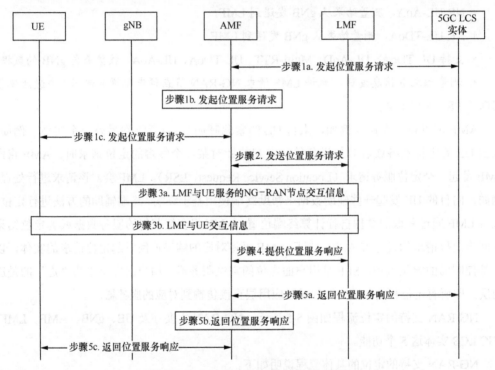

图5-5　NG-RAN支持的定位流程

5.2.3　5G 蜂窝网定位方法

不同的定位应用对定位精度有不同的要求，可以将定位方案用以下参数表征其 QoS：定位响应时间、定位精度（包括经纬度和高度）和定位精度置信度。其中，定位响应时间，即定位请求从发出到获得定位位置的时间；定位精度一般以米来度量；定位精度置信度表示某个定位精度在某一个置信区间内。同时，每种定位方案在实施时，对于网络、终端都有不同的影响，考虑到实际部署的难度和定位技术成熟度，可以在不同的区域部署不同的定位策略。常见蜂窝网定位技术如图 5-6 所示，图 5-6 给出了部分定位方法响应时间和定位精度的关系。

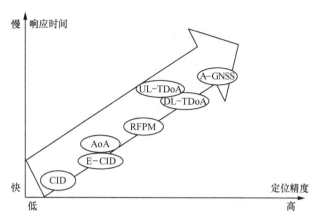

图5-6 常见蜂窝网定位技术

对于不同的定位精度，其 QoS 的侧重点是不一样的。例如，CID 方案的精度较低，但是响应速度快，同时对终端和系统的影响较小；DL-TDoA 定位精度较高，在 3GPP Rel-16 中甚至可以达到水平距离 0.2m 的精度，但是其对系统的影响较大，且响应速度由于需要测量和计算，相比 CID 方案的时延较大。

定位方案并没有固定的分类方法和原则，按照不同的逻辑会有不同的归类方法，接下来，我们介绍的两种分类方案是目前 3GPP 讨论较为主流的方式。

1. 控制面定位和用户面定位

按照定位数据收集的通道，蜂窝网定位分为控制面定位和用户面定位两种。其中，控制面定位是指定位相关数据，通过测量报告或 NAS 层消息，传给接入网或者核心网，网络将这些定位数据当作控制数据，传给电信运营商的定位服务器。控制面定位会给定位数据更好的 QoS 控制保障，电信运营商对这些数据是可控的。而用户面定位是指相关定位数据通过用户面通道，当作数据传到对应定位服务器。App 从芯片读取测量数据后，直接上报到通过互联网提供应用服务（引申自篮球"过顶传球"之意）（Over The Top，OTT）厂商自设的定位服务器 / 数据库，对于电信运营商是透明的。当然，蜂窝网络也需要部署 SPL 设备方可支持用户面定位。从这个层面上讲，该种分类与使用何种定位具体技术无关，而与使用何种协议有关。之所以会提供两种定位方法，是因为提供更多的选择自由度，以利于产业界根据自身需要选择合适的方案。

2. 终端自主定位、基于终端定位与终端辅助定位

按照定位数据收集和计算的承载单元分类，定位方案可以分为终端自主、基于终端、

终端辅助三大类。其中，终端自主方案是指 UE 直接获得定位位置，即计算在 UE 完成；基于终端方案是指 UE 接收网络的辅助信息，然后自主测量，得到最终的坐标定位，其与终端自主定位唯一的区别是需要网络提供辅助信息，而终端自主定位是完全不依赖于网络的；终端辅助是指通过 UE 的自主测量，把相应的测量结果 [例如，参考信号时间差（Reference Signal Time Difference，RSTD）或者 RSRP] 上报给网络，然后由网络根据收集到的信息计算出最终的位置。终端辅助和终端自主定位及基于终端定位的区别是，其终端无法获得最终的坐标，坐标的计算在网络中。

3GPP 标准认定的 NG-RAN 支持的定位方案主要包括以下 13 种。

- 网络辅助的 GNSS（A-GNSS）定位。
- 基于 LTE 信号的 OTDoA 定位。
- 基于 LTE 信号的 E-CID 定位。
- WLAN 定位。
- 蓝牙定位。
- TBS 定位。
- 基于传感器的定位（气压计传感器、运动传感器）。
- 基于 NR 信号的 E-CID 定位。
- 多环回时间定位（基于 NR 信号的 Multi-RTT）。
- 基于 NR 信号的下行出发角度（Down Link-Angle-of-Departure，DL-AoD）定位。
- 基于 NR 信号的下行到达时间差（DL-TDoA）定位。
- 基于 NR 信号的上行到达时间差（UL-TDoA）定位。
- 基于 NR 信号的上行到达角度（Up Link-Angle of Arrival，UL-AoA），具体包括 A-AoA 和 Z-AoA 两种。

以上各种方案可以互相混合使用或独立使用，3GPP 标准均支持上述定位方法的独立应用。UE 定位方法支持情况（3GPP Rel-17）见表 5-3。

表5-3　UE定位方法支持情况（3GPP Rel-17）

定位方案	基于 UE	UE 辅助，基于 LMF	NG-RAN 节点辅助	SUPL
A-GNSS	是	是	否	是
OTDoA	否	是	否	是
E-CID	否	是	是	是（对于 E-UTRA）
传感器	是	是	否	否
WLAN	是	是	否	是
蓝牙	否	是	否	否

续表

定位方案	基于 UE	UE 辅助，基于 LMF	NG-RAN 节点辅助	SUPL
TBS	是	是	否	是（MBS）
DL–TDoA	是	是	否	是
DL–AoD	是	是	否	是
Multi–RTT	否	是	是	是
NR E–CID	否	是	是	是（DL NR E–CID）
UL–TDoA	否	否	是	是
UL–AoA	否	否	是	是

需要指出的是，定位方法的分类没有固定的规定，当符合应用需求时，自然会有不同的归类方案。

5.2.4　5G 蜂窝网定位技术

5G 蜂窝网的定位技术有 Multi-cell RTT、DL-AoD、UL-AoA、E-CID、A-GNSS 以及 DL-TDoA、UL-TDoA 等，本小节介绍 Multi-cell RTT、DL-AoD、UL-AoA、E-CID，5.3 节、5.4 节和 5.4 节分别介绍 A-GNSS、DL-TDoA 和 UL-TDoA 定位。

1. 多小区往返时间（Multi–cell RTT）定位法

Multi-cell RTT 技术是 5G 新引入的高精度定位技术。基于到达时间（Time Of Arrival，TOA）的原理，终端以基站为圆心，确定终端二维坐标需要 3 个圆，终端在 3 个圆的交点，Multi-cell RTT 定位方法如图 5-7 所示。终端测量下行参考信号，获得发送接收时间差；基站测量单元捕获上行参考信号，测量发送接收时间差，汇总到定位服务器，解方程组。以往移动通信网络定位 DL-TDoA 技术要求各个基站严格同步，但 Multi-cell RTT 技术不依赖基站间的严格同步，测量精度不会受到基站间的同步精度的影响，但是需要终端知道信号开始传输的准确时间。

NR Multi-cell RTT 定位方法采用的测量值，其取值来自各 TRP 的 DL PRS 的到达时间与 UE 发送 SRS 的时间差（称为 UE$_{Rx\text{-}Tx}$

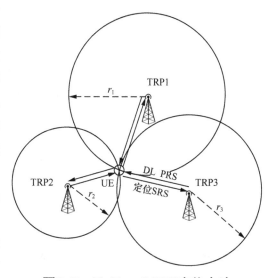

图5-7　Multi–cell RTT定位方法

时间差）。各个 TRP 所测量的数值来自 UE 的 SRS 的到达时间与 TRP 发送 DL PRS 的时间差（称为 gNB$_{Rx\text{-}Tx}$ 时间差）。信号往返时间（RTT）示意如图 5-8 所示，UE 与某 TRP 之间的信号往返时间可由 UE 根据 TRP 的 DL PRS 所测量的 UE$_{Rx\text{-}Tx}$ 时间差（$t_{UE}^{Rx} - t_{UE}^{Tx}$）加上该 TRP 根据 UE 的 SRS 所测量的 gNB$_{Rx\text{-}Tx}$ 时间差（$t_{UE}^{Rx} - t_{UE}^{Tx}$）得到，而 UE 与该 TRP 的距离可由 1/2 RTT 乘以光速得到。

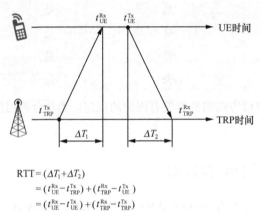

$$RTT = (\Delta T_1 + \Delta T_2)$$
$$= (t_{UE}^{Rx} - t_{TRP}^{Tx}) + (t_{TRP}^{Rx} - t_{UE}^{Tx})$$
$$= (t_{UE}^{Rx} - t_{UE}^{Tx}) + (t_{TRP}^{Rx} - t_{TRP}^{Tx})$$

图5-8　信号往返时间（RTT）示意

NR Multi-cell RTT 定位方法需要用 gNB$_{Rx\text{-}Tx}$ 时间差和 UE$_{Rx\text{-}Tx}$ 时间差，因此，定位精度与这两个时间差密切相关。

根据 3GPP TS 38.133 协议，gNB$_{Rx\text{-}Tx}$ 时间差的报告范围是 $-985024T_c$ 到 $+985024T_c$，分辨率是 $T = T_c \times 2^k$，k 的取值范围是 $\{0，1，2，3，4，5\}$，其中，$T_c = 0.509$ns，gNB$_{Rx\text{-}Tx}$ 时间差的时间分辨率和空间分辨率见表 5-4。LMF 通过 timingReportingGranularityFactor 参数向 gNB 提供分辨率的建议值，gNB 基于 timingReportingGranularityFactor 选择参数 k，然后通知给 LMF。

表5-4　gNB$_{Rx\text{-}Tx}$时间差的时间分辨率和空间分辨率

k	时间分辨率 /ns	空间分辨率 /m
0	0.509	0.153
1	1.017	0.305
2	2.035	0.610
3	4.069	1.221
4	8.138	2.441
5	16.276	4.883
6	32.552	9.766

gNB$_{Rx\text{-}Tx}$ 时间差的实际测量精度与信道环境、UL-SRS 的 Ês/Iot、SCS、SRS 的带宽等

因素有关。在加性高斯白噪声（Additive White Gaussian Noise，AWGN）信道环境下，对于 FR1，在 UL-SRS 的 Ês/Iot ⩾ 3dB、SCS=60kHz、SRS 的带宽 ⩾ 88 个 RB 的条件下，gNB$_{Rx-Tx}$ 时间差的精度可以达到 $\pm(9+Y)\times T_c$；对于 FR2，在 UL-SRS 的 Ês/Iot ⩾ 3dB、SCS=120kHz、SRS 的带宽 ⩾ 88 个 RB 的条件下，gNB$_{Rx-Tx}$ 时间差的精度可以达到 $\pm(8+Y)\times T_c$。误差幅度 Y 由设备制造商在生产手册中声明。

根据 3GPP TS 38.133 协议，UE$_{Rx-Tx}$ 时间差的报告范围是 $-985024T_c$ 到 $+985024T_c$，分辨率是 $T = T_c\times 2^k$，k 的取值范围与 UE 测量的参考信号和 FR 有关，具体取值如下。

- 对于 FR1，当 PRS 和 SRS 二者至少配置了 1 个时，k 的取值范围是 {2，3，4，5}。
- 对于 FR2，当同时配置了 PRS 和 SRS 时，k 的取值范围是 {0，1，2，3，4，5}。
- 当 LMF 为 UE$_{Rx-Tx}$ 时间差测量配置了 timingReportingGranularityFactor 这个参数时，$k \geqslant$ timingReportingGranularityFactor。

在 AWGN 信道环境满足 UE 参考灵敏度的条件下，对于 FR1，在 PRS 的 Ês/Iot ⩾ −3、SCS=60kHz、PRS 的带宽 ⩾ 132 个 RB 的条件下，UE$_{Rx-Tx}$ 时间差的精度可达 $\pm(7+24)\times T_c$，其中，24 是误差幅度；对于 FR2，在 PRS 的 Ês/Iot ⩾ −3、SCS=60kHz、PRS 的带宽 ⩾ 128 个 RB 的条件下，UE$_{Rx-Tx}$ 时间差的精度可达 $\pm(4+20)\times T_c$，其中，20 是误差幅度。

2. 下行出发角度（DL–AoD）定位法

终端测量上报下行参考信号到达终端的接收功率，网络根据发送波束方向估计终端的位置角度。5G 采用的大规模天线技术具有更高的自由度，可以实现更高精度的测距和测角特性。在 NR DL-AoD 定位方法中，UE 根据 LMF 提供的周围 TRP 发送下行定位参考信号 DL PRS 的配置信息，测量各 TRP 的 DL PRS 信号，并将 DL PRS RSRP 测量值上报给 LMF。LMF 利用 UE 上报的 DL PRS RSRP 以及其他已知信息（例如，TRP 的各个 DL PRS 的发送波束方向）来确定 UE 相对各 TRP 的角度，即 DL-AoD，然后利用所得的 DL-AoD 以及各 TRP 的地理坐标来计算 UE 的位置。

3. 上行到达角度（UL–AoA）定位法

网络根据上行参考信号，多个基站测量终端发射的参考信号到达基站的方向，每个方向就是一条终端指向基站的直线，通过多个基站测量就可以得到多条直线。这些直线的交点即为待定位终端的估计位置，解方程组，获得终端位置。5G 采用的大规模天线技术具有更高的自由度，可以实现更高精度的测距和测角特性。根据 3GPP TS 38.133 协议，UL-AoA 的方位角（azimuth angle）的报告范围是 −180° 到 180°，分辨率是 0.1°；UL-AoA 的垂直角（vertical angle）的报告范围是 0° 到 90°，分辨率是 0.1°。作为对比，LTE 的 UL-AoA 的分辨率是 0.5°。

估计 UL-AoA 的算法有多种，简单的方法是直接采用接收波束的方向来作为 UL-AoA，这种方法的角度估计分辨率较低。分辨率较高的方法是通过接收天线阵列接收 UL-SRS 信号，利用信号和噪声子空间之间的正交性，通过有效的算法将观察空间分解成信号子空间和噪声子空间两个子空间，并由信号子空间估计 SRS 信号的到达方向 UL-AoA。一旦获得 UL-AoA，就可以利用已有的算法来计算出 UE 的位置，NR UL-AoA 定位示意如图 5-9 所示。

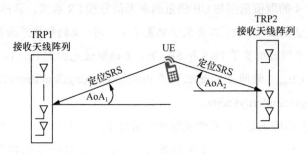

图5-9　NR UL-AoA定位示意

4. 增强小区标识（E-CID）定位法

E-CID 定位的基本工作原理是，定位平台向核心网发送信令，查询手机所在地小区 ID，无线网络上报终端所处的小区号（从服务基站获得，或者需要核心网唤醒 UE），位置业务平台根据存储在基站数据库中的基站经纬度数据，将定位结果返回给服务提供商，得出用户大致位置。

E-CID 定位方案实现简单，适用于所有的蜂窝网络，不需要在无线接入网侧增加设备，对网络结构改动小，成本低；不需要增加额外的测量信息，只需加入简单的定位流程处理。由于不需要 UE 进行专门的定位测量，并且空中接口的定位信令传输少，所以定位响应时间短。定位精度较低，取决于基站或者扇区的覆盖范围，在市区一般可以达到 300 ～ 500m，郊区地区的误差甚至可达几千米。

在 5G 网络下，利用大规模多天线技术，根据测量终端发送信号及方向，联合终端所在小区 ID 信息，计算目标的位置，E-CID 定位方法如图 5-10 所示。常用的方法是由 UE 上报的 RRM 测量值（RSRP 或 RSRQ），结合假设的信道路径损耗模型

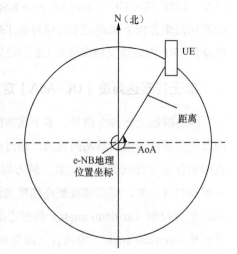

图5-10　E-CID定位方法

推导出 UE 与发送参考信号的 TRP 之间的距离，然后由 TRP 的地理坐标、UE 与 TRP 的距离以及 TRP 参考信号发送方向计算出 UE 的位置。由于假设的信道路径损耗模型与真实信道路径损耗的差异，以及 RRM 测量值的测量误差，所推导的 UE 和 TRP 之间的距离与 UE 和 TRP 之间的真实距离误差一般较大，所以相对于 NR 的其他定位方法，E-CID 定位的精度较低。

5.2.5　5G 蜂窝网定位误差分析

5G 蜂窝网定位的主要误差来源包括基站侧误差、与终端接收机有关的误差、信号传播误差、时间估计误差以及定位算法误差等。

1. 基站侧误差

基站侧误差主要包括基站间的时钟精度对同步的影响、基站位置误差、基站间距和基站几何布局对定位成功率的影响。

基站间同步误差将直接影响基于网络的定位技术的信号测量与估计检测，具体表现为信号相位不同步。通常 5G 蜂窝网的基站是通过 GPS 完成同步的，对于用于定位系统的 5G 基站，一般可保证 20ns 或者更高的定位精度。

基站位置误差会直接带入定位算法中。实际基站坐标测量往往采用大地测绘仪或高精度的 GPS 接收机，尽量使基站的位置误差限制在米级或以下。

最后，基站选址对定位的影响主要包括基站间距和基站的几何布局两个方面。这两个方面主要表现在影响定位计算过程的几何精度因子大小，它与定位成功率及定位精度密切相关。

2. 与终端接收机有关的误差

对于某些定位技术，移动台对定位精度的影响主要表现为热噪声的影响，而对于移动台的时钟误差，往往可考虑采用差分算法消除对定位结果的影响。

3. 信号传播误差

信号传播误差主要包括多径传播误差、NLoS 误差和干扰误差等。

其中，多径传播是信号以多条路径经过周围物体的反射、衍射或折射到达接收机的传播现象。多径的存在可能使一个信号在相位、幅度和延迟上发生变化。而接收机往往不能直接区分直达信号和多径信号，基于互相关技术的时延估计器的性能也会受到影响，特别是当反射波到达时间与直射波在一个码片间隙时内时，影响更严重。多径传播造成误差的严重程度是由多径信号的相对幅度、相位和延迟三者共同决定的。

非视距传输造成的 NLoS 误差，是引起蜂窝网定位误差的最主要来源之一。它可以看作多径传播误差的一种特殊情况。NLoS 误差根据传播环境的不同，其浮动范围很大。蜂窝网的相关测试表明，NLoS 误差平均在 500 ～ 700m。由于移动通信环境错综复杂，用户大量分布在城市这种 NLoS 传播普遍存在的场景，到达接收机的信号通常是多种传播分量合成的结果。NLoS 误差抑制成为提高定位精度的一个关键性问题，也是目前研究领域有待突破的重要关卡。

蜂窝网络中的干扰主要包括小区内干扰和小区间干扰两种。随着多制式网络融合组网，蜂窝网干扰分布变得十分复杂，干扰严重可能影响到定位参考信号的正常获取。干扰协调关键技术研究成为蜂窝网络中重要的难题，也关系着定位在内的所有通信业务的质量。

4. 时间估计误差

对于 E-CID、DL-TDoA、UL-TDoA 等定位方法，RTT、RSTD 等测量在时间估计过程中，误差主要由信号同步程度、基带速率与带宽、频率偏移及检测算法等决定。

首先，信号时延的估计精度与估计过程中参考信号与接收信号之间的同步程度有关。例如，这会影响到 TOA/TDoA 相关峰值检测的结果与真正的峰值的误差大小，特别是在多径干扰情况下的影响更明显。

其次，基带速率也是误差的主要来源。基带速率越大，对应的信号采用的周期越小，相关波形就越窄，根据相关峰值时间估计算法，得到的峰值误差就越小。需要说明的是，在时间估计算法中，一般可以认为基带速率与定位精度正相关。

同时，定位精度在很大程度上与基带带宽有关。频带资源的限制在某种程度上决定了蜂窝系统的定位精度，理论上，可供使用的带宽越宽，越有利于实现高精度定位。

另外，由于收发机时钟不匹配或者高速运动造成的频率偏移，以及相应的检测算法，也会影响到相关时间估计的准确度。

5. 定位算法误差

定位算法误差可分为两类误差，这两类误差的具体说明如下。

第一，基于二维解析几何方法计算的定位算法，可能受到站间天线、移动台与基站的非水平面的影响，特别是山区等场景，基站之间的高度差可达到30m以上，这对处于基站几何边缘的移动台定位影响很大。

第二，基于估计迭代的算法，不同方法之间对初始估计点、收敛判断门限以及迭代次数等参数的敏感度表现不一。一般来说，尽量做到适当选取收敛判断门限和最大迭代次数，从而保证在系统定位精度和实时性之间的折中达到最优。

除了以上 5 个方面的误差，需要指出的是，每种特定的定位算法都在较大程度上存在影响自己定位精度的瓶颈，不能一概而论。室内环境、天气因素可能影响 A-GNSS 定位效果；

上行功率受限会影响 UL-TDoA 的定位实现；室内环境会导致 DL-TDoA 算法效果大打折扣等。这些从另外的角度同样说明了混合定位的必要性，通过混合定位方案来弥补某些定位方法的误差和缺点。

5.3 5G 网络辅助的 GNSS 定位

GNSS 定位方法存在两个部分的误差。其中，第一部分是系统性的误差，例如，卫星钟误差、星历误差、电离层误差、对流层误差等。这类误差对每个 GNSS 接收机都是公有的，利用差分技术可以消除系统性误差，根据差分基准站发送的信息方式不同，差分定位分为位置差分、伪距差分和实时动态（Real Time Kinematic，RTK）载波相位差分。这 3 类差分方式的工作原理是相同的，即都是由基准站发送修正数据，由用户站接收并对其测量结果进行修正，以获得精确的定位结果。不同的是，其发送修正数据的具体内容不一样，因此，其差分定位精度也不同。第二部分是随机发生的误差，例如，接收机的内部噪声、通道时延、多径效应等，这部分误差无法得到系统性消除。

5G 网络具有大带宽、低时延的特性，当 GNSS 通过 5G 网络与 GNSS 接收机交互信息后，5G 网络可以辅助 GNSS 接收机减少初始化时间、增加接收机灵敏度、减少功耗和提高定位精度。

5.3.1 5G 网络辅助的 GNSS 定位原理

5G 网络辅助的 GNSS 定位有基于 UE 的 GNSS 定位和 UE 辅助的 GNSS 定位两种工作模式。

对于基于 UE 的 GNSS 定位，UE 中包括完整的 GNSS 接收机，其位置计算在 GNSS 接收机中进行，通过 5G 网络传输给 GNSS 接收机的信息分为两类。其中，第一类是星历和时钟模型、历书等信息，这类信息可以减少 GNSS 接收机的初始化时间、增加 GNSS 接收机灵敏度，因此，显著提高了测量速度，使 GNSS 接收机能够捕获和跟踪较弱的卫星信号，在较低的 SNR 条件下也能工作。这类信息的有效时间通常是 2 ～ 4 小时。第二类是 RTK 修正数据和 GNSS 物理模式。RTK 修正数据包括 RTK 参考站信息、RTK 辅助站数据、RTK 观测值、RTK 公共观测信息、RTK 主辅站技术（Master Auxiliary Concept，MAC）修正差、RTK 残余等。GNSS 物理模式包括状态空间表示（State Space Representation，SSR）轨道修正、SSR 时钟修正、SSR 码字偏差。这类信息与 GNSS 接收机的测量信息相结合，可以大幅提高 UE 的定位精度。这类信息的有效时间通常是几十秒到几分钟。基于 UE 的 GNSS 定位的优点是通过 5G 网络传输的数据较少，且定位时延较低，其缺点是 UE 需要增加相应的存储器和计算能力，尤其是 RTK 定位，UE 需要增加专用的差分定位模块，增加了 UE 运行的成本。

对于 UE 辅助的 GNSS 定位，GNSS 接收机的主要功能在网络侧，UE 位置的计算在定位服务中心进行。定位服务中心可以把时间、可见的卫星列表、卫星信号的多普勒和码相位以及搜索窗口，通过 5G 网络传输给 GNSS 接收机。GNSS 接收机把测量到的码相位和多普勒测量、可选的载波相位测量，通过 5G 网络上报给定位服务中心。定位服务中心根据 RTK 修正数据及 GNSS 接收机提供的测量数据，计算出 UE 的精确位置，然后再通过 5G 网络把精确的位置信息反馈给 UE。UE 辅助的 GNSS 定位的优点是把复杂的数据处理功能交给定位服务中心完成，GNSS 接收机不需要增加额外的计算功能，因此，对 UE 的要求较低，其缺点是时延较高，且上传的数据量较大。

5G 网络辅助的 GNSS 定位原理如图 5-11 所示。其中，基准站接收机负责采集 GNSS 卫星的测量数据并传送至定位服务中心，定位服务中心实时接收基准站接收机的测量数据，进行数据质量分析、处理、评价，提供不同精度等级要求的修正数据，定位服务中心也可以接收 GNSS 接收机上报的原始测量数据，完成特定 UE 的差分定位计算。

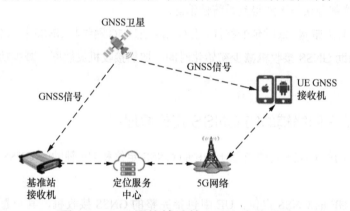

图5-11　5G网络辅助的GNSS定位原理

传统的无线通信网络由于速率较低、时延较高，可以满足基于 UE 的 GNSS 定位。对于 UE 辅助的 GNSS 定位，只能为静止或者低速移动的 UE 提供高精度定位，不能为高速移动的 UE 提供高精度定位，5G 网络具有低时延特性，使 UE 辅助的 GNSS 定位为高速移动的 UE 提供高精度定位成为可能。本节接下来将从定位精度和 5G 无线网络负荷两个方面对 UE 辅助的 GNSS 定位性能进行分析。

5.3.2　UE 辅助的 GNSS 定位精度分析

GNSS 的定位精度与定位算法、基准站接收机的位置和数量、RTK 修正数据和 GNSS 接收机测量数据的发送频率等都有关系。以 GPS 定位为例，民用 GPS 的定位精度是 10 ～ 30m，位置差分、伪距差分的定位精度可以达到米级，RTK 载波相位差分的定位精度可以达到厘米级，本小节接下来只考虑由于网络时延造成的定位误差。

GNSS 接收机的测量数据通过 gNB、AMF 发送至定位服务中心，定位服务中心完成差分定位计算后，再通过 AMF、gNB 把精确的位置信息发送给 GNSS 接收机，总的环回时延由 3 个部分组成。这 3 个部分分别是传输网络的环回时延、设备的处理时延和空口的环回时延。

传输网络的环回时延和 GNSS 接收机到定位服务中心的光纤长度有关，GNSS 接收机到定位服务中心的光纤长度是 10km、100km 和 1000km 时，传输网络的环回时延分别是 0.1ms、1ms 和 10ms。

设备的处理时延包括定位服务中心、gNB 和 AMF 的处理时延，定位服务中心的处理时延通常为 2ms，gNB 和 AMF 的单次处理时延通常是 0.5ms，因此，总的设备处理时延是 2+4×0.5=4ms。

对于 eMBB，空口的环回时延与双工方式（FDD 或 TDD）、子载波间隔（Sub-Carrier Spacing，SCS）、调度请求（Scheduling Request，SR）周期、数据到达时刻等有关，假设 SR 周期为 5ms，对于 TDD SCS=30kHz，平均环回时延是 7.75ms，对于 FDD SCS=15kHz，平均环回时延是 10.5ms；使用预调度技术，对于 TDD SCS=30kHz，平均环回时延是 3.3ms（按 SPS=1ms 计算），对于 FDD SCS=15kHz，平均环回时延是 4.5ms（按 SPS=1ms 计算）。对于 uRLLC，通过 mini-slot、上行免授权、下行资源抢占等技术，平均环回时延可以降低到 1ms 以下。

如果 GNSS 接收机到定位服务中心的光纤长度是 100km，则传输网络的环回时延是 1ms，eMBB TDD SCS=30kHz、eMBB FDD SCS=15kHz 和 uRLLC 的平均环回时延分别是 7.75ms、10.5ms 和 1ms，则总的环回时延分别是 1+4+7.75=12.75ms（eMBB TDD SCS=30kHz）、1+4+10.5=15.5ms（eMBB FDD SCS=15kHz）和 1+4+1=6ms（uRLLC）。

假设 UE 的移动速度分别是 60km/h、120km/h、200km/h，可以计算出网络时延造成的定位误差。UE 辅助的 GNSS 定位误差见表 5-5。

表5–5　UE辅助的GNSS定位误差

场景	eMBB TDD SCS=30kHz			eMBB FDD SCS=15kHz			uRLLC		
UE 移动速度 /（km/h）	60	120	200	60	120	200	60	120	200
UE 移动速度 /（m/s）	16.67	33.33	55.56	16.67	33.33	55.56	16.67	33.33	55.56
总的环回时延 /ms	12.75	12.75	12.75	15.5	15.5	15.5	6	6	6
定位误差 /m	0.21	0.43	0.71	0.26	0.52	0.86	0.10	0.20	0.33

根据表 5-5 可以发现，在不考虑 GNSS 定位系统本身定位误差的情况下，由于网络时延造成的定位误差均在 1m 以下，满足 3GPP 规范和辅助驾驶对高速移动 UE 的定位精

度要求。需要说明的是，表 5-5 计算的定位误差是由于网络时延造成的最大定位误差，实际上定位服务中心可结合 UE 的移动速度、移动方向、网络时延和高精度地图等数据，对 UE 的移动位置进行预测，因此，由于网络时延造成的定位误差可以远远小于表 5-5 中的相关误差数据。另外，还可以通过低时延的网络结构，例如，移动边缘计算（Mobile Edge Computing，MEC）技术等，减少总的环回时延，进一步提高定位精度。

5.3.3 5G 无线网络负荷分析

对于下行方向，定位服务中心通过 5G 网络向 GNSS 接收机传输的辅助信息的有效期通常是几十秒到几分钟，定位服务中心通过 5G 网络传输的位置信息虽然较为频繁，但是数据量较小，因此，UE 辅助的 GNSS 定位不会给 5G 网络的下行带来严重的负担。对于上行方向，通过 5G 网络传输的是 GNSS 接收机的原始测量数据，这类数据通常较大，因此，会给 5G 网络的上行造成较大的负担，本小节接下来主要分析上行方向的无线网络负荷。

GNSS 接收机上报的原始测量数据的大小与下列因素有关。

① GNSS 星座数量：也即 GNSS 接收机跟踪测量的是哪一个 GNSS 的信号，假定 GNSS 接收机跟踪测量的是 BDS 和 GPS。

② GNSS 卫星信号数量 N_{Signal}：对于每个 GNSS，GNSS 接收机可以上报最多 8 个 GNSS 信号的测量数据。对于 BDS，共计有 9 种 GNSS 信号类型，GNSS 接收机通常跟踪测量 3 个信号，例如，B1 I、B2 I、B3 I。对于 GPS，共计有 18 种 GNSS 信号类型，GNSS 接收机通常跟踪测量 4 个信号，例如，L1 C/A、L1 P、L2 P、L5 或 L1 C/A、L2 Z-tracking、L2C、L5。

③ GNSS 卫星数量 N_{Sat}：也即 GNSS 接收机跟踪测量的卫星数量，对于 BDS 和 GPS，GNSS 接收机可以分别同时跟踪 14 个卫星，在空旷地带的绝大部分地区，能至少分别跟踪 9 颗卫星，对于 BDS 和 GPS，假定 GNSS 接收机分别上报 10 个卫星的测量数据。

④ GNSS 卫星测量数据：对于每个卫星的每类信号，需要上报的测量数据有卫星地址（8 个 bit）、卫星信号的载干比（8 个 bit）、多径指示（2 个 bit）、载波质量指示（2 个 bit）、码相位（21 个 bit）、整数相位（7 个 bit）、码相位均方根（Root Mean Square，RMS）误差（8 个 bit）、多普勒测量（16 个 bit）。另外，为了提供高精度定位，根据定位服务中心的请求，GNSS 接收机还可以上报载波相位测量，载波相位测量也称为累加的三角距离（Accumulated Delta Range，ADR），ADR 需要 25 ～ 41 个 bit。因此，GSSS 卫星测量数据 N_{Meas} 共有 113 个 bit，如果不上报 ADR，则卫星测量数据 N_{Meas} 共有 72 个 bit。

对于每个 GNSS，GNSS 接收机一次上报的测量数据 N_{Report} 可以按照式（5-1）计算。

$$N_{Report}=N_{Signal}\times N_{Sat}\times N_{Meas}\times（1+X）\qquad\text{式（5-1）}$$

其中，X 是 LPP 层、NAS 层、RRC 层、PDCP 层、RLC 层、MAC 层等开销信息的比例，

通常取 20% ～ 30%。

假设开销信息的比例是 25%，对于 BDS 和 GPS，一次上报的测量数据分别是 3×10×113×（1+25%）≈ 4238 个 bit、4×10×113×（1+25%）=5650 个 bit。如果 BDS 和 GPS 的测量数据同时上报，则一次上报的测量数据是 9888 个 bit。

如果 GNSS 接收机上报测量数据的频率是 1Hz，则上报 BDS、上报 GPS、同时上报 BDS 和 GPS 的测量数据的速率分别是 4.14kbit/s、5.52kbit/s 和 9.66kbit/s；如果 GNSS 接收机上报测量数据的频率是 10Hz，则上报 BDS、上报 GPS、同时上报 BDS 和 GPS 的测量数据的速率分别是 41.38kbit/s、55.18kbit/s 和 96.56kbit/s。

针对上面计算的 5G 无线网络负荷，需要进一步说明以下 3 个方面内容。

第一，对于 eMBB，一次传输几千个 bit 不会对上行造成太大负担，但是对于 uRLLC，则会对上行造成较大的负担，因为为了保证低时延和高可靠性，uRLLC 单次传输的数据包较小，较大的数据包需要分割成多个较小的数据包后分别传输，相应地增加了空口时延。

第二，为了减少 UE 上报的测量数据，UE 可以只上报信号最好的 4 颗卫星的测量值，并减少上报的卫星信号数量，例如，对于每个 GNSS，只上报 2 个卫星信号。另外，在不需要高精度定位的场景下，UE 可以不报告 ADR，通过以上措施，UE 上报的测量数据可以减少 80% 以上。

第三，根据目前的 3GPP 规范，GNSS 接收机的上报频率较低，当 UE 高速移动时，该上报频率满足不了高精度定位要求，因此，为了满足高速移动 UE 的高精度定位需求，需要提高上报频率或者采用事件触发的上报方式。

•• 5.4 5G DL-TDoA 定位

DL-TDoA 定位是基于 UE 测量服务小区和相邻小区的参考信号到达 UE 的时间差，也称为参考信号时间差（Reference Signal Time Difference，RSTD）。由于测量是时间差而非绝对时间，所以 DL-TDoA 定位不必满足基站与 UE 之间必须时间同步的要求。为了实现 DL-TDoA 定位尽可能多地探测相邻小区的信号，UE 需要以较高的概率检测到至少 4 个基站的信号。

5.4.1 PRS 的结构和配置原则

1. PRS 的结构

理论上，任何下行参考信号，例如，PSS、SSS、CSI-RS，都可以获得 RSTD 测量值，因而支持 DL-TDoA 定位，但是这些下行参考信号设计和实施的目的是用于数据通信，因此，相邻小区的信号通常较弱，不能被探测，这就导致 UE 检测不到足够数量相邻小区的下行参考信号，为了提高 UE 检测到相邻小区的概率，满足 DL-TDoA 所需 RSTD 测量的要求，3GPP Rel-16 定义了定位参考信号（Positioning Reference Signal，PRS）以提高 DL-TDoA 的定位精度。

PRS 信号的生成及映射方式如下。

参考信号序列 $r(m)$ 定义见式（5-2）。

$$r(m) = \frac{1}{\sqrt{2}}\left(1 - 2c(2m)\right) + j\frac{1}{\sqrt{2}}\left(1 - 2c(2m+1)\right) \qquad \text{式（5-2）}$$

其中，$c(i)$ 的定义见式（5-3）。

$$c(n) = \left(x_1(n+N_c) + x_2(n+N_c)\right)\bmod 2$$
$$x_1(n+31) = \left(x_1(n+3) + x_1(n)\right)\bmod 2 \qquad \text{式（5-3）}$$
$$x_2(n+31) = \left(x_2(n+3) + x_2(n+2) + x_2(n+1) + x_2(n)\right)\bmod 2$$

在式（5-3）中，第 1 个 m 序列通过 $x_1(0) = 1$，$n = 1, 2, \ldots, 30$ 进行初始化，第 2 个 m 序列 $x_2(n)$ 通过 $c_{\text{init}} = \sum\limits_{i=0}^{30} x_2(i) \times 2^i$ 进行初始化，c_{init} 的值依赖于序列的使用场景，对于 PRS 序列，伪随机序列 c_{init} 初始化见式（5-4）。

$$c_{\text{init}} = \left(2^{22}\frac{n_{\text{ID,seq}}^{\text{PRS}}}{1024} + 2^{10}\left(N_{\text{symb}}^{\text{slot}} n_{\text{s,f}}^{\mu} + l + 1\right)\left(2\left(n_{\text{ID,seq}}^{\text{PRS}}\bmod 1024\right) + 1\right) + \right.$$
$$\left. \left(n_{\text{ID,seq}}^{\text{PRS}}\bmod 1024\right)\right)\bmod 2^{31} \qquad \text{式（5-4）}$$

在式（5-4）中，$n_{\text{s,f}}^{\mu}$ 是时隙号，下行 PRS 序列 ID $n_{\text{ID,seq}}^{\text{PRS}} \in \{0, 1, \ldots, 4095\}$ 通过高层参数 dl-PRS-SequenceID 提供，l 是序列映射在时隙内的符号位置。

参考信号的时频资源映射表达式见式（5-5）。

$$a_{k,l}^{(p,\mu)} = \beta_{\text{PRS}}\, r(m)$$
$$m = 0, 1, \ldots$$
$$k = mK_{\text{comb}}^{\text{PRS}} + \left(\left(k_{\text{offset}}^{\text{PRS}} + k'\right)\bmod K_{\text{comb}}^{\text{PRS}}\right) \qquad \text{式（5-5）}$$
$$l = l_{\text{start}}^{\text{PRS}}, l_{\text{start}}^{\text{PRS}} + 1, \ldots, l_{\text{start}}^{\text{PRS}} + L_{\text{PRS}} - 1$$

在式（5-5）中，各个参数的含义如下。

- PRS 的天线端口号是 $p = 5000$。
- $l_{\text{start}}^{\text{PRS}}$ 是下行 PRS 在时隙内的第一个符号位置，由高层参数 dl-PRS-ResourceSymbolOffset 给出。
- L_{PRS} 是下行 PRS 在 1 个时隙内的 PRS 符号数，$L_{\text{PRS}} \in \{2, 4, 6, 12\}$ 由高层参数 dl-PRS-

NumSymbols 给出。

- $K_{\text{comb}}^{\text{PRS}}$ 是 PRB 的梳齿尺寸，对于基于 RRT 传播时延补偿的定位方法，$K_{\text{comb}}^{\text{PRS}}$ 由高层参数 dl-PRS-CombSizeN-AndReOffset 给出；对于其他定位方法，$K_{\text{comb}}^{\text{PRS}}$ 由高层参数 dl-PRS-CombSizeN 给出，且 $\left\{L_{\text{PRS}}, K_{\text{comb}}^{\text{PRS}}\right\}$ 的组合是 {2, 2}、{4, 2}、{6, 2}、{12, 2}、{4, 4}、{12, 4}、{6, 6}、{12, 6} 和 {12, 12} 之一。

- $k_{\text{offset}}^{\text{PRS}}$ 是 RE 的偏移，由高层参数 dl-PRS-CombSizeN-AndReOffset 提供。

频率偏移 k' 是 $l - l_{\text{start}}^{\text{PRS}}$ 的函数见表5-6。

表5-6 频率偏移 k' 是 $l - l_{\text{start}}^{\text{PRS}}$ 的函数

$K_{\text{comb}}^{\text{PRS}}$	下行 PRS 资源内的符号数 $l - l_{\text{start}}^{\text{PRS}}$											
	0	1	2	3	4	5	6	7	8	9	10	11
2	0	1	0	1	0	1	0	1	0	1	0	1
4	0	2	1	3	0	2	1	3	0	2	1	3
6	0	3	1	4	2	5	0	3	1	4	2	5
12	0	6	3	9	1	7	4	10	2	8	5	11

PRS 信号一般是周期性发送。对于下行 PRS 资源集合，UE 假定下行 PRS 资源在满足式（5-6）的帧号和时隙上传输。

$$\left(N_{\text{slot}}^{\text{frame},\mu} n_{\text{f}} + n_{\text{s,f}}^{\mu} - T_{\text{offset}}^{\text{PRS}} - T_{\text{offset,res}}^{\text{PRS}}\right) \bmod T_{\text{per}}^{\text{PRS}} \in \left\{iT_{\text{gap}}^{\text{PRS}}\right\}_{i=0}^{T_{\text{rep}}^{\text{PRS}}-1} \qquad \text{式（5-6）}$$

在式（5-6）中，各个参数含义如下。

- $T_{\text{per}}^{\text{PRS}}$ 是 PRS 资源的周期，$T_{\text{per}}^{\text{PRS}} \in 2^{\mu}\{4,5,8,10,16,20,32,40,64,80,160,320,640,1280, 2560,5120,10240\}$；$T_{\text{offset}}^{\text{PRS}}$ 是时隙偏移，$T_{\text{offset}}^{\text{PRS}} \in \left\{0,1,\dots,T_{\text{per}}^{\text{PRS}}-1\right\}$。$T_{\text{per}}^{\text{PRS}}$ 和 $T_{\text{offset}}^{\text{PRS}}$ 由高层参数 dl-PRS-Periodicity-and-ResourceSetSlotOffset 联合给出，μ 是子载波间隔配置。

- $T_{\text{offset,res}}^{\text{PRS}}$ 是下行 PRS 资源时隙偏移，由高层参数 dl-PRS-ResourceSlotOffset 给出。

- $T_{\text{rep}}^{\text{PRS}}$ 是 PRS 资源的重复次数，由高层 dl-PRS-ResourceRepetitionFactor 参数给出。

- $T_{\text{muting}}^{\text{PRS}}$ 是静音（muting）重复因子，由高层参数 dl-PRS-MutingBitRepetitionFactor 给出。在某些情况下，网络可以通过 $T_{\text{muting}}^{\text{PRS}}$ 这个参数关闭 PRS 来进一步减少小区干扰，其导致即使在邻小区 PRS 信号重叠情况下也能获得增益。

- $T_{\text{gap}}^{\text{PRS}}$ 是时隙间隔，$T_{\text{gap}}^{\text{PRS}}$ 由高层参数 dl-PRS-ResourceTimeGap 给出。

PRS 在频域上占用 $N_{\text{RB}}^{\text{PRS}}$ 个 PRB，采用梳状（comb）的结构，每个 PRB 在单个 OFDM 符号上有 12/ $K_{\text{comb}}^{\text{PRS}}$ 个 PRS 信号。PRS 在 1 个时隙内占用 L_{PRS} 个 OFDM 符号，PRS 信号采用交错（staggered）的结构，相比于非交错结构，交错结构具有更好的互相关峰值。1 个时

隙内的 PRS 结构如图 5-12 所示。

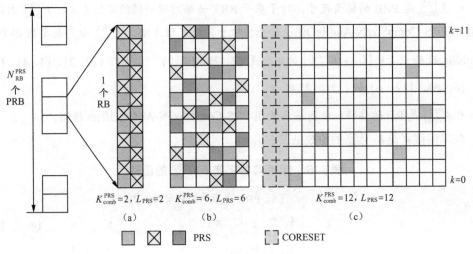

图5-12　1个时隙内的PRS结构

2. PRS 参数的配置原则

PRS 在 1 个时隙内的关键参数包括 PRS 带宽 N_{RB}^{PRS}、梳齿尺寸 K_{comb}^{PRS}、符号数 L_{PRS}、周期 T_{per}^{PRS} 和重复因子 T_{rep}^{PRS} 等，每个参数的配置原则如下。

（1）N_{RB}^{PRS} 的配置原则

N_{RB}^{PRS} 是用于 PRS 传输的 PRB 数，N_{RB}^{PRS} 最小值为 24 个 PRB，最大值为 272 个 PRB，颗粒度是 4 个 PRB。N_{RB}^{PRS} 的配置与定位精度有关，在其他参数相同的条件下，N_{RB}^{PRS} 越大，对应的采样周期越小，相关波形越窄，得到的峰值误差越小，定位精度越高，但是开销也越大。对于 N_{RB}^{PRS} 配置，有两个方面需要注意。第一，N_{RB}^{PRS} 的配置独立于 UE 的 BWP，因此，PRS 有可能位于 UE 的 BWP 之外，如果 UE 不测量 BWP 之外的 PRS 信号，就会导致定位性能下降，为了避免出现这种情况，建议 PRS 配置在公共 BWP 上，其好处是可以满足大量 UE 同时定位的需求。第二，当采用功率提升时，PRS 应避开信道边缘的 1～2 个 PRB，以便降低非期望辐射，减少对其他数据信道或系统的干扰。

（2）K_{comb}^{PRS} 的配置原则

K_{comb}^{PRS} 是 PRB 的梳齿尺寸，取值为 2、4、6、12。K_{comb}^{PRS} 的配置需要考虑以下两个因素。

第一，K_{comb}^{PRS} 的配置需要考虑 PRS 的定位范围。UE 通过时域自相关，在时域上搜索峰值来估计 TOA，为了减少复杂性和时延，需要限制 UE 的搜索窗，K_{comb}^{PRS} 越大，搜索窗越窄，PRS 的非模糊自相关窗（Non-Ambiguous Autocorrelation Window，NAAW）的时长依赖于 K_{comb}^{PRS} 和 OFDM 符号持续时间 T_{smbol}，进而可以转换为 PRS 的定位范围，PRS 的定位范围的计算方法见式（5-7）。

$$\text{PRS 的定位范围（m）} = \frac{c \times T_{\text{smbol}}}{K_{\text{comb}}^{\text{PRS}}} = \frac{c}{K_{\text{comb}}^{\text{PRS}} \times \text{SCS}} \qquad \text{式（5-7）}$$

根据式（5-7）可以计算出，对于不同的 SCS 和 $K_{\text{comb}}^{\text{PRS}}$，PRS 的定位范围见表 5-7。

表5-7　PRS的定位范围

SCS	$K_{\text{comb}}^{\text{PRS}}$/m			
	2	4	6	12
15kHz	10000	5000	3333.33	1666.67
30kHz	5000	2500	1666.67	833.33
60kHz	2500	1250	833.33	416.67
120kHz	1250	625	416.67	208.33

第二，$K_{\text{comb}}^{\text{PRS}}$ 的配置还需要考虑 UE 的信道带宽、小区密度等因素。$K_{\text{comb}}^{\text{PRS}}$ 越小，频域上的 PRS 密度越大，即使较小的带宽也能达到较高的定位精度，因此，较小的 $K_{\text{comb}}^{\text{PRS}}$ 适合于带宽受限场景，例如，低带宽的物联网设备。$K_{\text{comb}}^{\text{PRS}}$ 越大，可复用的 PRS 信号数量越多，当 $K_{\text{comb}}^{\text{PRS}} = 6$ 时，在频域上可以最多复用 6 个 PRS，图 5-12（b）给出了复用 3 个 PRS 信号的情形，因此，较大的 $_{\text{comb}}^{\text{PRS}}$ 减少了 PRS 冲突的概率，适合于高密度小区，UE 可以通过检测更多的小区以提高定位精度。另外，较大的 $K_{\text{comb}}^{\text{PRS}}$ 还可以通过功率提升来改善 SINR，进而提高定位精度，例如，$K_{\text{comb}}^{\text{PRS}} = 4$、6、12 时，PRS 提升功率分别为 6dB、7.8dB、10.8dB。过大的 $K_{\text{comb}}^{\text{PRS}}$ 存在占用的带宽较大、易受多普勒频移影响、较长的扫描时间增加，以及由于 UE 移动和时钟漂移引入的较大误差等缺点。

在配置 $K_{\text{comb}}^{\text{PRS}}$ 的时候，特别需要注意以下两个场景。第一，室内场景具有低多普勒频移、低传播时延、低时延扩展的特点，$K_{\text{comb}}^{\text{PRS}}$ 可以配置得大一些，例如，$K_{\text{comb}}^{\text{PRS}}$ 配置为 12。第二，对于 UE 高速移动场景，高速移动 UE 的位置随着时隙变化而变化，UE 需要同时检测更多小区的 PRS，配置较大的 $K_{\text{comb}}^{\text{PRS}}$ 比较合适。另外，高速移动的 UE 多普勒频移较大，配置较小的 $K_{\text{comb}}^{\text{PRS}}$ 比较合适，折中考虑，建议 $K_{\text{comb}}^{\text{PRS}}$ 配置为 4 或 6 比较合适。

（3）L_{PRS} 的配置原则

L_{PRS} 是 1 个时隙内的 PRS 符号数，取值为 2、4、6、12。L_{PRS} 的配置与 $K_{\text{comb}}^{\text{PRS}}$ 和 PRS 开销等有关系。如果 1 个时隙内的 L_{PRS} 小于 $K_{\text{comb}}^{\text{PRS}}$，则在频域的某些子载波上会一直没有 PRS。PRS 自相关后产生较大的侧峰（side peak），进而影响定位精度和定位范围。建议 L_{PRS} 等于 $K_{\text{comb}}^{\text{PRS}}$ 或者 L_{PRS} 是 $K_{\text{comb}}^{\text{PRS}}$ 的整数倍，其好处是相干合成后的自相关值只有一个主峰。而没有侧峰。因此，会提高定位精度，其缺点就是 PRS 占用的 OFDM 符号较多，开销较大。

（4） $T_{\text{per}}^{\text{PRS}}$ 的配置原则

$T_{\text{per}}^{\text{PRS}}$ 是 PRS 资源的周期，共有 17 种取值，最小为 4ms，对于 SCS=15kHz，最高可以配置为 5120ms，对于 SCS=30kHz、60kHz 和 120kHz，最高可以配置为 10240ms。$T_{\text{per}}^{\text{PRS}}$ 的配置与首次定位时间、UE 功耗、定位服务时延等有关。首先，$T_{\text{per}}^{\text{PRS}}$ 应小于首次定位时间。其次，较长的 $T_{\text{per}}^{\text{PRS}}$ 可以避免 UE 因为频繁的定位操作而耗尽电池容量，因此，适合于低功耗场景。较短的 $T_{\text{per}}^{\text{PRS}}$ 可以对 UE 进行频繁的定位操作，因此，其适合于低时延场景，缺点就是开销较大。

（5） $T_{\text{rep}}^{\text{PRS}}$ 的配置原则

$T_{\text{rep}}^{\text{PRS}}$ 是 PRS 资源的重复次数，取值为 1、2、4、6、8、16、32，设置较大的重复因子可以聚合 PRS 信号能量，因此，增加了 PRS 的覆盖范围和定位精度，其缺点就是开销较大。

DL-TDoA 定位中，定位参考信号 PRS 在 UE 接收端的处理过程中，主要是 UE 对 RSTD 测量的相关运算。一般分为时域相关法和频域相关法。

其中，时域相关法的基本操作方法如下。

① 设定某个搜索窗。

② 在窗内按照一定起点、间隔将接收到的信号和目标待检测小区的 PRS 信号做时域相关，对连续定位子帧得到的时域相关函数做非相与参积累。

③ 对于时域相关函数做恒虚警检测，通过门限的点对应的时延即待检测小区对 UE 的时延，对多个小区都进行估计，该过程是假设检验过程。

④ 求本小区到 UE 的时延与邻小区到 UE 的时延之差，即 RSTD。

与时域相关法步骤类似，频域相关法主要在第②、③步时，将时域信号变化到频域做相关处理，基本操作方法如下。

① 设定某个搜索窗。

② 在窗内按一定起点、间隔将接收到的信号进行 FFT，将该信号变化到频域后与频域 PRS 信号的共轭进行相关，即可得到频域相关函数，对连续定位子帧得到的频域相关函数做非相与参积累。

③ 导频到达时间的延迟会引起子载波相位的旋转，而相位旋转角度与子载波的频率有关，根据相对相位的旋转大小可以得到到达时间。

④ 求本小区到 UE 的时延与邻小区到 UE 的时延之差，即 RSTD。

5.4.2 DL-TDoA 定位性能分析

1. DL-TDoA 距离估计的 CRLB 分析

基于传播时间的定位方法，例如，TOA 和 DL-TDoA，需要对来自不同基站的信号进行精确的估计，DL-TDoA 的估计偏差直接决定了定位精度，如果 DL-TDoA 的估计偏差越大，则定位误差越大。DL-TDoA 估计偏差的一种评价方法是克拉美 - 罗下界（Cramer-Rao lower bound，CRLB）。

CRLB 是在给定的 SNR 下，任何无偏估计器能够达到的精度的下界，无偏估计的方差只能无限制地逼近 CRLB，而不会小于 CRLB。假设信道条件是 AWGN 信道，不考虑网络的同步误差、多径和 NLoS 传播导致的测量误差，PRS 信号的 DL-TDoA 方差 VAR(τ) 的 CRLB 见式（5-8）。

$$\text{VAR}(\tau) \geqslant \frac{1}{\text{SNR} \cdot 8\pi^2 \Delta f^2 \sum_{l=0}^{N_{\text{symb}}-1} \sum_{k=-N/2}^{N/2-1} k^2 |a_{k,l}|^2} \qquad \text{式（5-8）}$$

在式（5-8）中，Δf 是子载波间隔，N_{symb} 是 PRS 总的 OFDM 符号数，N 是 PRS 带宽内的子载波数，如果在 RE (k,l) 上没有 PRS，则 $|a_{k,l}|=0$，如果在 RE (k,l) 上有 PRS，则 $|a_{k,l}|^2 =1$。

根据式（5-8）可以发现，DL-TDoA 的方差 VAR(τ) 依赖于 SNR、子载波间隔、PRS 带宽 $N_{\text{RB}}^{\text{PRS}}$ 以及 PRS 符号数 L_{PRS} 和重复因子 $T_{\text{rep}}^{\text{PRS}}$。这几个参数的值越大，DL-TDoA 的方差 VAR(τ) 越小，相应的距离估计精度就越高。

DL-TDoA 距离估计的标准差 d(σ) 见式（5-9）。

$$\text{d}(\sigma) = c\sqrt{\text{VAR}(\tau)} = 3 \times 10^8 \times \sqrt{\text{VAR}(\tau)} \qquad \text{式（5-9）}$$

假设 $L_{\text{PRS}} = K_{\text{comb}}^{\text{PRS}}$，重复因子 $T_{\text{rep}}^{\text{PRS}} =1$，PRS 带宽 $N_{\text{RB}}^{\text{PRS}}$ 分别是 24、136、272 个 PRB，即子载波数 N 分别是 288、1632、3264，根据式（5-8）和式（5-9），可以计算出不同 SNR 的条件下，DL-TDoA 距离估计的 CRLB。DL-TDoA 距离估计的 CLRB 见表 5-8。

表5-8　DL-TDoA距离估计的CLRB

SCS/kHz	SNR/m								
	0			10			20		
	288	1632	3264	288	1632	3264	288	1632	3264
15	1.596	0.118	0.042	0.505	0.037	0.013	0.160	0.012	0.004
30	0.798	0.059	0.021	0.252	0.019	0.007	0.080	0.006	0.002
60	0.399	0.030	0.010	0.126	0.009	0.003	0.040	0.003	0.001
120	0.200	0.015	0.005	0.063	0.005	0.002	0.020	0.001	0.001

根据表 5-8 可以发现，随着 SNR 和带宽的增加，DL-TDoA 距离估计的 CLRB 迅速变小。

2. DL-TDoA 距离估计的结果分析

厂家提交的 DL-TDoA 距离估计的评估结果见表 5-9。在表 5-9 中，室内开放办公室

（Indoor Open Office，IOO）、UMi 和 UMa 分别对应 IOO 场景、城区街道峡谷场景（站间距是 200m）、宏基站场景（站间距是 500m）；67%、90% 表示的是圆概率误差。

表5-9　厂家提交的DL-TDoA距离估计的评估结果

评估的参数				IOO/m		UMi/m		UMa（室外）/m	
频率 / GHz	SCS/ kHz	带宽 / MHz	同步误差 /ns	67%	90%	67%	90%	67%	90%
4	30	100	0	1.5	5.7	1.6	9.1	1.5	62.4
4	15	50	0	2.9	8.1	2.8	11	2.5	16.5
2	15	50	0	2.9	7.9	2.8	11	2.8	32.1
2	15	5	0	10.1	16	21.7	40.3	22.9	68.4
4	30	100	50	15.1	24.9	22.4	47.6	20	42
4	15	50	50	15.1	25.3	23.5	47.6	23	40
2	15	50	50	14.4	23.9	21.8	42.6	23	55
2	15	5	50	17	28.8	30.5	57.8	30	62
30	120	100	0	1.6	4.8	4.4	17.5	—	—
30	120	400	0	0.4	1.4	3	9.7	—	—
30	120	100	50	21.7	38.5	19.3	29.5	—	—
30	120	400	50	21.7	38.1	18.5	26.9	—	—

根据表 5-9 可以发现，DL-TDoA 的定位精度比表 5-8 计算的 CLRB 要低至少 2 个数量级，主要有以下两个方面原因。

第一，信号传播误差。 采用 GNSS 定位，通常认为 GNSS 信号是 LoS 传播，而 PRS 信号通常要经历多径和 NLoS 传播。NLoS 传播会给 UE 和基站之间的定时测量带来偏差，这个偏差对定位性能有明显的影响。多径传播也会限制定位性能，其严重程度由多径信号的相对幅度、相位和延迟三者共同决定。另外，蜂窝网中的严重干扰可能影响到 PRS 的正常获取。

第二，基站侧误差。 网络同步误差会对定位性能造成影响，根据 3GPP 协议，宏基站、中距基站、局域基站的频率误差范围分别为 [–0.05，0.05]ppm、[–0.1，0.1]ppm、[–0.1，0.1]ppm，即网络同步误差范围分别为 [–50，50]ns、[–100，100]ns、[–100，100]ns，对应的距离不确定性分别为 15m、30m 和 30m。这些误差远远高于 3m 精度的定位需求，为了达到低于 3m 的距离不确定性，NR 基站的定时误差范围应小于 [–10，10]ns。另外，基站位置误差会直接带入定位算法中，对用于定位目的的基站，应采用大地测量仪或高精度的 GPS 接收机，尽量使位置误差限制在米级或以下。

根据表 5-9，还可以得出以下结论。在不考虑网络同步误差的情况下，单独依靠 DL-

TDoA 定位可以满足表 5-2 的少部分定位服务需求，在考虑网络同步误差的情况下，单独依靠 DL-TDoA 不能满足表 5-2 的定位服务需求。为了满足表 5-2 的定位精度需求，一方面，可以通过提高 SNR、采用更大的 SCS、更大的 PRS 带宽 $N_{\text{RB}}^{\text{PRS}}$、更长的符号数 L_{PRS} 和更大的重复因子 $T_{\text{rep}}^{\text{PRS}}$，以提高 DL-TDoA 的定位精度。其中，提高 SNR 的方法包括增加基站功率、功率提升、提高 UE 的接收机灵敏度、采用 massive-MIMO 天线增加赋形增益等措施。另一方面，DL-TDoA 定位技术应该与 GNSS、TBS、传感器、基于 WLAN/ 蓝牙等定位技术联合起来使用，进一步提高定位精度、服务可靠性、服务时延等，以满足表 5-2 的定位服务需求。

5.5 5G UL-TDoA 定位

UL-TDoA 定位方法，其基本原理是利用多个 LMF 测量从 UE 发送的上行参考信号定时。LMF 结合定位服务器的辅助数据测量接收信号定时，然后将得到的测量结果用于估计 UE 的位置。

UL-TDoA 定位基本原理与 DL-TDoA 定位方法相似，也是通过多个 RSTD 测量求解 UE 位置坐标。其差别在于，DL-TDoA 是多个基站发射定位信号，UE 测量下行信号，而 UL-TDoA 定位中使用上行参考信号，网络根据上行参考信号，多个基站测量终端到达时间差，然后把测量值上报给定位服务器，利用双曲线算法计算出 UE 的位置。UL-TDoA 定位方法如图 5-13 所示。

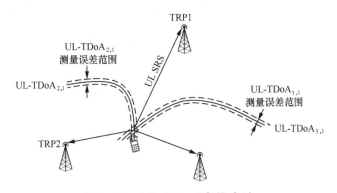

图5-13 UL-TDoA定位方法

在 NR UL-TDoA 定位方法中，服务基站首先要给 UE 配置发送上行定位参考信号（UL-SRS）的时间和频率资源，并将 UL-SRS 的配置信息通知给定位服务器。定位服务器将 UL-SRS 的配置信息发给 UE 周围的 TRP。各 TRP 根据 UL-SRS 的配置信息检测 UE 发送的 UL-SRS，并获取 UL-SRS 到达时间与 TRP 本身参考时间的相对时间差。根据 3GPP TS 38.133 协议，UL-TDoA 的报告范围是 $-985024T_c$ 到 $+985024T_c$，分辨率是 $T = T_c \times 2^k$，k 的取值范围

是 {0, 1, 2, 3, 4, 5}。其中，T_c =0.509ns。LMF 通过 timingReportingGranularityFactor 参数向 gNB 提供分辨率的建议值，gNB 基于 timingReportingGranularityFactor 选择参数 k，然后通知给 LMF。

UL-TDoA 上行定位信息请求流程如图 5-14 所示。

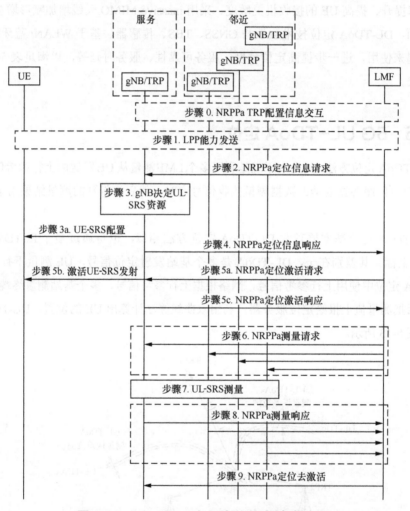

图5-14 UL–TDoA上行定位信息请求流程

步骤 0：LMF 获得 TRP 信息，以便用于 UL-TDoA 定位。

步骤 1：LMF 使用 LPP 能力发送流程，请求目标终端的定位能力。

步骤 2：LMF 发送 NRPPa 定位信息请求消息给服务 gNB，请求目标终端的 UL-SRS 配置信息。

步骤 3：服务 gNB 决定用 UL-SRS 的资源，并在步骤 3a 配置目标终端的 UL-SRS。

步骤 4：服务 gNB 向 LMT 提供 NRPPa 定位信息响应信息。

步骤 5：如果是半持续或非周期性 SRS，则 LMF 向目标终端服务的 gNB 发送 NRPPa 定位激活请求消息，请求激活 UE SRS 传输。然后，gNB 激活 UL-SRS 传输，发送 NRPPa 定位激活响应消息，目标终端根据 UL-SRS 资源配置的时域行为，开始发送 UL-SRS。

步骤 6：LMF 在 NRPPa 测量请求消息中，向选定的 gNB 提供 UL-SRS 配置，测量请求消息包括使 gNB/TRP 完成 UL 测量的所有信息。

步骤 7：每个在步骤 6 配置的 gNB 测量来自目标终端的 UL-SRS。

步骤 8：每个 gNB 在 NRPPa 测量响应消息中，向 LMF 报告 UL-SRS 测量。

步骤 9：LMF 向服务 gNB 发送 NRPPa 定位去激活消息。

●● 5.6　本章小结

5G 毫米波和大规模天线技术相结合可以实现精确的测角和测距，使基于 AoA、DL-TDoA、UL-TDoA 的定位方法在 5G 中具有更高的精度。5G 通信的高速率、低时延特征，使 5G 网络辅助的 GNSS 高精度定位成为可能。本章首先介绍了无线定位技术分类、5G 蜂窝网定位的需求和基本原理；然后重点分析了 5G 网络辅助的 GNSS 定位以及 5G DL-TDoA 定位；最后简要分析了 5G UL-TDoA 定位。面对多种多样的定位业务需求，要充分考虑电信运营商网络的部署实现方案，结合蜂窝网定位技术的优势，适当融合非蜂窝网定位技术，为最终定位结果的获取提供最优解决方案。

参考文献

[1]　刘琪，冯毅，邱佳慧 . 无线定位原理与技术 [M]. 北京：人民邮电出版社，2017.

[2]　张建国，徐恩，周鹏云，等 . 基于 OTDoA 的 5G 定位性能综合分析 [J]. 邮电设计技术，2021（5）：38-42.

[3]　张建国，韩春娜，周鹏云 . 5G 网络辅助的 GNSS 定位性能分析 [J]. 邮电设计技术，2021（4）：19-22.

[4]　田湘，李罡，徐荣 . 卫星导航技术专题讲座（四），第 8 讲，A-GNSS 技术 [J]. 军事通信技术，2010（2）：102-106.

[5]　李健翔 . 5G 移动通信网的定位技术发展趋势 [J]. 移动通信，2022，46（1）：96-100.

[6]　梁健生，陈晓东 . uRLLC 关键技术研究与空口时延分析 [J]. 移动通信，2020，44（2）：35-39.

[7]　张建国，徐恩，张艺译 . 5G NR 峰值速率综合分析 [J]. 邮电设计技术，2019（7）：28-32.

[8]　张建国，徐恩，黄正彬 . 5G NR 控制信道容量能力综合分析 [J]. 邮电设计技术 2019（9）：45-50.

[9]　Stephan Sand, Armin Dammann, Christian Mensing. Positioning in Wireless Communications Systems[M]. John Wiley & Sons. 2014.

[10] Harri Holma, Antti Toskala, Takehiro Nakamura. 5G Technology 3GPP New Radio [M]. John

Wiley & Sons. 2020.

[11] 3GPP TS 22.261, TSGSSA; Service requirements for the 5G system; Stage1.

[12] 3GPP TS 23.273, TSGSSA; 5G System (5GS) Location Services (LCS); Stage2.

[13] 3GPP TS 36.133, E-UTRAN; Requirements for support of radio resource management.

[14] 3GPP TS 37.355, TSGRAN; LTE Positioning Protocol (LPP).

[15] 38.104, NR; Base Station (BS) radio transmission and reception.

[16] 3GPP TS 38.211, NR; Physical Channels and modulation.

[17] 3GPP TS 38.214, NR; Physical layer procedures for data.

[18] 3GPP TS 38.300, NR; NR and NG-RAN Overall Description; Stage2.

[19] 3GPP TS 38.305, NG-RAN; Stage2 functional specification of User Equipment (UE) positioning in NG-RAN.

[20] 3GPP TS 38.331, NR; Radio Resource Control (RRC) protocol specification.

[21] 3GPP TS 38.405, NG-RAN: Stage2 functional specification of User Equipment (UE) positioning in NG-RAN.

[22] 3GPP TR 22.862, Feasibility Study on New Services and Markets Technology Enablers for Critical Communications; Stage1.

[23] 3GPP TR 22.872, TSGSSA; Study on positioning use cases; Stage1.

[24] 3GPP TR 38.855, TSGRAN; Study on NR positioning support.

[25] R1-1812616, NR Positioning Reference Signals for OTDoA, CATT.

[26] R1-1901980 Further discussion of NR RAT-dependent DL Positioning, CATT.

[27] R1-1904004, DL and UL Reference Signals for NR Positioning, Huawei.

[28] R1-1904394, DL and UL Reference Signals Design for NR Positioning, Samsung.

[29] R1-1905461 DL and UL Reference Signals for NR Positioning, Ericsson.

[30] R1-1909424, DL reference signals for NR positioning, Ericsson.

[31] R1-1913135, DL reference signals for NR positioning, Ericsson.

5G 专网

Chapter 6

第6章

作为新一代移动通信技术，5G 通信网络具有大带宽、低时延和广连接等特性，不仅可以有效支撑大容量、高实时以及高并发的应用场景，而且借助 5G 网络可定制、切片隔离和移动边缘计算等技术特性，可根据不同行业的实际场景需求建设 5G 行业专网，满足各行各业差异化的业务需求。凭借技术优势及政策的大力支持，近年来，5G 专网实现了飞速发展，当前已在工业、电力、港口、交通等各个重要行业实现了广泛应用，推动了"5G+ 行业"生态普及，助力千行百业实现了数字化、信息化、智能化升级转型。

●● 6.1　5G 专网发展情况

6.1.1　5G 产业发展概述

随着 5G 商用的快速推进及新基建对 5G 应用的强大推动,利用 5G 实现生产方式智能化、数字化的转型变得日益重要。传统的专网技术已经难以满足企业网络日益增长的信息化业务需求。5G 凭借其卓越的通信性能指标,5G 技术在工厂、能源、矿山、电力、交通、医院、教育等多个领域,以专属网络的形态赋能行业数字化应用场景创新及信息化业务演进,推动生产要素的数字化、智能化转型。现阶段,用户对行业网络的需求呈现越来越多差异化和碎片化的特点,通用化的网络产品已经无法完全满足这些需求。因此,需要针对不同行业用户提供量身定制、灵活便捷的网络服务。

行业用户的生产园区及业务场景对网络要求均大于公网,例如,对无线网络覆盖场景多样化、上行带宽、时延稳定性、数据保密性、设备移动性的要求,对网络边缘部署、资源定制的需求,对网络性能可配置、运维可管可控的要求,以及与现有系统平滑对接、行业应用迁移上云等要求。为了满足这些特定场景的要求,需要借助 5G 网络切片等新特性,构建差异化的、定制化的 5G 行业专网,为行业用户提供按需构建的网络解决方案,这也促进了 5G 产业的蓬勃发展。

1. 产业及生态高速发展

5G 网络目前已在全球部署,而 5G 专网作为面向企业用户服务的关键基础设施,产业发展欣欣向荣,全球已有多家电信运营商、设备供应商等组织共同参与 5G 专网项目,进一步丰富了 5G 专网生态。

为了满足行业用户对 5G 网络技术、建设、管理等各个方面的差异化及多样化需求,全球多个国家和地区制定了与 5G 专网相关的频谱规划及促进政策。目前,全球已有超过 30 个国家和地区出台或计划出台本地 5G 频谱政策(其中,将近 20 个国家和地区已开放申请许可)。在行业呼吁和政策引导下,欧洲是出台专用频谱政策国家最多的区域,德国、英国在 2019 年率先开放专用频率的许可,法国则将中频段和高频段专网试验频谱分配给需求企业。亚太地区的日本、韩国也快速跟进,日本 2019 年为垂直行业分配"Local 5G"专频用于 5G 专网建设;韩国将 5G 专网视为推动"5G + 产业生态系统"发展的利器,在促进 3 家电信运营商基于公网的 5G 企业专网应用的同时,韩国大力推动使用专网频谱的 5G 专网的应用和发展,于 2021 年 10 月发布了"5G 专网频率分配公告",截至 2023 年 3 月,已向 10 余个申请者发放了专网频率许可。美洲地区，美国 3.5GHz CBRS 频段共享频谱之前已用于 4G 专网，2020 年拓展至 5G；巴西于 2022 年年中批准了 3.7~3.8GHz 专网频段低功率地面站的技术要求，2022 年 11 月发放了第一份 5G 专网许可。从具体频段来看，近 6 成的国家和地区采取中频段、高频段相结合的方式提供专网频谱，总体来说，采取中频段频谱的国家和地区略多于高频段。

5G 专网建设和运维需要深厚的专业技术能力和资金支持，而行业用户中，除了少数有能力的大型行业企业用户可自行建设和运维 5G 专网，绝大多数行业企业用户采用电信运营商代建的方式，由电信运营商进行专网规划、部署和运维。在 5G 专网发展初期，电信运营商凭借网络部署和运营经验，以及与设备商的议价能力主导了专网市场。全球多个发达国家的电信运营商均推出了面向行业用户的 5G 专网解决方案，针对不同规模的企业灵活定制，设备商方面则凭借较强的专业技术能力受到行业企业的信任，设备商提供的一体化解决方案也同样吸引了大量的行业用户。

随着技术和市场发展，5G 专网的发展前景吸引了各类市场主体进入，除了传统电信运营商、设备商，系统集成商、云提供商、新兴设备商甚至互联网公司等纷纷进入 5G 专网市场，这些厂商推出 5G 专网解决方案和产品，涉及业务需求、终端设备定制、5G 设备供应、网络部署、云服务、行业应用及运维等各个层面的服务内容，5G 专网生态逐渐形成并蓬勃发展。

2. 市场空间广阔

低时延、高可靠的 5G 连接网络是各行业深度互联的基石与刚需，据全球移动通信系统协会（Global System for Mobile Communication Association，GSMA）预测，未来的工业制造、车联网等行业的市场规模超万亿，为 5G 专网市场提供了广阔的市场空间。无论是电信运营商拓展 5G 专网蓝海市场，还是垂直行业数字化转型，都将 5G 专网推向了风口。

具体产业规模上，5G 专网市场发展呈现欣欣向荣的前景。据 ABI Research（调研）公司报告显示，到 2026 年蜂窝无线专网资本支出将超过 2000 亿美元，到 2036 年全球 5G 专网支出将超过 5G 公网。根据 Grandview Research（美国一家市场研究咨询公司）预测，全球 5G 专网市场 2020—2027 年的复合增长率将达到 37.8%，5G 专网市场规模随垂直行业客户的需求提升而高速增长。从发展趋势上看，以中国为例，5G 专网数近 3 年呈现爆发式增长，2023 年 9 月，工业和信息化部发布的相关数据显示，中国已建成超 20000 张 5G 专网。

总体而言，全球 5G 网络的发展趋势是加速部署、技术进步、产业应用、国际合作和商业模式创新。5G 网络将在全球范围内为各行业带来巨大的变革和发展机遇。

3. 定制化终端日趋成熟

随着技术的成熟、良好的产业环境以及 5G 专网的飞速发展的市场催化，5G 行业终端类型逐渐丰富，日益满足行业用户的定制化需求。5G 行业模组定制化策略、RedCap 等技术有效降低了行业 5G 终端的整体成本，行业 5G 模组价格下降到 400 元以下，未来有望进一步降到一两百元。同时，定制化 5G 行业终端逐渐丰富，例如，在 2022 年，定制化融合定位、高精度授时和工业防护的 5G 行业终端（例如，自动化 5G 电力配电设备、矿山 5G 自动导引运输车、矿山 5G 防爆设备等），有效提高了 5G 在行业应用中的稳定性和使用效率。而 5G 行业终端定制化技术的成熟及价格的逐步降低必将进一步激发行业需求，进而催生出更为丰富多元的行业应用场景，扩大 5G 行业终端的市场规模。

随着 5G 商用进程不断推进，增强型移动宽带、超可靠低时延通信及大规模机器通信等技术持续演进，使 5G 可覆盖超高清视频等大流量增强移动宽带业务、无人驾驶和工业自动化等多种业务场景，满足行业发展需求。面向众多行业应用需求，5G 行业将主要在终端形态和终端功能两大方面进行定制化发展。

在终端形态方面，衔接行业实际应用需求而来的定制化 5G 行业终端形态逐步丰富，既能满足 5G 承载连接任务，也能更契合场景需要。除了当前用户前置设备（Customer Premises Equipment，CPE）、数据传输单元（Data Transfer Unit，DTU）、网关等传统终端形态，智能机器人、自动导引车（Automated Guided Vehicle，AGV）、工业定制终端、车载设备、无人机 / 车 / 船等各种终端逐渐丰富 5G 行业终端生态，进一步满足行业发展需求。

在终端功能方面，5G 行业终端功能也将更加丰富，以满足专业化、精细化的行业需求。具体来说，与传统手机、平板计算机等关注通用性、标准化的 5G 消费类终端不同，行业用户对终端功能的需求往往与具体的使用场景息息相关。工业、医疗、教育、交通等重点行业对 5G 行业终端的可靠性、稳定性、时延等性能以及协议转换、组网等功能提出了更高要求。同时，考虑到高温度、高湿度、粉尘等复杂多变的行业终端作业环境，研发特定场景下稳定可靠运行的终端产品成为当前行业关注的重点。基于多协议转换、抗干扰、防水、防爆、安全等关键能力的定制化终端适配，并能有效降低成本，成为 5G 行业终端发展的重要方向。

4. 5G 应用走向深入发展

除了 5G 专网数量上的增长，随着终端的逐步丰富、终端模组价格逐渐降低，5G 与行业融合进入深水区，行业覆盖更广、应用嵌套加深。5G 应用逐步从"多点开花"向"多领域纵深"发展，主要呈现如下融合趋势。

● 由浅到深：5G 与行业融合从"浅融合"到"深度融合"，行业对 5G 技术的应用从非生产域向生产域逐步转变。

● 由少及多：5G 在行业侧从初期的试点到逐步规模发展，行业应用上从少连接向全连接扩展。

● 由辅到主：5G 应用先从外围办公等辅助开始，逐步向主营生产区扩展，呈现从辅助业务向常态运营的转变趋势。

另外，随着 AI 等新兴技术的快速发展，在各行各业中，5G 应用还需与大数据 /AI/ 工业互联网等新技术结合，催生更多细分领域发展，实现更多应用场景覆盖及技术创新。

6.1.2　中国 5G 专网发展情况

中国 5G 正式商用以来，在技术标准、网络建设、产业发展等方面已取得了世界领先的发展成就，5G 应用也实现了从"0"到"1"的突破，展现出了庞大的潜在市场空间和助力经济社会创新发展的巨大潜能。随着中国进入 5G 应用规模化发展的关键时期，中共中央、国务院及其各部委等部门陆续印发了支持、规范 5G 行业发展的相关政策。相关政策的性质主要为规划类和支持类，内容主要涉及技术发展、5G 建设、商业应用、工业互联网等方面，各个省市也陆续发布了与 5G 行业相关的政策，推进 5G 建设、5G 与其他产业（例如，工业互联网）的融合以及 5G 与基础设施建设的融合（例如，智慧城市）等方面。

近年来，中国推动 5G 专网发展的主要政策的具体介绍如下。

国民经济和社会发展"十四五"规划中提出，"加快 5G 网络规模化部署""构建基于 5G 的应用场景和产业生态""推动 5G、大数据中心等新兴领域能效提升"等要求，国家对 5G 行业的重视程度不断提升。

2022 年 8 月，工业和信息化部发布《5G 全连接工厂建设指南》，指导各地区各行业积极开展 5G 全连接工厂建设，带动 5G 技术产业发展壮大和进一步加快"5G + 工业互联网"新技术、新场景、新模式向工业生产各领域、各环节深度拓展及推进传统产业提质、降本、增效、绿色、安全发展。

2023 年 6 月，工业和信息化部印发《工业互联网专项工作组 2023 年工作计划》（以下简称"工作计划"），围绕基础设施、创新体系、融合应用、产业生态等方面提出 11 项重点行动、54 项具体措施。"工作计划"提出，将推动不少于 3000 家企业建设 5G 工厂，建成不少于 300 家 5G 工厂，打造 30 个试点标杆，发布首批 5G 工厂名录，编制典型案例集，完善"5G + 工业互联网"发展管理平台。"工作计划"还强调，要推动重点行业领域改造建设企业内网，支持矿山企业加快 5G 专网建设，完成 5 个以上化工园区云边协同示范应用。

2023 年 11 月，工业和信息化部印发《"5G + 工业互联网"融合应用先导区试点工作规则（暂行）》《"5G + 工业互联网"融合应用先导区试点建设指南》，指导各地积极有序开展"5G + 工业互联网"融合应用先导区试点建设，推动"5G + 工业互联网"规模化发展，进一步激发各类市场主体创新活力，打造具有全国、区域引领效应的产业集群。

宏观政策的有力支持、庞大的市场空间以及经济社会创新发展的巨大潜能，在多项因素叠加影响下，中国 5G 网络及应用发展水平全球领先。

我国正式发放 5G 商用牌照已满 4 年，目前，我国已建成全球规模最大、技术最先进的 5G 网络。根据工业和信息化部发布的相关数据，截至 2023 年 9 月底，我国累计建成开通 5G 基站 318.9 万个，5G 移动电话用户达 7.37 亿户，5G 行业虚拟专网超 2 万个，5G 标准必要专利声明数量全球占比达 42%。在 97 个国民经济大类中，5G 应用已广泛融入 67 个。

根据现有计划，工业和信息化部将进一步加快推进地级及以上城市 5G 网络深度覆盖，并逐步向有条件的县镇加速延伸，加快推进 5G 行业虚拟专网建设部署；加快推进 5G 轻量化技术演进和商用部署，持续开展 5G 新技术测试验证，加快推进产业成熟；发挥"绽放杯"5G 应用征集大赛等平台作用，促进 5G 应用规模化、多样化发展，加强部门合作和部省联动，促进 5G 与垂直行业深度融合；鼓励国内企业加强 5G 海外合作，推动构建开放、包容、普惠、共赢的全球产业生态。

在推动 5G 专网落地方面，我国几家电信运营商也持续推出并升级 5G 专网服务。2023 年 5 月，中国移动发布 5G 极致专网 3.0ultra，推出 4 款场景化专网产品。其中，办公双域专网可实现内网、外网灵活切换；生产可靠专网可按需灵活定制，服务全连接工厂；园区精品专网在时延、隔离方面有保障，助力 5G"双智城市"发展；5G 快线轻量专网即插即用、一跳入云的能力可助力中小企业快捷用网。中国电信形成涵盖"端、网、边、云、用、服、安"的"NICES Pro"模式，针对广域优先型、时延敏感型和安全敏感型 3 类不同的行业需求与场景，分别提供"致远""比邻""如翼"3 类不同的定制网服务模式，形成智慧矿山、智慧工厂、智慧城市、智慧医疗等一系列典型案例。中国联通发布其 5G 行业专网产品体系 3.0，涵盖局域、广域、跨域三大类纵深场景，实现 5G 专网 PLUS（加）能力升级。

●●6.2 关键技术

早在 5G 国际标准制定之初，5G 就被赋予了实现"人机交互，万物互联"的使命。与 4G 专网相比，5G 专网以更快的通信速率、更低的时延、更高的可靠性和更大的连接密度等优良特性，从人与人的通信拓展到了各行业领域。5G 专网赋能行业的秘密在于通过网络切片、QoS 调度等关键技术，实现对不同行业应用场景的差异化调度及管控，满足行业侧差异化场景需求。

6.2.1 QoS 优先级

5G 网络支持端到端 QoS 优先级调度机制，可根据行业不同的应用特性和服务质量要求，根据不同的优先级对业务流量进行调度，保障关键业务质量和差异化场景需求。

5G QoS 模型是通过 PDU 会话中的 QoS 流来实现的。QoS 流是 PDU 会话中区分 QoS 的最小粒度。QoS 的参数包括时延、分配和保留优先权、资源类型是否保障等。这些参数共同决定一个 QoS 流的最终优先级。

5G QoS 模型支持保障流比特速率（Guaranteed Bit Rate，GBR）的 QoS 流和非保障流比特速率（Non-Guaranteed Bit Rate，Non-GBR）的 QoS 流。其中，GBR 是指保证的比特速率，即使在网络资源紧张的情况下，相应流的比特速率也能够保持，即保证的最小带宽；Non-GBR 是指网络不提供最低的传输速率保证，在网络拥挤的情况下，业务需要承受降低速率的要求，由于 Non-GBR 承载不需要占用固定的网络资源，所以可以长时间维持。另外，5G QoS 模型还支持反射式 QoS，即网络没提供 QoS 参数，UE 根据下行包的 QoS 参数反推出上行流量的 QoS。

5G 定义了 QFI 来标识一个 QoS 流，在同一个 PDU 会话内使用同一个 QFI 的用户面流量将采用相同的数据转发操作，例如，调度、接纳控制的门限等。5G 网络使用 5G QoS 标识（5G QoS Identifier，5QI），同时也表明了这个 QoS 流的特性。5G 会话与 QoS 流模型如图 6-1 所示。

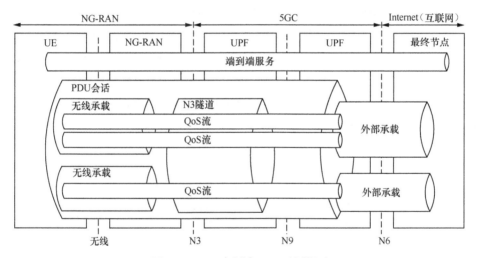

图6-1　5G会话与QoS流模型

QoS 流具体包括的参数及其说明如下。

● 每个 QoS 流包括 5QI、分配和保留优先权（Allocation and Retention Priority，ARP），用于执行资源分配与保留优先级方面的差异化功能，实现在资源紧张的情况下，决定接受或者拒绝承载的建立或修改请求。

● 对每个 Non-GBR QoS 流，可包括反射 QoS 属性（Reflective QoS Attribute，RQA），指示在该 QoS 流上承载的某些业务受反射 QoS 的约束。

● 对每个 GBR QoS 流，可包括保障流比特速率（Guaranteed Flow Bit Rate，GFBR）和最大流比特速率（Maximum Flow Bit Rate，MFBR），GFBR 保证在平均时间窗口内由网络向 QoS 流提供的比特率，MFBR 将比特率限制为 QoS 流所期望的最高比特率。

- 在 GBR QoS 流实例中，QoS profile 包括一个或多个通知控制（Notification Control，NC）和最大数据包丢失率（Maximum Packet Loss Rate，MPLR）参数。

业务 QoS 的有效调度必然是端到端的，5G 网络支持端到端的 QoS 控制。

5G 核心网：5GC 支持 4G/5G 融合策略与计费控制（Policy and Charging Control，PCC）架构，支持会话级别和 QoS 流级别的 QoS 策略控制，包括门控、QoS 控制、流量控制、事件监控、用量监控、流量引导等能力。支持 3GPP 协议中定义的标准 5QI 和自定义 5QI；支持灵活的策略配置；支持向终端和无线网下发相关策略；支持 3GPP 协议中规定的标准 ARP 配置；支持 QoS 参数到传输级参数（VLAN 优先级和 DSCP 等）的映射；支持下行业务流到 QoS 流的绑定。

5G 无线网：支持 QoS 相关的参数配置，包括最大比特速率（Maximum Bit Rate，MBR）、保障比特速率（Guaranteed Bit Rate，GBR）、优先级速率（Prioritized Bit Rate，PBR）、UE-AMBR、5QI、用户等级等，用于 QoS 参数的调度。针对不同的切片与 QoS 需求，无线网可通过调度优先级、预调度等参数 / 算法配置，保障空口速率、时延、可靠性等性能需求。无线支持 ARP 接纳控制，支持 5QI 参数和 DSCP 参数的灵活映射。

5G 承载网：IP 承载网应支持核心网、无线映射的差分服务代码点（Differentiated Services Code Point，DSCP）等参数进行 QoS 调度。传输网应支持核心网、无线映射的虚拟局域网（Virtual Local Area Network，VLAN）优先级、DSCP 等参数进行 QoS 调度。针对同一个 5QI，核心网支持为传输和承载配置不同 DSCP，支持电信运营商自配置 5QI 与 DSCP、VLAN 优先级的映射关系。

3GPP 标准定义的标准 5QI 到 QoS 特性的映射关系见表 6-1。

表6-1　3GPP标准定义的标准5QI到QoS特性的映射关系

5QI 值	资源类型	默认优先等级	分组数据包时延预算	分组包错误率	默认最大数据突发量	默认平均窗口	服务举例
1		20	100ms	10^{-2}			会话类语音
2		40	150ms	10^{-3}			会话类视频（直播流）
3		30	50ms	10^{-3}			实时游戏，V2X 消息配电（中压），流程自动化
4	GBR	50	300ms	10^{-6}	N/A	2000ms	非会话类视频（缓冲流）
65		7	75 ms	10^{-2}			关键任务用户面一键通语音
66		20	100ms	10^{-2}			非关键任务用户面一键通语音
67		15	100ms	10^{-3}			关键任务用户面视频
75		25	50ms	10^{-2}			V2X 消息、A2X 消息

续表

5QI 值	资源类型	默认优先等级	分组数据包时延预算	分组包错误率	默认最大数据突发量	默认平均窗口	服务举例
71	GBR	56	150ms	10^{-6}		2000ms	直播上行数据流
72		56	300ms	10^{-4}			
73		56	300ms	10^{-8}			
74		56	500ms	10^{-8}			
76		56	500ms	10^{-4}			
5	Non-GBR	10	100ms	10^{-6}		N/A	IMS 信令
6		60	300ms	10^{-6}			视频（缓冲流）基于 TCP 的服务（例如，Web 浏览、电子邮件、聊天、FTP、P2P 文件共享）
7		70	100ms	10^{-3}			语音、视频（直播流）、互动游戏
8		80	300ms	10^{-6}	N/A		视频（缓冲流）基于 TCP 的业务（例如，Web 浏览、电子邮件、聊天、FTP、P2P 文件共享、渐进式视频）
9		90					
10	Non-GBR	90	1100ms	10^{-6}		N/A	视频（缓冲流）基于 TCP 的业务（例如，Web 浏览、电子邮件、聊天、FTP、P2P 文件共享、渐进式视频）及其他可通过卫星接入的类似参数业务
69		5	60ms	10^{-6}			关键任务时延敏感型信令
70		55	200ms	10^{-6}			关键任务数据
79		65	50ms	10^{-2}			V2X 消息
80		68	10ms	10^{-6}			低时延 eMBB 应用 增强现实
82	Delay-critical GBR	19	10ms	10^{-4}	255bytes	2000ms	离散自动化
83		22	10ms	10^{-4}	1354bytes		离散自动化 V2X 消息
84		24	30ms	10^{-5}	1354bytes		智能交通系统
85		21	5ms	10^{-5}	255bytes		配电（高压）V2X 消息（远程驾驶）

续表

5QI 值	资源类型	默认优先等级	分组数据包时延预算	分组包错误率	默认最大数据突发量	默认平均窗口	服务举例
86		18	5ms	10^{-4}	1354bytes		V2X 消息（高阶驾驶）
87		25	5ms	10^{-3}	500bytes		互动服务
88	Delay-critical GBR	25	10ms	10^{-3}	1125bytes	2000ms	互动服务，AI 识别
89		25	15ms	10^{-4}	17000bytes		用于云 / 边缘 / 分割渲染的视觉内容
90		25	20ms	10^{-4}	63000bytes		用于云 / 边缘 / 分割渲染的视觉内容

6.2.2 网络切片

面向垂直行业，为了实现不同业务需求的独立运营和安全隔离，提供高效的服务等级协议（Service Level Agreement，SLA）保障，3GPP 协议定义了网络切片功能。网络切片是将电信运营商的物理网络切分为多个逻辑网络实现一网多用，使电信运营商能够在一个物理网络上构建多个端到端的、虚拟的、隔离的、按需定制的专用逻辑网络，从而满足不同行业客户对网络能力（时延、带宽、连接数、可靠性等）的不同要求，并实现低成本高效运营。

对于行业用户而言，网络切片有利于大大降低专网的建设和运营成本，并且可以借助网络切片灵活的性能弹性扩缩容优势，快速满足动态变化的网络需求。网络切片技术的应用是移动网络的一次重大变革，为 5G 网络和行业应用的深度融合奠定了坚实基础。与传统物理专网的私有性与封闭性不同的是，5G 网络切片是建立在共享资源之上的虚拟化专用网络，切片安全除了提供传统移动网络安全机制（例如，接入认证、接入层和非接入层信令和数据的加密与完整性保护等），还提供网络切片之间端到端安全隔离机制。

网络切片整体可以分为软隔离和硬隔离两大类。

● 软隔离：无线网通过 5QI/GBR，承载网通过 DSCP 映射 VLAN 优先级，核心网通过 QoS 策略，实现端到端的软隔离；或者无线网通过独立 NG 口，承载网通过独立 VPN，核心网通过独立 N3 口，实现端到端组网隔离。

● 硬隔离：无线网通过独立 PRB/ 独立频谱 / 独立站点 / 独立基站，承载网通过独立 FlexE，核心网通过独立 UPF(强隔离场景也可以独立控制网元)，实现端到端硬隔离。

5G 网络端到端切片可分为无线侧切片、承载侧切片和核心网切片。5G 网络切片与隔离如图 6-2 所示。

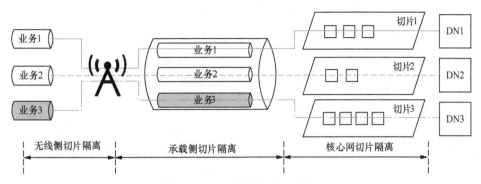

图6-2　5G网络切片与隔离

1. 无线侧

网络切片在无线侧的隔离主要面向无线频谱资源和基站处理资源。在 5G OFDMA 系统中，无线频谱从时域、频域、空域维度被划分为不同的资源块，用于承载终端和基站之间数据的传输。频谱资源的隔离可以分为物理隔离和逻辑隔离两种。

无线切片关键技术可分为 QoS 调度、RB/ 频谱资源预留以及完全的物理基站独享。由于物理基站独享成本较高，所以应用 QoS 调度及 RB/ 频谱资源预留这两种技术得较多。QoS 调度是切片间共享空口资源，按配置的优先级进行调度；RB/ 频谱资源预留是给网络切片分配专用的频谱带宽，分配给切片预留的 RB 资源。无线侧切片方式如图 6-3 所示。

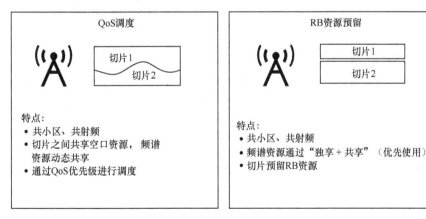

图6-3　无线侧切片方式

2. 承载侧

5G 网络的物理通信链路需要承载多个切片的业务数据，网络切片在承载侧的隔离可通过软隔离和硬隔离两种方案实现。

其中,软隔离方案基于现有网络机制,通过 VLAN 标签与网络切片标识的映射实现。网络切片具备唯一的切片标识,根据切片标识为不同的切片数据映射封装不同的 VLAN 标签,通过 VLAN 隔离实现切片的承载隔离。软隔离方案虽然将不同切片的数据进行了 VLAN 区分,但是标记有 VLAN 标签的所有切片数据仍然混杂在一起进行调度转发。

硬隔离方案引入 FlexE 技术,基于以太网协议,FlexE 技术可以将一个以太网端口分为多个独立子信道,每个子信道具有独立的时隙和 MAC,在 L1(PHY)和 L2(MAC)层之间创造另一"垫层",提供以太网层面的物理隔离。FlexE 分片是基于时隙调度将一个物理以太网端口划分为多个以太网弹性管道,使承载网络既具备类似于时分多路复用(Time Division Multiplexing,TDM)独占时隙、隔离性好的特性,又具备以太网复用、网络效率高的特点。FlexE 切片如图 6-4 所示。

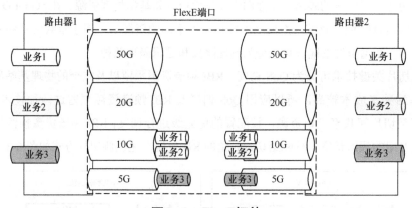

图6-4 FlexE切片

网络切片的承载隔离可以同时采用软隔离和硬隔离相结合的方案,在对网络切片使用 FlexE 切片技术后,还可以使用 VLAN 实现进一步逻辑隔离,实现更好的业务分级保障与隔离。

3. 核心网

5G 核心网基于虚拟化基础设施构建,并且由很多种不同的网络功能构成,有些网络功能为切片专用,有些网络功能则可以在多个切片之间共享。根据核心网的控制面和用户面具有不同的共享方式,核心网切片包括全共享、部分网元共享部分网元独享和全独享 3 种方案,可以根据业务场景需要及部署成本考虑多种切片形态。在行业专网场景下,后两种部署方案数据业务不再从公众网络迂回至企业园区,可以保障用户数据不出园区,业务有较高的安全保障。核心网切片如图 6-5 所示。

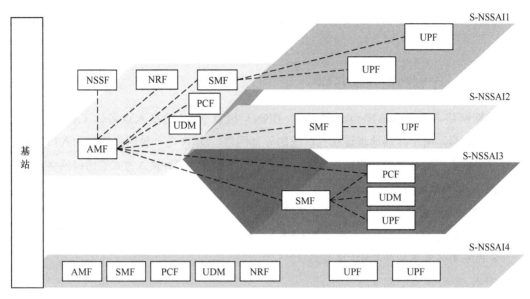

图6-5 核心网切片

图 6-5 中描述的是核心网的一种典型切片场景，该场景下核心网共有 4 个切片（通过
S-NSSAI 标识）。

- 切片 1：所有控制面网元共享、独享用户面 UPF。
- 切片 2：大部分控制面网元共享、独享 SMF 和用户面 UPF。
- 切片 3：共享 AMF、网络存储功能（Network Repository Function，NRF）、网络切片
选择功能（Network Slice Selection Function，NSSF），独享 SMF、统一数据管理功能（Unified
Data Management，UDM）及用户面 UPF。
- 切片 4：所有核心网网元独享。

4. 网络切片间隔离

由于网络切片共享统一的基础设施，所以为了确保一个切片的异常不会影响到其他切
片，一方面，核心网可以采用物理隔离的方案，为安全性要求较高的切片分配相对独立的
物理资源；另一方面，还可以采用逻辑隔离方案，借助成熟的虚拟化技术，在网络层通过
划分 VLAN/VxLAN 子网进行隔离，在管理层通过分权分域实现切片管理和编排的隔离。
相对于物理隔离方案，逻辑隔离对资源分配更加灵活，更经济。

网络功能隔离：不同网络功能（Network Function，NF）需要根据自身的安全级别要
求与信任关系进行安全域划分，以提供网络功能之间的相互隔离。随着 MEC 应用的普及，
大量 UPF 等网络功能需要从核心网络域下沉至网络边缘，与基站在边缘共址部署，这会
使下沉的 NF 与其他核心网 NF 被进一步划分到不同的安全子域。切片共享的网络功能与

切片内的网络功能互访时，需要设置安全防护机制（例如，白名单）进行控制，限制非法访问。

6.2.3 定制数据网络名称

数据网络名称（Data Network Name，DNN）相当于 4G 的接入点名称（Access Point Name，APN），用于终端请求连接到所选的外部网络。DNN 是一种网络访问的入口名称，是用户终端上网时必须配置的一个参数，它决定了终端通过哪种接入方式来访问网络。

DNN 具有如下特点。

- DNN 是用户接入 IP 网的入口，不同 DNN 对应着不同 IP 网络的入口。
- 用户开通 5G 业务时，需要指定 DNN。
- 同一用户可支持多 DNN 接入。

DNN 或 APN 的组成有两个部分。

- 网络 ID（必选）：表示一个外部网络。

网络 ID 至少包含一个标签，其长度最长为 63 个字节。其不能以字符串"rac""lac""sgsn""mc"等网元名称开头，不能以".gprs"结尾。另外，还不能包含"*"。

- 电信运营商 ID（可选）：表示其属于哪家电信运营商。

电信运营商 ID 由 3 个标签组成，最后一个标签必须为".gprs"，第一个和第二个标签要唯一地标识出一个 PLMN；每家电信运营商都有一个默认的 DNN/APN 电信运营商 ID，默认的电信运营商 ID 是从国际移动用户标志（International Mobile Subscriber Identity，IMSI）推导出来的："mnc<MNC>.mcc<MCC>.gprs"。

在 5G 网络中，DNN 可用于以下场景。

- 为 PDU 会话选择 SMF 和 UPF。
- 为 PDU 会话选择 N6 接口。
- 确定要应用到此 PDU 会话的策略。

5G 网络支持为行业客户分配独立的 DNN，提供专用的业务数据通道，支持根据 DNN 为行业用户选择特定的 UPF，实现流量汇聚及业务分流。DNN 可以与 S-NSSAI 一起使用，供电信运营商允许用户访问与 S-NSSAI 相关的网络切片内支持的数据网络。

定制 DNN 在业务实现方面，终端通过 5G 网络接入定制 DNN，PDU 会话建立成功后由 SMF 向 UDM、PCF 获取签约 DNN 及其关联的策略信息，PCF 将策略信息下发 SMF，SMF 将激活的规则、计费等策略信息下发 UPF，UPF 对用户数据报文执行 DNN 关联的相应业务策略。

使用定制 DNN 可满足数据面隔离、定制路由和策略要求的行业应用的定制化接入需求，主要场景涉及工业园区、电力、金融 POS 机业务、行政执法、视频监控、公交刷卡机等。

6.2.4 多接入边缘计算

随着业务的不断发展，应用本地化、内容分布化、计算边缘化逐渐成为演进趋势，行业对多接入边缘计算（Multi-access Edge Computing，MEC）需求越来越多。MEC 通过将能力下沉到网络边缘，在靠近用户的位置上，提供 IT 服务、环境和云计算能力，以满足低时延、大带宽的业务需求，支持边缘计算是 5G 网络的关键能力之一，也是实现差异化服务的重要手段。

3GPP 定义了控制面 / 用户面分离的 5G 网络架构，UPF 是边缘计算的数据锚点。欧洲电信标准组织（European Telecommunications Standards Institute，ETSI）定义了 MEC 的商业框架，包含软件架构、应用场景和 API。UPF 是 ETSI 与 3GPP 网络架构融合的关键点。5G 网络 MEC 架构如图 6-6 所示。

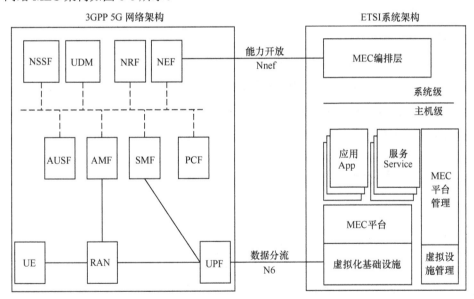

图6-6 5G网络MEC架构

图 6-6 的左侧是 5G 网络，包含核心网（含 AMF、SMF、PCF 等一系列控制面网元，以及用户面网元 UPF）、无线接入网（RAN）以及终端（UE）。图 6-6 的右侧是 MEC，包含 MEC 平台、管理编排域以及多个提供服务的 App，MEC 的具体功能说明如下。

• NFVI/VIM：基于 ETSI NFV 框架，虚拟化平台，提供应用、服务、MEP 等的部署环境。

- **MEP**：MEC 应用的集成部署、网络开放等中间件能力，可托管 5G 网络能力、业务能力等 MEC 服务。

- **MEPM**：MEC 平台网管，实施 MEP 的监控、配置、性能等管理以及对边缘计算应用的规则和需求进行管理。虚拟化基础设施管理器负责虚拟化资源的分配、管理和释放。

- **MEC 编排层**：核心功能实体，提供应用的编排，例如，准备虚拟化基础设施资源、MEC 应用的实例化生成及终结、MEC 应用在不同 MEC 主机之间迁移等。

MEC 业务系统作为 5G 系统的边缘网络部署在 N6 参考点上，由 UPF 负责将边缘网络的流量分发导流到 MEC 业务系统。基于 5G 核心网的控制面 / 用户面分离式架构，UPF 可以灵活部署到网络边缘的 MEC 系统。对 MEC 而言，UPF 是分布式的、可配置的数据平面，在 MEC 融合部署到 5G 网络中时，起到关键性作用。

对于 5G 专网，MEC 技术的主要价值体现在以下几个方面。

- **低时延**：通过在靠近用户侧提供边缘接入能力，可大幅降低时延。

- **流量本地化**：减少流量迂回，减轻骨干网压力。

- **数据安全**：数据不出园区，提高安全性。

- **计算边缘化，降低终端成本，提升业务体验**：通过在企业或者区域部署具备计算能力和分析能力的 MEC，使生产所需的数据由 MEC 进行处理，实现端侧算力上移，可降低智能终端成本（例如，智能摄像头，联网 AGV），提升用户业务体验（降低 AR/VR 设备的重量与价格，使高清 VR 视频等体验更流畅）。

6.2.5　本地分流

考虑数据安全及时延，5G 专网通过 UPF 的灵活部署与下沉，可实现数据就近接入企业内网本地处理的需求，然而对于复杂场景，业务流量及场景并不唯一，通常存在不同流量到不同网络进行处理的需求，此时需考虑流量的本地分流及处理机制。目前，5G 专网采用的较多的成熟分流方案主要包括基于 DNN 的分流方案和基于上行分类器（UpLink Classifier，ULCL）的分流方案。

1. 基于 DNN 的分流

DNN 分流方案如图 6-7 所示，需在终端配置定制 DNN，并在 UDM 上签约定制 DNN，当处于特定区域范围时，用户通过定制 DNN 发起 PDU 会话建立请求，SMF 根据终端提供的定制 DNN 及所在的跟踪区标识（Tracking Area Indicator，TAI）选择指定下沉的边缘 UPF 作为锚点 UPF，并分流接入企业专网实现本地业务流量的卸载。

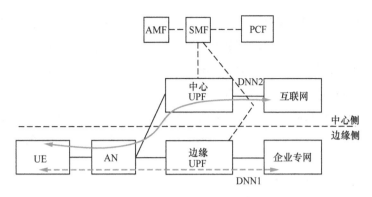

图6-7　DNN分流方案

2. 基于 ULCL 分流方案

在 IPv4/IPv6 类型的 PDU 会话情况下，SMF 可以决定在 PDU 会话的数据路径中插入 ULCL。ULCL 是 UPF 所支持的功能，通过由 SMF 提供的一些业务匹配过滤规则来实现特定流量的分流。ULCL 的插入和移除由 SMF 决定，并由 SMF 使用通用 N4 和 UPF 能力来控制。

此场景下，UE 不感知 ULCL 的流量分流，并且不参与 ULCL 的插入和移除。在 IPv4 或 IPv6 或 IPv4v6 类型的 PDU 会话的情况下，UE 将 PDU 会话与网络分配的单个 IPv4 地址或单个 IPv6 前缀或将二者相关联。ULCL 分流方案如图 6-8 所示。

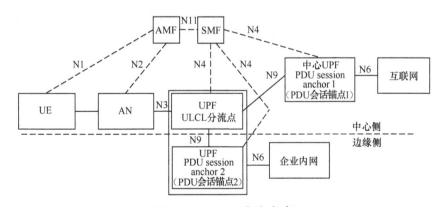

图6-8　ULCL分流方案

在图 6-8 中，中心 UPF 侧作为主锚点，边缘 / 下沉 UPF 作为 ULCL 分流点及辅锚点（通常物理上可合设）。用户注册时，选择中心侧的 UPF 作为主锚点建立 PDU 会话，SMF 根据 TAI、DNN、业务流等特定信息（SMF 可通过静态配置、PCF 签约触发等方式获取特定信息）触发 ULCL，UPF 配置分流规则实现本地流量分流卸载。用户 IP 由主锚点分配，在辅锚点上使用相同的 IP 地址。

边缘 UPF 作为 ULCL 分流器，对 RAN（AN）通过 N3 接口上传送的上行 GPRS 隧道协议（GPRS Tunnel Protocol，GTP）中的 IP 报文（IPv4 和 IPv6 都支持），做 L3/L4（IP 地址 + 端口号）的规则匹配，或 L7（DNS 域名）规则匹配；对于匹配规则的业务流，将通过 N6 接口访问企业内网或边缘云资源。对于未匹配规则的业务流，则通过 N9 接口传递到省 / 市中心 UPF 主锚点的 N6 接口访问公网。对于下行报文，由边缘 UPF（ULCL 分流点）聚合来自主锚点和辅锚点的下行数据报文，统一封装到 N3 接口的 GTP 隧道中传递给 RAN（AN）。

除了上述分流方式，3GPP 还定义了 IPv6 多归属、本地数据网络服务区分流等方式。

6.2.6 专网安全保障

5G 是在总结前几代移动网技术的弱点后加以改进而推出的，因此，5G 在原生安全性上更强大。例如，在用户的数据完整性、漫游认证、信息保护等方面，5G 都有所增强。而在网络设计上，鉴于 5G 在传输网、承载网、核心网资源层等方面的演进创新，以及相关设备水平上的持续提高，相应地强化了 5G 网的安全性及可管理水平。但需要说明的是，5G 在采用网络功能虚拟化、网络切片化、业务边缘化、网络开放化以及应用多样化等技术变革的同时，所带来的新的风险点需要重点关注。

对于边缘接入的 5G 专网场景，主要面临如下几项安全风险。

① 终端安全风险：5G 网络接入终端的种类繁多、数量巨大，终端的计算能力和安全防护措施差异明显。伴随终端的大量接入，伪造的、被劫持的、包含病毒或恶意程序的、缺少基本安全防护能力的终端可能将终端安全风险通过 5G 网络进行传播和扩大。同时，随着 5G 网络在工业互联网、车联网等行业中广泛应用，各类行业终端使用的非通用协议的安全风险也被引入 5G 网络。

② 业务开放安全风险：一是垂直行业终端、业务系统等接入 5G 环境，增大了终端、业务系统的暴露风险，使其面临的攻击面更广；二是在垂直行业侧部署电信运营商 UPF/MEC，承载行业应用，企业与电信运营商之间的安全界限变得模糊；三是下沉 UPF 网元自身可能存在安全漏洞、配置不当，导致存在被非授权接入或控制的风险。

③ 5G 新技术安全风险：5G 中使用了虚拟化、网络切片、MEC 等新技术，大量使用虚拟化等 IT 技术、互联网通用协议，进一步将互联网已有的安全风险引入 5G 网络，导致业务也面临安全风险。通过计算、存储、网络，虚拟化层以及编排管理层所暴露出的漏洞，黑客可以渗透云资源，破坏硬件和服务的可用性，控制系统与业务，窃取关键运营数据。

④ 数据安全需求：行业业务数据通过公共 5G 网络环境传输，行业对自身的业务数据控制能力减弱，可能会带来数据泄露的风险。

⑤ 安全运维管理需求：将原本较封闭的企业网络变得较为开放，且引入大量新技术和新运维对象，对安全管理、运维管理都带来新的安全风险和挑战。

基于上述考虑，5G 引入用户接入安全、数据传输安全、切片安全、服务化架构信令安全、NFV 及边缘计算安全、数字证书、网络设备安全保证等方式为行业用户提供覆盖网络的通用安全，通过制定组网安全域划分、部署安全防护设备、建设安全管控系统、搭建网络与业务系统间的安全通道、提供业务技术安全等，针对不同行业用户对安全的需求提供端到端灵活的安全策略。5G 专网安全保障主要包含以下几个方面。

1. 增强的 5G 安全标准

总体来说，5G 比 4G 具有更强大的性能指标，支持更多样化的业务场景。与网络演进相适应的 5G 网络安全也得到不断演进和增强。5G 网络在继承 4G 安全能力的基础上，带来更多安全方面的考虑，具体体现在以下 4 个方面。

一是新增服务域安全，采用完善的注册、发现、授权安全机制及安全协议来保障 5G 服务化架构安全。

二是采用统一认证框架，能够融合不同制式的多种接入认证方式，保障异构网络切换时认证流程的连续性。

三是增强数据隐私保护，使用加密方式传送用户身份标识，支持用户面数据完整性保护，以防范攻击者利用空中接口明文传送用户身份标识来非法追踪用户的位置和信息，以及防止用户面数据被篡改。

四是增强网间漫游安全，提供了网络电信运营商网间信令的端到端保护，防止外界获取电信运营商网间的敏感数据。

2. 5G 行业专网安全能力

5G 行业专网提供的安全能力的具体说明如下。

● 提供切片级的安全保护措施，包括切片内部的安全，也包括接入安全、传输安全以及管理安全等。

● 提供切片级的用户接入安全，进行双向认证，进一步对用户提供接入切片的认证，以及提供切片选择辅助信息的隐私保护；对空口传输的数据提供安全加密和完整性保护能力。

● 实施对切片的隔离，建立切片逻辑或物理隔离，将敏感网元部署在高安全级别的物理位置和设备上隔离，以及专用无线网络隔离等立体化安全隔离体系。

● 针对切片管理，提供实时的切片安全监控能力，应急处置以及故障恢复能力，在企业网络受到攻击或非法入侵时探查相关安全事故，切换服务节点，并恢复受攻击出现故障的网络单元。提供对切片管理操作的双向认证、授权、日志审计，切片管理操作指令传输的加密、完保、抗重放保护，以及切片配置的检查校验和切片终止后的数据清除等。

● 提供切片级的安全服务能力。在面向垂直行业的网络切片中，存在 3 种安全能力提供方式：一是在与垂直行业签约切片服务时，以 SLA 的形式确定针对特定切片的安全配置参数，行业客户可按需向电信运营商申请调整安全配置及其参数；二是电信运营商的网络和安全能力由网络开放功能（NEF）提供给垂直行业应用开发者，应用开发者可在业务逻辑中按需调用；三是在网络侧部署安全设备或者安全功能模块，通过流调度的方式让特定应用流量依次经过这些安全模块，提供纵深防御。

另外，对于在网络中引入边缘计算平台的情况，需支持使用 IPSec、TLS 等加密传输方式，防火墙、二层三层数据隔离等逻辑隔离通用安全手段，还应建立安全评估系统来评估安装在边缘计算系统中的应用安全以及应用接口与网络之间的安全。

5G 专网安全威胁及解决方案见表 6-2。

表6-2　5G专网安全威胁及解决方案

分类	主要威胁	风险	解决方案
控制面接口 N4	非法访问 N4 接口，伪造或篡改信令面报文	高	N4 接口 IPSec，独立 VPN
管理面接口 O&M、Mm4、Mm5、Mm6	非法访问管理接口，伪造或篡改管理信息	中	安全传输协议，认证授权，集中日志审计，信任城、网络平面隔离，独立 VPN
用户面接口 N3、N6、N9	数据被拦截，伪造恶意数据，畸形报文攻击，N3/N6 DoS 攻击	高	N3/N9 接口 IPSec，信任城、网络平面隔离，N6 接口防火墙防攻击，基于接口 /UE 的 ACL，畸形报文攻击检测
MEP 和 App 之间的 Mp1 接口、API 接口、O&M 接口	App 被攻陷后成为跳板，API 越权、流量攻击，O&M 接口拒绝服务、命令注入攻击	高	App 独立刀片服务器部署；API 认证授权、API 流控，App、MEP 隔离（计算、存储、网络）
MEP 与 UPF 的内部 Mp2 接口	MEP 被入侵控制后，发起对 UPF 的攻击	低	UPF/MEP 不同微服务使用不同容器隔离
N6 接口（外部）	缓冲区溢出 / 注入、木马、蠕虫、僵尸网络	中	开放端口认证授权，防火墙，信任域隔离，自身安全加固

UPF 作为 5G 专网的关键网元，需要重点做好安全防护，在物理安全、接口和访问控制、流量控制、分流策略安全、数据安全等方面加强安全防护。

3. 本地容灾

对于部分安全要求较高的 5G 专网，需考虑极端情况下，电信运营商公网网络故障或对外链路故障情况下的专网运行保障。具体可通过在行业侧部署轻量级 / 定制化 5GC（可只部署 AMF、SMF、UDM），实现行业用户本地数据业务应急接入及业务运行能力。具体方案主要通过在本地轻量级 / 定制化 5GC 缓存行业用户关键信息，可支持在 5GC 大网链路故障失联时，满足本地用户接入，支持稳态用户不掉线、惯性运行。5G 专网本地容灾需求见表 6-3。

表6-3 5G专网本地容灾需求

类别	说明
容灾场景	部署 5GC 控制面作为电信运营商大区 5GC 的备份。 园区 UPF 到大网控制面链路故障（N2/N4 断链）
业务保持体验	终端如果有新的消息发上来，则会重连到备份 5GC 恢复业务。 终端掉线后可以快速重连到 5GC，恢复业务运行
无线侧需求	RAN 需要在 N2 断链时支持应急 5GC 控制面的重选。RAN 和 5GC 协同，UE 重新接入备份 5GC 建立业务
核心网侧需求	在园区新建应急备份 5GC 控制面，与电信运营商 UPF 作 N4 对接。 5GC UDM 对园区用户需要重新放号或者需要从大网 UDM 同步

部署备份/容灾 5GC 时，可选择 3 种不同的部署模式：一是下沉部署全套 5GC；二是下沉部署轻量级 5GC；三是云化部署 5GC。3 种方式均可不同程度支持本地容灾。具体实现上，可在企业园区部署小型 5GC，预部署 5GC 控制面但平常不启用，当大网控制面链接故障时，备份小型 5GC 中的控制面可以接管电信运营商 UPF，快速恢复业务。本地容灾方案架构示意如图 6-9 所示。

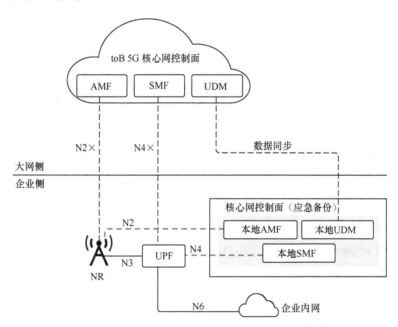

图6-9 本地容灾方案架构示意

4. 特殊行业安全防护要求

除了上述安全保障，部分特殊行业由于行业特性，存在场景化的安全诉求，需针对具体安全防护要求进行定制化安全考虑，进而满足特殊行业的安全防护要求。

部分典型行业的特殊要求如下。

● 煤矿行业:存在防爆的特殊要求。特别是在井下,相关基站等设备要求具备防爆、瓦斯超标紧急断电等特殊能力。

● 核电行业:要求基站等设备具备防辐射、抗干扰能力,需要采用无铝器件(例如,无铝射频馈线、无铝天线)、天线拉远等满足辐射区的特殊要求。

6.2.7 安全管控

随着 5G 与垂直行业的深度融合,行业用户特别是工业用户将 5G 定制专网引入生产系统时,希望在现有 5G 边缘接入、数据不出园区的基础上,满足对终端、卡号实现进一步的安全接入管控及自服务的需求。

根据现网 5G 专网用户的实际需求调研,行业对各类针对号卡的限制性需求及管控需求日益显现。具体需求主要聚焦于对地域类限制、接入用户限制、接入终端限制等接入控制方面。尤其以工业领域生产制造客户的数据管控、融合场景的终端接入控制更为显著。

1. 区域限制

区域限制支持企业客户设定物联网卡在使用数据业务时的使用区域,包括地市、园区等。例如,园区限制业务需求为用户流量不出园区,具体要求园区内 5G 网络业务放通,园区外 5G 网络业务阻塞。该业务的主要应用场景是需要进行风险管控的园区,限制终端的位置接入及访问,防止异常流量消耗。

园区限制业务通常可通过 PCF 的会话控制功能实现。用户在 PCF 签约区域限制套餐,实现 5G 接入场景下跟踪区 / 小区级别的位置限制。PCF 针对签约园区限制套餐的用户进行 TA/NCGI 间位置更新订阅,区域内放通业务,区域外根据订购需求,实现放通或者阻塞用户会话(用户仍处于注册状态,进行业务阻塞)。

具体实现流程如下。

① PCF 针对签约园区限制套餐的用户进行 TAC/NCGI 位置更新订阅,当 UE 发生跟踪区 / 小区切换时,主动上报位置更新消息,由 PCF 对 SMF 会话消息中携带的 TAC 进行策略控制。

② 当 TAC/NCGI 在允许的列表中时,采用默认规则。

③ 当 TAC/NCGI 不在允许的列表中时,下发业务阻塞规则,业务规则配置为全局优先级较高,阻塞用户所有流量,从而实现用户流量不出园区。

区域限制示意如图 6-10 所示。

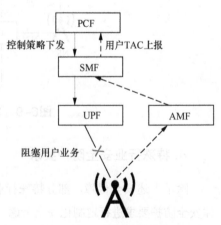

图6-10 区域限制示意

2. 机卡绑定

机卡绑定主要用于限制物联网卡在特定终端使用，实现特定物联网卡只能在特定终端内使用，防止非法用户将卡放到其他终端内使用，并提高物联网卡的安全性，避免物联网卡遗失或被不法分子用于其他非法用途。

机卡绑定主要是针对可插拔的普通 SIM 卡，通过技术方式实现物联网卡与终端的软绑定，防止物联网卡被挪用。

实现机制如下：硬件终端通过通信模组接入基站后，电信运营商侧在网络或物联网管理平台上记录并关联接入的物联网卡号码和通信模组 IMEI/TAC 码，当该物联网卡使用其他非登记的通信模组接入基站后，移动侧识别到 IMEI/TAC 码（或 IMEI 池）不一致时，将自动触发号码停机或限制上网功能，导致终端无法使用。另外，在部分具备功能的终端上，也可在终端侧采用机卡锁定方式。

3. 二次认证

5G 在 PDU 会话建立时，增加了到 DN 的 AAA Server（服务器）中进行二次认证和授权的流程（可选项）。用户在 5G 接入认证时，一次认证主要是指 5G 核心网对卡进行主认证，此时针对用户注册流程中 AMF 发起的首次 5GC 接入鉴权、SMF 利用从 UDM 获取的订阅数据进行首次 PDU 会话授权进行认证。终端还可以通过 5G 网络向 DN-AAA 服务器发起二次认证请求，DN-AAA 检查用户是否被授权进入 DN，DN-AAA 提供 DN 授权数据给 SMF，SMF 将数据应用在已建立的 PDU 会话中。

DN-AAA 服务器的 PDU 会话建立认证 / 授权如图 6-11 所示。

在图 6-11 中，在 5G UE 发起专用 DNN 的 PDU 会话建立请求后，SMF 根据预先的配置或用户 DNN 的签约信息，直接或通过 UPF 向对应的 DN-AAA 服务器发起认证请求，通过 DN-AAA 服务器与 UE 交互信息，完成对 UE 的认证后，DN-AAA 服务器指示 SMF 对 UE 认证的成功，并向 SMF 提供授权信息，具体可包括 DN-AAA 服务器为 UE 分配的 IP 地址、允许的 MAC 地址等，可进一步加强业务平台对使用专用 DNN 业务的 UE 的管理。

图 6-11 中的具体流程说明如下。

步骤 1：如果没有可用于在 SMF 和 DN 之间传输 DN 相关消息的 N4 会话存在，则 SMF 将选择 UPF 并触发 N4 会话建立。

步骤 2：SMF 通过 UPF 启动 DN-AAA 的身份验证过程，以验证 UE 提供的 DN 特定身份。UPF 将从 SMF 接收到的消息透明地传输到 DN-AAA 服务器。

步骤 3a：DN-AAA 服务器向 SMF 发送身份验证 / 授权消息，该信息通过 UPF 传输。

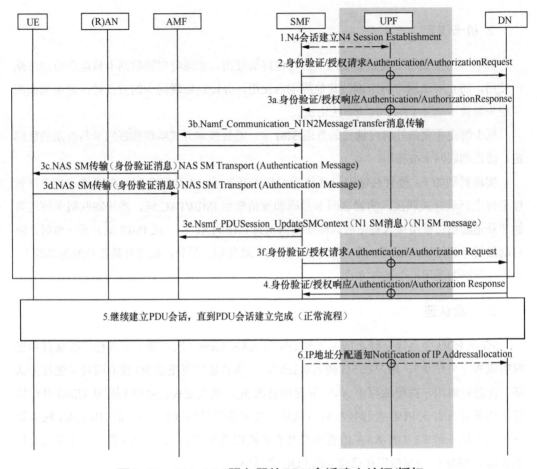

图6-11 DN-AAA服务器的PDU会话建立认证/授权

步骤 3b：SMF 将从 DN-AAA 接收到的 DN 请求容器信息通过 AMF 传输到 UE。

步骤 3c：AMF 向 UE 发送 N1 NAS 消息。

步骤 3d ～ 3e：AMF 将从 UE 接收到的 DN 请求容器信息传输到 DN-AAA。

步骤 3f：SMF 通过 UPF 将 DN 请求容器信息（认证消息）的内容发送给 DN-AAA 服务器。

根据3GPP标准定义，步骤 3 可以重复，直到 DN-AAA 服务器确认 PDU 会话成功认证 / 授权。

步骤 4：DN-AAA 服务器确认 PDU 会话认证 / 授权成功。

DN-AAA 服务器可以提供一个到 SMF 的 SM PDU DN 响应容器，用于指示成功的认证 / 授权；DN 授权数据（例如，允许的 MAC 地址、VLAN 等）；请求获得分配给 PDU 会话的 IP 地址和 / 或 N6 流量路由信息或 MAC 地址的通知；PDU 会话的 IP 地址。

DN 认证 / 授权成功后，SMF 和 DN-AAA 之间会保持会话。如果 SMF 接收到 DN 授权数据，则 SMF 使用 DN 授权配置文件索引来应用策略和计费控制。

步骤 5：继续建立 PDU 会话，直到 PDU 会话建立完成（正常流程）。

步骤 6：SMF 将 IP/MAC 地址和 / 或分配给 PDU 会话的 N6 流量路由信息与通用公共用户标识（Generic Public Subscription Identifier，GPSI）一起通知 DN-AAA。

●● 6.3　5G 专网部署模式

6.3.1　总体部署原则

基于 5G 定制专网技术方案，综合考虑竞争、效率、成本、收益、资源利用率、运维、管控等多维度因素，5G 定制专网部署总体原则如下。

一是以用户需求和业务要求为导向，综合考虑投资成本、网络与终端能力、配套条件、运维难度、平滑演进等多维度因素，重点关注投资效益，制定快速高效、经济可行的 toB 业务端到端部署方案。

二是在满足用户需求和业务要求的前提下，尽量复用现有资源，提高资源利用率，节省运营维护成本，同时有助于实现网络能力平滑升级与演进。

三是针对同一客户提出的多种业务需求，对网络访问要求可能不同，可选择不同的路由策略提供服务。

- 针对物联类等有明确集约管理要求的业务，或有公网访问需求的业务，需合理考虑集约管理及业务路由策略（需结合安全管控）。

- 针对有较明确的跨多地市业务需求和跨省业务需求，建议基于中心侧 UPF 部署承载，并考虑跨省流程的互通。

- 针对明确数据管控要求及时延要求的客户，可考虑基于独享 UPF 部署 5G 专网，同时建议综合评估客户要求、部署成本、运维难度、配套条件、终端成本等多重因素，细化并明确下沉 UPF 关键性能指标。

四是部署方案需结合客户实际需求，综合考虑芯片模组成本、无线覆盖、空口吞吐量、单终端上下行速率、低时延性能等因素。

五是根据客户和业务要求，灵活选取共享 UPF 或独享 UPF，提供适配性服务满足业务场景要求。

6.3.2　5G 专网典型业务场景需求

近年来，5G 专网经过蓬勃发展，全国 5G 虚拟专网已超 20000 个，不同行业的 5G 应用存在差异化的需求，部分行业场景（例如，工业控制）对网络时延指标有较高要求，部分场景（例如，机器视觉）对网络带宽要求较高，部分场景则对数据安全额外关注。部分综合性行业（例如，电力）根据不同的业务分区及应用场景可能的差异性较大，需要更复杂的细分切片才能满足行业整体要求。

虽然各个行业及企业存在差异化、个性化的不同业务场景需求，企业在考虑 5G 专网部署时需要根据实际需求进行定制化分析，但是总体而言，5G 专网在一些 toB 行业中，已经形成一整套较为完善的业务时延要求和典型场景业务模型，可以作为部署时的业务参考。

5G 专网部署时，主要需要考虑时延、速率等指标需求，垂直行业典型业务模型参考见表 6-4。

表6-4　垂直行业典型业务模型参考

	业务模型			
	单终端同时会话数	端到端时延	单业务上行速率（典型值）	单业务下行速率（典型值）
AGV 调度	1	15 ～ 20ms	30 ～ 50Mbit/s	10 ～ 30Mbit/s
机器视觉	1	10 ～ 50ms	50 ～ 100Mbit/s	5 ～ 10Mbit/s
移动办公	1	20 ～ 100ms	1 ～ 5Mbit/s	30 ～ 100Mbit/s
综合安防	1	20 ～ 50ms	10 ～ 60Mbit/s	10 ～ 60Mbit/s
远程驾驶	1	10 ～ 20ms	50 ～ 200Mbit/s	50 ～ 1000Mbit/s
5G 高清视频监控	1	20 ～ 50ms	10 ～ 100Mbit/s	10 ～ 30Mbit/s
无人机巡检	1	20 ～ 50ms	10 ～ 200Mbit/s	5 ～ 200Mbit/s
AR 远程维护	1	10 ～ 50ms	50 ～ 200Mbit/s	50 ～ 200Mbit/s
远程诊断	1	20 ～ 50ms	15 ～ 60Mbit/s	20 ～ 100Mbit/s
远程示教	1	10 ～ 20ms	60 ～ 100Mbit/s	30 ～ 50Mbit/s
VR 实训教学	1	10 ～ 50ms	40 ～ 100Mbit/s	50 ～ 500Mbit/s
远程同步课堂	1	10 ～ 50ms	40 ～ 100Mbit/s	10 ～ 50Mbit/s

在实际部署场景中，需要与行业用户对具体实际应用场景、终端规模等进行深入沟通，5G 专网建设的具体时延、速率等指标需结合业务进行详细分析和设计，以满足用户的实际应用需求。

6.3.3　5G 专网部署模式

为了满足行业应用的需求，国内电信运营商在 5G 网络建设时就已针对性地推出了针对 toB（行业应用）的 5G 行业专网服务，满足行业应用对网络性能、数据的安全性及终端的移动性等差异化需求。

基于电信运营商公网提供的 5G 专网主要包括如下 3 种部署模式。

① 模式一：基于公网共用的虚拟行业专网（全部网元共用）

依托电信运营商提供的 5G toB 网络，共用公共网络相关资源，通过逻辑切片、DNN、QoS 实现差异化服务。为行业用户提供端到端差异化保障的网络连接、行业应用等服务。全部网元共用模式组网如图 6-12 所示。

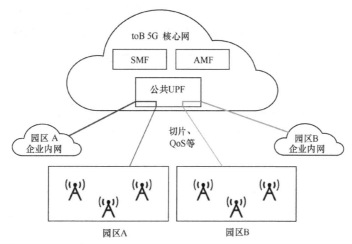

图6-12　全部网元共用模式组网

该模式主要面向广域优先型行业客户，为行业客户提供端到端差异化保障的网络连接、行业应用等服务。典型应用行业有警务、媒体、教育、公路交通等。

通过 5G 切片技术在电信运营商 5G 网络的基础上，构建一个端到端、安全隔离、按需定制的 5G 专网，为行业用户园区打造定制化的"行业专网"服务。但使用电信运营商共享的网元，UPF 节点不在行业用户园区内，数据会出园区。

该模式下，不同行业用户虽然共用公网，但是根据业务需求可以采用如下方式（要求及投资逐步增高）。

- 共用切片（可采用独立的 DNN、QoS）：与 toC 或其他 toB 共用网元。
- 采用独立的逻辑切片：与 toC 或其他 toB 共用网元。
- 采用独立的物理切片：不与 toC 或其他 toB 共用网元。

② 模式二：UPF/MEC 专用 + 复用公网模式（部分网元专用）

本方案中 UPF/MEC 采用专享建设方式，部署至行业用户园区，通过采用专享 UPF/MEC、复用 5GC 公共网络、传输网共享（切片）、基站共享（切片）的方式进行部署。

本模式通过 5G 切片技术在电信运营商 5G 网络基础上，构建一个端到端、安全隔离、按需定制的 5G 行业专网，为打造定制化的"行业专网"服务。通过 MEC/UPF 下沉部署在行业用户园区内，提供 5G 大带宽、低时延的行业专网，数据不出行业用户园区，生产数据安全隔离。部分网元专用模式组网如图 6-13 所示。

本模式主要面向区域时延敏感型行业，具备本地分流、边缘算力、定制组网等能力。典型应用行业包括制造、水泥、钢铁、石化等。

③ 模式三：全部专网专用独立部署模式（全部网元专用）

为企业定制全部 5G 网络，全部设备均为专网独享模式，定制 5G 网络下沉至企业侧，提供高安全性、高隔离的专属网络，保证最高等级安全性。该模式利用超级上行、干扰规避、5G 网络切片和边缘计算等技术，按需定制专用网络设备，为企业客户提供端到端的、定制化的专属解决方案。全部网元专用模式组网如图 6-14 所示。

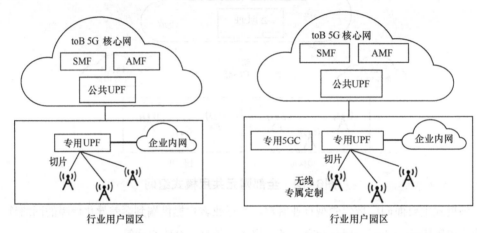

图6-13　部分网元专用模式组网　　　图6-14　全部网元专用模式组网

该模式主要面向安全敏感型客户，具备专用基站、专用频率、专用 5GC 和专属运维服务等能力。典型行业包括电力、煤矿和港口等。

这 3 种部署模式各有优劣，用户可以根据实际需求进行选择。5G 专网组网模式对比见表 6-5。

表6-5　5G专网组网模式对比

建设模式	模式一：基于公网共用的虚拟行业专网（全部网元共用）	模式二：UPF/MEC 专用 + 复用公网模式（部分网元专用）	模式三：全部专网专用独立部署模式（全部网元专用）
能力	流量、定制码号、业务加速、业务隔离	流量、定制码号、业务加速、业务隔离、超级上行、本地保障、数据不出场、低时延	流量、定制码号、业务加速、业务隔离、超级上行、本地保障、数据不出场、专用室分、专用宏站、低时延
性能容量	几十万甚至几百万用户容量，数 10GB 以上高吞吐	几万甚至几百万用户容量，数 10GB 以上高吞吐	几千或几万用户，10GB 甚至 5GB 以下吞吐量（具体取决于部署规模及投资）

续表

建设模式	模式一： 基于公网共用的 虚拟行业专网 （全部网元共用）	模式二： UPF/MEC 专用 + 复用 公网模式（部分网元专用）	模式三： 全部专网专用独立部署模式 （全部网元专用）
园区硬件配置	复用大网，无园区额外配置	仅下沉 UPF/MEC 需部署在园区	需部署轻量 5GC 网络 需部署下沉 UPF/MEC
签约放号	通过电信运营商 BOSS 系统统一进行放号	通过电信运营商业务运营系统统一进行放号	可以对接大网 UDM，通过电信运营商业务运营系统统一进行放号或者包含 UDM 网元进行本地快速放号
数据安全性	相对不足	相对较好	安全最高
投资	相对较小	相对适中	投资大

除了上述 3 种基于电信运营商公网的部署方式，还有一种不依托于电信运营商的独立部署方式，即企业完全自建 5G 网络的方式。但是考虑到 5G 专网建设和运维需要深厚的专业技术背景及较大的投入，当前大部分行业企业用户尚缺少自行建设和运维 5G 专网的能力，特别是考虑到国内频谱的实际分配情况，本书在此不再展开介绍。

国内几家电信运营商均已推出 5G 专网业务，根据不同用户的需求采取不同的服务模式和不一样的品牌命名。中国移动 5G 专网有优享模式、专享模式和尊享模式；中国电信 5G 专网服务模式有致远模式、比邻模式和如翼模式；中国联通有 5G 虚拟专网、5G 混合专网和 5G 独立专网。不同电信运营商 5G 专网方案见表 6-6。

表6-6 不同电信运营商5G专网方案

5G 专网模式分类	中国电信	中国移动	中国联通
模式一：与公网完全共享	致远模式	优享模式	5G 虚拟专网
模式二：与公网部分共享	比邻模式	专享模式	5G 混合专网
模式三：独立部署	如翼模式	尊享模式	5G 独立专网

具体部署时，行业侧应以业务需求和场景要求为导向，综合考虑投资成本、网络与终端能力、配套条件、运维难度和平滑演进等多维度因素，制定快速高效、经济可行的端到端部署方案。

●●6.4 展望

我国 5G 产业发展总体进展顺利，但 5G 应用规模化是一个长期而艰难的过程，是一项长期的系统性战略任务。尤其在垂直行业领域，5G 应用的深入融合发展还有待进一步推进，发展速度不仅取决于 5G 等相关技术和产业的成熟度，还取决于行业自身信息化进程、需求迫切程度、行业发展环境等因素，需要政策、技术、标准、人才、市场、资金等协同发力，兼顾经济效益和社会效益均衡发展，真正成为助力我国数字经济发展的重要引擎。

●●6.5　本章小结

5G 网络支持切片隔离、移动边缘计算等技术特性，可以根据不同行业的实际场景需求建设 5G 行业专网，满足各行各业差异化业务需求，具备广阔的发展前景。本章首先介绍了 5G 专网的需求及整体发展；然后重点介绍了实现 5G 专网所采用的网络切片等关键技术；最后介绍了典型场景需求及 5G 专网的 3 种重点部署模式。面对差异化的不同行业场景需求，要充分考虑成本、效率、收益及安全等多种要素，结合 5G 专网技术优势，为行业提供最优解决方案。

参考文献

[1]　汪卫国，于青民 . 国际 5G 专网应用发展态势 [J]. 通信世界，2023（10）：24-27.

[2]　戴国华，武晓鸽，詹文浩 .5G 行业终端发展概述 [J]. 通信世界；2023（13）：22-24.

[3]　刘玉娟，李泽捷 .5G "绽放" 最美芳华，融合应用千帆竞发 [J]. 通信世界；2023（13）：14-16.

[4]　杜斌，杜加懂 . 5G 轻量化芯片赋能产业转型升级 [J]. 通信世界；2023（17）：18-20.

[5]　张芳，伍林伟，蒋永彬，等 . 基于专用 DNN 的 5G 双域专网校园网部署方案 [J]. 移动通信，2023，47（1）：12-17.

[6]　3GPP TS 23.501, TSGSSA; System architecture for the 5G System(5GS); Stage2.

[7]　3GPP TS 23.502, TSGSSA; Procedures for the 5G System(5GS); Stage2.

[8]　3GPP TS 23.503, TSGSSA; Policy and charging control framework for the 5G System(5GS); Stage2.

[9]　3GPP TS 23.548, TSGSSA; 5G System Enhancements for Edge Computing; Stage2.

[10] 3GPP TS 29.531, TSGCNT; Network Slice Selection Services; Stage3.

[11] 3GPP TR 38.875, Study on support of reduced capability NR devices.

5G RedCap 技术

Chapter 7

第 7 章

5G RedCap 是 3GPP 制定的基于 5G 的第一个物联网通信技术特性和标准，该标准是面向产业互联、智能穿戴、智慧城市视频监控等应用场景的技术标准，旨在进一步降低终端的复杂度、减少成本和终端功耗，同时利用好 5G 的大带宽优势，解决互联互通及多种类型终端共存的问题，该标准的实施为垂直行业的 5G 应用加快落地铺平技术道路。

5G RedCap 不仅支持包括毫米波在内的更广泛的频段，网络能力更高，具有 5G 安全能力，而且可与 5G 网络切片、5G 专网、5G 定位等技术结合，可以为用户提供更好的物联网服务，同时理论上电信运营商只需对现有 5G 网络进行软件升级即可对其进行管理。

••7.1 5G RedCap 简介

7.1.1 标准化研究进展

RedCap 技术从 2019 年提出至今，经历了从研究讨论到纳入标准的不同阶段，取得了阶段性的标准化工作进展，3GPP Rel-17 阶段 RedCap 技术的标准化研究进展如图 7-1 所示。爱立信在 3GPP RAN#86 会议中提出了 5G 轻量级终端的概念，并初步将其命名为 "NR Light"，希望针对该领域进行立项，会议讨论后通过了提案并在 3GPP Rel-17 开展研究项目。在 3GPP RAN#88 会议中，爱立信明确针对低复杂度 5G 终端进行研究立项并获得通过，将该轻量级 5G 终端更名为 "RedCap"，正式启动研究。在 3GPP RAN#90e 会议中，爱立信、诺基亚提出针对 RedCap 进行标准立项并获得通过，在 3GPP Rel-17 正式启动 RedCap 标准化工作。

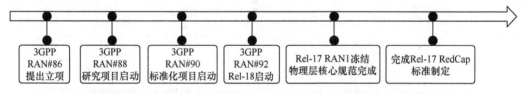

图7-1 3GPP Rel-17阶段RedCap技术的标准化研究进展

在 2021 年第一季度，3GPP 基本完成了面向 RedCap 终端的研究报告，该报告主要总结了 UE 复杂度降低及其带来的性能影响、节电特性等技术对产业界带来的影响。在标准项目中输出了该阶段研究明确的特性，主要涵盖以下内容：终端复杂度降低、驻留与接入控制、移动性、终端识别、BWP 配置以及功耗等。Rel-17 版本的 RedCap 在 2022 年 6 月完成了标准冻结，意味着 RedCap 标准化完成。RedCap 标准化后 1 ～ 2 年，可实现较为成熟的产业化。

RedCap 将在 Rel-18 持续演进、完善，2021 年第四季度在 3GPP Rel-18 工作组中同步启动了下一阶段 RedCap 特性的优化研究，主要包括带宽进一步降低、节电技术增强等。2022 年 9 月，3GPP 公布了 TR 38.865 技术报告的第 1 个版本。该版本的相关文件指出，Rel-18 版本中的 RedCap 终端等级介于 Rel-17 RedCap 终端和低功耗广覆盖（Low Power Wide Area，LPWA）终端（例如，NB-IoT 终端）之间，进一步支持中速率物联网场景，该版本的标准预计在 2024 年第一季度结项，最早将于 2025 年进入商用。

国内 CCSA 标准化组织于 2021 年 3 月启动了 RedCap 的相关研究和立项工作。在

TC5WG9#113 会议上通过了 RedCap 关键技术的研究立项，并联合产业界在 TC5WG9#118 会议上通过了征求意见稿，为相关行业标准制定奠定了基础。

2023 年 10 月 17 日，工业和信息化部发布了《关于推进 5G 轻量化（RedCap）技术演进和应用创新发展的通知》。该文件指出，到 2025 年，5G RedCap 产业综合能力显著提升，新产品、新模式不断涌现，融合应用规模上量，安全能力同步增强。该文件指出其发展目标包括以下 3 个方面内容。

一是 5G RedCap 技术产业稳步发展。5G RedCap 标准持续演进，技术能力满足多样化场景需求。形成一系列 5G RedCap 高质量产品，打造完整产业体系。推动 5G RedCap 芯片、模组、终端等产业关键环节成本持续下降，终端产品超过 100 款。

二是 5G RedCap 应用规模持续增长。全国县级以上城市实现 5G RedCap 规模覆盖，5G RedCap 连接数实现千万级增长。5G RedCap 在工业、能源、物流、车联网、公共安全、智慧城市等领域的应用场景更加丰富、应用规模持续提升。遴选一批 5G RedCap 应用示范标杆，形成一批可复制、可推广的解决方案，打造 5 个以上实现百万连接的 5G RedCap 应用领域。

三是 5G RedCap 产业生态繁荣壮大，建设面向 5G RedCap 产业发展的技术和应用创新平台、公共服务平台，培育一批创新型中小企业。

同时，IMT-2020（5G）推进组也对 RedCap 寄予厚望，于 2022 年完成应用场景与关键技术研究于测试规范指定，并联合产业开展关键技术试验研究。IMT-2020（5G）推进组在 2023 年面向商用需求，制定终端和系统设备的技术规范以及相应的测试规范，进一步开展端到端和互操作测试工作。

7.1.2　RedCap 典型应用场景和需求

面向多样化的 5G 目标场景，3GPP 提出的以下 3 类能力需求适用于 RedCap 的典型应用场景。这 3 类能力分别为工业无线传感器、视频监控器和可穿戴设备。

1. 工业无线传感器

5G 连接是下一波工业转型和数字化的催化剂，可以提高灵活性、增加生产效率、减少维护成本和提高操作安全性，5G 连接的终端包括压力传感器、湿度传感器、温度计、运动传感器、加速计和驱动器等。该用例可以进一步细分为 3 个类别，分别是对连续值进行周期测量的传感器（例如，温度传感器、压力传感器、流速传感器等）、波形测量的传感器（例如，震动传感器）和用于资产监控的照相机（例如，泄露监控）。企业非常渴望这些传感器和驱动器可以连接到 5G 无线网和核心网。

数据显示，全球工业传感器市场规模预计将从 2021 年的 206 亿美元增长到 2026 年的

310 亿美元，从 2021 年到 2026 年，该市场预计将以 9.1% 的复合年增长率增长。推动这一市场增长的关键因素包括工业 4.0 和工业互联网在制造业中的采用率不断提高，以及工业传感器技术的进步等。

2. 视频监控器

5G 连接也是下一波智慧城市创新的催化剂，智慧城市覆盖了数据采集和处理，可以更有效地跟踪和控制城市资源，为城市居民提供更好的服务。视频监控器是智慧城市必不可少的组成部分，也是工厂和工业的重要组成部分。视频监控的大规模应用也需要低成本的 5G 模组。在视频安防领域，安防视频业务进入智联时代，从传统的"看得清"向"看得懂"过渡，从"看视频"向"用视频"扩展，从非智能、孤立的监控单元向智能、互联系统转变，5G 为视频监控的发展奠定了基础。

在"十四五"期间，安防市场的年均增长率达到 7% 左右，2025 年全行业市场总额达到 1 万亿元以上。按照视频监控占比 55% 计算，2025 年视频监控的市场将达到 5500 亿元。在工业领域，部分工业场景的视频也可以使用 RedCap 模组。在车载领域，摄像头是智能网联汽车实现众多预警、识别类功能的基础。数据显示，2023 年车载摄像头的全球市场达到 152 亿美元，到 2027 年预计能够达到 256 亿美元。

3. 可穿戴设备

可穿戴设备的用例包括智能手表、智能手环、与电子健康相关的设备和医疗监控设备等。这些设备普遍要求体积小、功耗低，其用例要求终端能够低复杂度、低成本地实现，并且满足终端小尺寸要求，以适应智能手表等终端对设备空间的严苛要求，便于提供空间给电池，从而增大设备续航。

目前，全球可穿戴业务规模逐年高速增长，根据国际数据公司（International Data Corporation，IDC）统计，我国 2021 年耳戴设备市场出货量保持在较高水平，约为 7898 万台；手表市场出货量为 3956 万台，其中，成人手表为 2013 万台，儿童手表为 1943 万台；手环市场出货量达 1.6 亿台。当前，基于可穿戴设备小体积和低功耗等需求，RedCap 成为可穿戴设备使用 5G 的重要突破口。

RedCap 的需求主要包括以下 4 类。

（1）RedCap 总体需求

当前，5G 模组尺寸较大、价格高昂，影响了其典型业务的落地应用，难以匹配产业界的规模化诉求。

尺寸方面，当前 5G 模组的尺寸较大，给终端集成带来了一定困难，产业界提出需要对终端进行一定程度的剪裁。价格方面，当前，5G eMBB 模组的价格仍居于高位，用于安防、车载监控等行业的摄像机的价格高达几百元，智能手表等穿戴设备的平均价格更高，高昂的成本在一定程度上限制了这些行业应用的规模发展。RedCap 标准要允许设备设计具有紧凑的外形。

因此，为了满足 5G 芯片和模组对尺寸和价格的要求，需要降低终端的复杂度，从而使成本降低。基于 RedCap 的研究目标，其终端优化后的成本会明显低于 eMBB 终端的成本，尤其是工业无线传感器。

工业无线传感器、视频监控器、可穿戴设备对无线网络的通信能力需求各不相同，每个用例的具体需求如下。

（2）工业无线传感器

工业无线传感器或一些控制类场景对端到端时延有一定要求，可以继承现有 uRLLC 能力基础，往返时间（Round Trip Time，RTT）相对于 uRLLC 会增加 5 ～ 10ms，端到端时延要求小于 100ms；对于与安全相关的传感器，端到端时延要求是 5 ～ 10ms。通信服务的可利用率是 99.99%。对于静止终端，典型数据速率是几百 bit/s；对于图片传输，数据速率是 1 ～ 2Mbit/s，通常上行速率较高。电池寿命在 5 年以上。

（3）视频监控器

视频监控业务主要关注的是速率性能，摄像机将采集的图像、视频数据流实时上传到平台，因此，其对速率稳定性有相对较高的要求，例如，在 5G 场景大并发下多路终端稳定的速率需求。

视频监控在产业界发展迅速，目前，具备人工智能（Artificial Intelligence，AI）处理功能的终端占比逐年增大，产业界期待扩大 5G 使用率从而提升无线网的使用率。随着摄像机的超清化趋势及 AI 识别和处理功能在视频监控中逐渐成为刚需，不同产品的压缩程度不同，在传输过程中需要保证足够的速率体验，成为产业界关注的重点。

一些性价比较高的经济型视频需求的速率是 2 ～ 4Mbit/s，可靠性是 99% ～ 99.9%，时延小于 500ms。高清视频的速率是 7.5 ～ 25Mbit/s。当然，此类场景的业务模式以上行传输为主。

（4）可穿戴设备

可穿戴设备的下行参考速率是 5 ～ 50Mbit/s，上行参考速率是 2 ～ 5Mbit/s。其中，峰值速率下行最高为 150Mbit/s，上行最高为 50Mbit/s。

低功耗是可穿戴设备非常关键的竞争力，节电能力提升可加速其 5G 使用的升级。当前，比较热门的成人和儿童智能手表中，大多数使用 LTE Cat.4 和 Cat.1 技术制式，续航时间平均较短。对于 5G 场景的可穿戴设备使用，降低功耗是标准化的重点，产业界期望的续航最大可以达到 1 ～ 2 周。可穿戴设备的典型特征是在满足通信需求的前提下缩小终端尺寸。

RedCap 三大业务场景需求见表 7-1。

表7-1 RedCap三大业务场景需求

业务场景	速率	时延	可用度	电池
工业传感器	< 2Mbit/s	< 100ms	99.99%	几年
视频监控器	经济型：2 ～ 4Mbit/s 高端型：7.5 ～ 25Mbit/s	< 500ms	99% ～ 99.9%	大部分外接电源，无要求
可穿戴设备	下行：5 ～ 50Mbit/s 上行：2 ～ 5Mbit/s 下行峰值：150Mbit/s 上行峰值：50Mbit/s	无指定要求	无指定要求	1 ～ 2周

RedCap 作为轻量级 5G 终端技术，是蜂窝物联网的重要演进方向，可有效兼顾行业对于技术性能和部署成本的并存需求，有助于加速 5G 技术融入千行百业。RedCap 与 4G、5G、Wi-Fi 技术互为补充，5G NR 能力最强，承载百兆以上超高速率需求的物联网业务。5G NB-IoT 主要面向低速率、小包物联网业务，承载 100kbit/s 速率以下低速物联网业务。Wi-Fi 主要面向室内应用。5G RedCap 承载中高速率物联网业务，形成对 5G 承载体系的补充与完善，有助于进一步拓展 5G 技术的应用场景及规模，助力 5G 赋能万物互联。

4G/5G/Wi-Fi 的性能特点和应用场景如图 7- 2 所示。

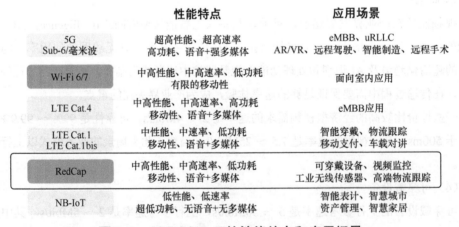

图7-2 4G/5G/Wi-Fi的性能特点和应用场景

●●7.2 5G RedCap 关键技术

作为"轻量级"5G 技术，RedCap 是一种介于 5G eMBB 与 LTE Cat.1/Cat.1bis 之间，在成本与功耗特性上取得平衡的技术，其关键技术包括复杂度减少技术、节能技术以及覆盖增强技术。

7.2.1 RedCap UE 特性差异

相较于 5G eMBB，RedCap 进行了多项功能特性裁剪，具体说明如下。

带宽：RedCap 要求支持的频谱带宽更窄，在 FR1 频段只要求最大 20MHz 带宽，远小于 5G eMBB 的 100MHz。

天线：RedCap 减少了发射和接收天线数量，减少了 MIMO 层数，降低了终端 RF 和基带处理模块的能力要求。

功耗：RedCap 引入了多项省电措施，例如，增强非连续接收（enhance Discontinuous Reception，e-DRX）功能和更长的睡眠模式，使终端可降低功耗并获得更强的续航能力。

调制：RedCap 从标准上裁减了必选的最高阶调制方式到 64QAM，但终端可以在承担一定设计复杂度和成本提高的情况下，根据目标客户需要灵活支持上下行 256QAM，以满足不同行业的上下行峰值速率需求。

双工：RedCap 从标准上定义了可采用半双工 FDD 的方案。不过经业界充分讨论，当前基本仍采用全双工 FDD 的端网部署方案。其主要理由是支持半双工 FDD 方案会导致基站调度处理比较复杂，同时由此降低终端峰值速率会更多地影响业务体验。另外，经专家评估，半双工 FDD 的设计对终端成本降低得不够明显。

需要说明的是，根据 3GPP 协议，RedCap 不需要支持载波聚合、双连接、双激活协议栈、条件主辅小区添加或改变机制、集成接入回传的能力，进一步降低了终端的设计复杂度和成本。

相较于 LTE，目前，与 LTE Cat.4 双天线产品相比，1T2R 的 5G RedCap 产品虽然理论速率能力接近，但是由于有效带宽的增加，在实际使用体验上会有大幅提高，并且 RedCap 具备 5G NR 接入能力，在时延、可靠性、覆盖增强、节能、切片、授时、5G LAN 等方面具备特性优势。

目前，Rel-17 标准冻结后的 5G RedCap 基本特性可对标 LTE Cat.4，而 Rel-18 标准推进的 5G RedCap 将在峰值速率、带宽上进一步裁剪，可直接对标 LTE Cat.1/Cat.1bis。

RedCap 终端的规模化应用依赖于 5G 网络的大范围覆盖。鉴于 5G 商用网络覆盖尚未达到 4G 商用网络覆盖的广度和深度，因此，在一段时间内，终端支持 4G、5G 将成为主要的连接方式，RedCap 终端应支持"5G+4G"双模制式，以提高终端的连接能力。

下面从理论速率（可用单频最大带宽下）、时延、功耗、可靠性、个性化需求（切片、5G、LAN）等维度对两个制式共 5 种版本不同等级的技术进行对比说明。不同制式的相关技术对比见表 7-2。

表7-2　不同制式的相关技术对比

技术指标		5G NR eMBB	5G RedCap（1T2R）	5G RedCap（1T1R）	LTE Cat.4	LTE Cat.1/Cat.1 bis
速率	FDD	UL:414Mbit/s @64QAM DL:1126Mbit/s @256QAM 以及 1T2R/100MHz	UL:90Mbit/s DL:168Mbit/s @64QAM/1T2R/20MHz	UL:90Mbit/s DL:84Mbit/s @64QAM/1T1R/20MHz	UL:75Mbit/s DL:150Mbit/s @64QAM/1T2R/20MHz	UL:5Mbit/s UL@16QAM DL:10Mbit/s DL@64QAM 以及 1T1R/20MHz
	TDD	UL:127Mbit/s @64QAM DL:1425Mbit/s @256QAM 以及 1T4R/100MHz	UL:26Mbit/s DL:107Mbit/s @64QAM/1T2R/20MHz	UL:26Mbit/s DL:53Mbit/s @64QAM/1T1R/20MHz	UL:15Mbit/s DL:110Mbit/s @64QAM/1T2R/20MHz	UL:1Mbit/s UL@16QAM DL:7.4Mbit/s DL@64QAM 以及 1T1R/20MHz
时延		1～3ms 支持 uRLLC	5～20ms （支持 uRLLC）	5～20ms （支持 uRLLC）	>100ms	>100ms
功耗		/	优于 Cat.4	优于 Cat.4	工作：120～160mA 待机：12～22mA	/
切片		支持	支持	支持	不支持	不支持
5G LAN		Rel-16 及以上版本支持	支持	支持	不支持	不支持
备注		1. 对于 TDD 制式，5G eMBB/RedCap 的帧结构为 2.5ms 双周期，下行、上行和特殊时隙的配比为 5:3:2，特殊时隙的下行、GAP 和上行符号的配比为 10:2:2。 2. 对于 TDD 制式，4G 的下行和上行时隙配比为 3:1，特殊时隙的下行、GAP 和上行符号的配比为 10:2:2				

在数据速率上，RedCap 相较 4G 具有较大优势，以 FDD 为例，RedCap 在同等带宽下峰值速率相较 LTE Cat.4 上行提升 20%、下行提升 12%。

在时延可靠性上，RedCap 继承了 5G NR 的低时延、高可靠特性，相比于 LTE Cat.4 和 Cat.1/Cat.1bits，在低时延特性上可提升近 80%，在复杂工业场景下，RedCap 可保持最高 99.99% 的可靠性。

在功耗电流上，LTE Cat.4 工作情况下为 120～160mA、待机情况下为 12～22mA。RedCap 通过支持节电特性，对标 LTE Cat.4 可进一步降低功耗。

在 5G 原生特性方面，RedCap 相比 LTE Cat.4 与 Cat.1/ Cat.11bis 拥有切片、5G LAN 等新增特性，为特定业务的专用链路、专用局域网等需求提供保障。

整体来说，与 LTE Cat.4 相比，RedCap 的优势表现在：提供 LTE 无法保证的时延和可靠性性能，速率也略优于 Cat.4。另外，RedCap 可继承 NR 的各类优质特性，例如，多 BWP、切片、用户面功能下沉、更优功耗等。而在网络覆盖、终端价格和产业成熟度方面，LTE Cat.4 在初期相较于 RedCap 具有一定优势。

7.2.2　RedCap UE 复杂度减少的技术

5G RedCap UE 是以 NR Rel-15 的 UE（以下简称 NR UE）为基础，对 NR UE 特征进行裁剪，以 FR1 为例，参考的 NR UE 和候选的 5G RedCap UE 的特征见表 7-3。

表7-3　参考的NR UE和候选的5G RedCap UE的特征

特征	参考的 NR UE	候选的 5G RedCap UE
最大带宽	上行和下行都是 100MHz	上行和下行都是 20MHz
天线类型	FDD：2Rx/1Tx； TDD：4Rx/1Tx	FDD：1Rx/1Tx； TDD：2 RX/1Tx 或 1Rx/1Tx
功率等级	PC3（UE 发射功率是 23dBm）	PC3
调制方式	下行：256QAM，上行：64QAM	下行：64QAM，上行：16QAM

根据表 7-3 给出的条件，可以近似的计算出参考 NR UE 的峰值速率。对于 FDD UE，下行峰值速率是 1126Mbit/s，上行峰值速率是 414Mbit/s。对于 TDD UE，上下行峰值速率与时隙配比有关系，假设采用 2.5ms 双周期，即每 2.5ms 周期内有 5 个时隙。其中，第 1 个 2.5ms 周期内有 3 个下行时隙、1 个特殊时隙和 1 个上行时隙；第 2 个 2.5ms 周期内有 2 个下行时隙、1 个特殊时隙和 2 个上行时隙。也就是说，在 5ms 周期内，有 5 个下行时隙、2 个特殊时隙和 3 个上行时隙。每个特殊时隙有 10 个下行符号、2 个保护符号和 2 个上行符号，特殊时隙的下行符号可用于 PDSCH 传输，特殊时隙的上行符号数太少，不用于 PUSCH 传输。根据以上条件，可以计算出 TDD UE 的下行峰值速率是 1425Mbit/s，上行峰值速率是 127Mbit/s。

UE 分为射频和基带两个部分。其中，射频部分包括功率放大器、滤波器、收发信机（包括低噪声放大器、混频器和本地晶体振荡器）、双工器 / 交换器等元器件。基带部分包括模一数转换器（Analog to Digital Converter，ADC）/ 数一模转换器（Digital to Analog Converter，DAC）ADC、FFT/IFFT、FTT 数据缓存、接收机处理模块、LDPC 解码、HARQ 缓存、下行控制处理 & 解码器、同步 / 小区搜索模块、上行处理模块、MIMO 特别处理模块等元器件。射频部分的成本占比为 40%，基带部分的成本占比为 60%。NR 终端的成本占比见表 7-4。

表7-4　NR终端的成本占比

基本模块	FR1 FDD（2 个接收天线）	FR1 TDD（4 个接收天线）
射频部分		
功率放大器	25%	25%
滤波器	10%	15%
射频收发信机（包括低噪声放大器、混频器和本地晶体振荡器）	45%	55%
双工器 / 交换器	20%	5%
小计	100%	100%
基带部分		
ADC / DAC	10%	9%
FFT/IFFT	4%	4%
FFT 数据缓存	10%	10%
接收处理模块	24%	29%
LDPC 解码	10%	9%
HARQ 缓存	14%	12%
下行控制处理 & 解码器	5%	4%
同步 / 小区搜索模块	9%	9%
上行处理模块	5%	5%
MIMO 特别处理模块	9%	9%
小计	100%	100%

降低 UE 复杂度的候选技术包括减少 Rx 天线数量、减少 UE 带宽、半双工 FDD、宽松的 UE 处理时间、宽松的最大调制阶数等。接下来，我们分别对每个候选技术进行评估。

① 减少 Rx 天线数量：当 UE 的 Rx 支路数量减少时，射频和基带的成本都会降低，下行 MIMO 的最大层数也会减少。根据评估结果，对于 FDD UE，当接收支路从 2Rx 减少为 1Rx，成本降低约 37%。对于 TDD UE，当接收支路从 4Rx 减少为 2Rx，成本降低约 40%，当接收支路从 4Rx 减少为 1Rx 后，成本降低约 60%。根据元器件成本降低的程度，从大到小依次为：滤波器、收发信机、ADC/DAC、FFT/IFFT、FFT 数据缓存、接收机处理模块、LDPC 解码、HARQ 缓存、同步 / 小区搜索模块、MIMO 特别处理模块。

当 UE 的 Rx 支路减少后，带来的不利后果是下行峰值速率的降低。当接收支路从 2Rx 减少到 1Rx 或从 4Rx 减少到 2Rx 后，下行峰值速率减少约 50%；当接收支路从 4Rx 减少到 1Rx 后，下行峰值速率减少约 75%。

② 减少 UE 带宽：可以通过多个途径减少 UE 的最大带宽，作为评估的 5G RedCap UE，下行和上行的最大带宽都是 20MHz，射频和基带的最大带宽也是 20MHz，同时假设数据信道和控制信道的最大带宽也都是 20MHz。当 UE 的最大带宽从 100MHz 减少为 20MHz 后，对于 FDD UE，成本降低约 32%，对于 TDD UE，成本降低约 33%。成本降低主要在基带部分，根据元器件成本降低的程度，从大到小依次为：ADC/DAC、FFT/IFFT、FFT 数据缓存、接收处理模块、LDPC 解码、HARQ 缓存。

当 UE 的最大带宽从 100MHz 减少到 20MHz 后，下行和上行峰值速率都减少约 80%。

③ 半双工 FDD：半双工 FDD 允许 UE 在不同的频率上接收和发射信号，但是不能同时接收和发射信号。半双工 FDD 可以允许 UE 移除双工器，代替方案是使用成本较低的交换器和一个额外的滤波器。移除双工器减少了接收通路和发射通路的插入损耗，可以降低对功率放大器和低噪声放大器灵敏度的需求，进一步降低了 UE 成本。半双工 FDD 可以降低约 7% 的 UE 成本。

采用半双工 FDD 后，带来的不利后果是 UE 峰值速率的降低，峰值速率减少的程度与上下行时隙的分配有关，假设下行和上行时隙各分配 50%，则下行和上行峰值速率都减少约 50%。

④ 宽松的 UE 处理时间：通过延长 PDSCH 的处理时间 N_1 和 PUSCH 的准备时间 N_2，可以降低 UE 的复杂度，进而降低 UE 的成本。N_1 和 N_2 的取值与子载波间隔有关，PDSCH 处理时间和 PUSCH 准备时间见表 7-5。

表7-5 PDSCH处理时间和PUSCH准备时间

子载波间隔	PDSCH 处理时间 N_1		PUSCH 准备时间 N_2	
	Rel-15 定义	加倍后	Rel-15 定义	加倍后
15kHz	8	16	10	20
30kHz	10	20	12	24
60kHz	17	34	23	46

根据评估结果，N_1 和 N_2 加倍后，对于 FDD UE，UE 的成本降低约 5% 左右；对于 TDD UE，UE 的成本降低约 4.5%。成本降低主要在基带部分，根据元器件成本降低的程度，从大到小依次为：接收处理模块、LDPC 解码、下行控制处理 & 解码器、上行处理模块。

⑤ 宽松的最大调制阶数：当上行的最大调制阶数从 64QAM 降低为 16QAM 后，UE 成

本降低约 2% 左右，根据元器件成本降低的程度，从大到小依次为：功率放大器、收发信机、ADC/DAC、上行处理模块。当下行的最大调制阶数从 256QAM 降低为 64QAM 后，UE 成本降低约 6% 左右，根据元器件成本降低的程度，从大到小依次为：收发信机、ADC/DAC、接收处理模块、LDPC 解码、HARQ 缓存。

最大调制阶数降低后，带来的不利后果是峰值速率的降低，当最大调制阶数从 256QAM 降低为 64QAM 后，峰值速率减少约 25%；当最大调制阶数从 64QAM 降低为 16QAM 后，峰值速率减少约 33%。

UE 复杂度减少技术及各种组合对相对成本和峰值速率的影响评估（FDD）见表 7-6。

表7-6　UE复杂度减少技术及各种组合对相对成本和峰值速率的影响评估（FDD）

选项	复杂度减少技术	成本降低			峰值速率 /（Mbit/s）	
		射频部分	基带部分	总成本	下行	上行
1	20MHz（代替 100MHz）	2%	52%	32%	225	83
2	1 层和 1Rx（代替 2 层和 2Rx）	26%	44%	37%	563	414
3	半双工 FDD（代替全双工 FDD）	16%	1%	7%	563	207
4	N_1 和 N_2 加倍	0	10%	6%	1126	414
5	下行 64QAM（代替下行 256QAM）	2%	8%	6%	845	414
6	上行 16QAM（代替上行 64QAM）	3%	2%	2%	1126	281
7	20MHz、1 层和 1Rx	33%	74%	58%	113	83
8	20MHz、1 层和 1Rx、半双工 FDD	47%	74%	63%	56	41
9	20MHz、1 层和 1Rx、下行 64QAM、上行 16QAM	36%	76%	60%	84	55
10	20MHz、1 层和 1Rx、N_1 和 N_2 加倍	33%	77%	59%	113	83
11	20MHz、1 层和 1Rx、下行 64QAM、上行 16QAM、N_1 和 N_2 加倍	35%	78%	61%	84	55
12	20MHz、1 层和 1Rx、下行 64QAM、上行 16QAM、半双工 FDD、N_1 和 N_2 加倍	50%	79%	67%	42	28

根据表 7-6，我们可以得出以下 4 个方面结论。

第一，如果只考虑一种降低成本的技术，根据成本降低的程度，从大到小依次为：1 层和 1Rx、20MHz 带宽、半双工 FDD、N_1 和 N_2 加倍、下行 64QAM、上行 16QAM。多种降低成本技术组合后，选项 12（20MHz 带宽、1 层和 1Rx、下行 64QAM、上行 16QAM、半双工 FDD、N_1 和 N_2 加倍）降低成本最多，可以降低成本约 67%。

第二，下行 64QAM、上行 16QAM、半双工 FDD，降低成本分别为 6%、2% 和 7%，对成本降低贡献度不大，但是会导致峰值速率分别下降 25%、33%、50%。

第三，选项 12（20MHz 带宽、1 层和 1Rx、下行 64QAM、上行 16QAM、半双工 FDD、N_1 和 N_2 加倍）的下行峰值速率是 42Mbit/s，上行峰值速率是 28Mbit/s，可以满足工业无线传感器和视频监控器的需求，但是不能满足可穿戴设备的需求。

第四，选项 7（20MHz、1 层和 1Rx）或选项 10（20MHz、1 层和 1Rx、N_1 和 N_2 加倍）可以分别降低成本 58% 和 59%，同时下行峰值速率和上行峰值速率分别是 113Mbit/s 和 83Mbit/s，可以完全满足工业无线传感器和视频监控器的需求，也可以基本满足可穿戴设备需求。

UE 复杂度减少技术及各种组合对相对成本和峰值速率的影响评估（TDD）见表 7-7。

表7-7　UE复杂度减少技术及各种组合对相对成本和峰值速率的影响评估（TDD）

选项	复杂度减少技术	成本降低			峰值速率 /（Mbit/s）	
		射频部分	基带部分	总成本	下行	上行
1	20MHz（代替 100MHz）	4%	53%	33%	285	25
2	2 层和 2Rx（代替 4 层和 4Rx）	32%	45%	40%	713	127
3	1 层和 1Rx（代替 4 层和 4Rx）	49%	67%	60%	356	127
4	N_1 和 N_2 加倍	0	10%	6%	1425	127
5	下行 64QAM（代替下行 256QAM）	4%	8%	6%	1069	127
6	上行 16QAM（代替上行 64QAM）	3%	2%	2%	1425	86
7	20MHz，1 层和 1Rx	49%	81%	69%	71	25
8	20MHz、1 层和 1Rx、下行 64QAM、上行 16QAM	53%	83%	71%	53	17
9	20MHz、1 层和 1Rx、N_1 和 N_2 加倍	49%	84%	70%	71	25
10	20MHz、1 层和 1Rx、下行 64QAM、上行 16QAM、N_1 和 N_2 加倍	53%	85%	72%	53	17
11	20MHz、2 层和 2Rx	33%	72%	57%	143	25
12	20MHz、2 层和 2Rx、下行 64QAM、上行 16QAM	38%	74%	60%	107	17
13	20MHz、2 层和 2Rx、N_1 和 N_2 加倍	33%	75%	58%	143	25
14	20MHz、2 层和 2Rx、下行 64QAM、上行 16QAM、N_1 和 N_2 加倍	38%	76%	61%	107	17

根据表 7-7,我们可以得出以下 4 个方面结论。

第一,如果只考虑一种降低成本的技术,根据成本降低的程度,从大到小依次为:1 层和 1Rx,2 层和 2Rx,20MHz 带宽,下行 64QAM,N_1 和 N_2 加倍,上行 16QAM。多种降低成本技术组合后,选项 10(20MHz 带宽、1 层和 1Rx、下行 64QAM、上行 16QAM、N_1 和 N_2 加倍)降低成本最多,可以降低成本约 72%。

第二,下行 64QAM、上行 16QAM,分别降低成本为 6% 和 2%,对成本降低贡献度不大,但是会导致峰值速率分别下降 25%、33%。

第三,选项 10(20MHz、1 层和 1Rx、下行 64QAM、上行 16QAM、N_1 和 N_2 加倍)的下行峰值速率是 53Mbit/s,上行峰值速率是 23Mbit/s,可以满足工业无线传感器和视频监控器的需求,但是不能满足可穿戴设备的需求。

第四,选项 13(20MHz、2 层和 2Rx、N_1 和 N_2 加倍)可以降低成本约 58%,同时下行峰值速率和上行峰值速率分别是 143Mbit/s、34Mbit/s,可以完全满足工业无线传感器和视频监控器的需求,也可以基本满足可穿戴设备的需求。

7.2.3 RedCap UE 节能技术

良好的用户体验是 5G NR 成功的关键,其功耗是用户体验的重要影响因素之一。对于 RedCap UE,功耗更是至关重要的,尤其是对于可穿戴设备、工业无线传感器等对设备待机时长有一定要求的典型应用,实现设备的低功耗运作可给续航能力提供强有力的保障。

在 Rel-17 RedCap SI 阶段,标准组在终端节能领域主要研究了以下 3 项终端节能技术。

- 减少 PDCCH 检测次数,通过更少数量的盲检测和 CCE 限制来实现。
- 空闲态、非激活态 eDRX。
- 静止终端的无线资源管理(Radio Resource Management,RRM)测量放松。

由于减少 PDCCH 检测次数的候选与 Rel-17 的终端节能议题存在重叠,所以在 WI 阶段,RedCap 的标准化过程中不再讨论。接下来,重点讨论空闲态、非激活态 eDRX 和静止终端的 RRM 测量放松。

1. 空闲态、非激活态 eDRX

eDRX 是一种针对 RRC_IDLE/RRC_INACTIVE 模式下的 DRX 机制的增强,其基本原理是通过给终端配置较长的 DRX 周期,以减少终端的寻呼监听操作,进而降低终端功耗。

根据 eDRX 配置来源于哪一个网络节点,eDRX 可分为核心网 eDRX 与接入网 eDRX 两种类型。其中,核心网 eDRX 由核心网通过 NAS 信令为终端配置;接入网 eDRX 由基站通过 RRC 信令为终端配置。核心网 eDRX 和接入网 eDRX 的基本参数与机制见表 7-8。

表7-8　核心网eDRX和接入网eDRX的基本参数与机制

eDRX 类型	eDRX 周期		eDRX 机制
	最大值	最小值	
核心网 eDRX	10485.76s	2.56s	周期大于 10.24s，使用 PH 和 PTW 机制
接入网 eDRX	10.24s		周期不大于 10.24s，eDRX 周期作为寻呼周期，不使用 PH 和 PTW

eDRX 基本机制示意如图 7-3 所示。单个 eDRX 周期不超过 10.24s 时，eDRX 周期作为寻呼周期，即终端所监听的两个寻呼时机（Paging Occasion，PO）之间的间隔为 eDRX 周期。

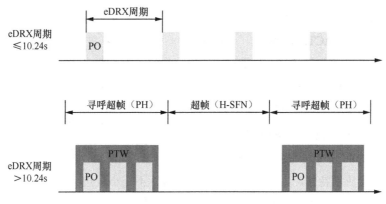

图7-3　eDRX基本机制示意

当 eDRX 周期超过 10.24s 时，由于当前 SFN 的计数范围为 0 ～ 1023（最大计时时长为 1024 帧，即 10.24s），SFN 已不足以用于计时 eDRX 周期的长度，所以引入超帧（Hyper-System Frame Number，H-SFN）的概念，一个超帧等于 1024 个系统帧。PO 所在的超帧称为寻呼超帧（Paging Hyperframe，PH）。终端使用 PH 并结合寻呼时间窗（Paging Time Window，PTW）机制确定需要监听的 PO。具体来说，两个相邻 PTW 起始位置之间的时间间隔为 eDRX 周期长度，终端在 PTW 内基于寻呼周期侦听 PO。

2. 静止终端的 RRM 测量放松

为了实时监控终端的服务小区和 / 或邻小区的通信质量，终端需按照一定测量指标持续地进行 RRM 测量，因此，RRM 测量是终端功耗的一个关键构成因素。

RRM 测量放松机制可分为放松准则和放松行为两大部分。终端首先评估的是，其检验是否满足放松准则，在满足放松准则的情况下，终端可采用放松的测量指标进行测量。

放松准则分为静止准则和不在小区边缘准则两种。

静止准则示意如图 7-4 所示。其基本原理是评估终端的服务区质量在一定时间（$T_{threshold}$）的变化量是否小于给定阈值（$S_{threshold}$），如果小于阈值，则满足静止准则。满足准则之后，如果服务区质量的变化量又超过给定阈值，则准则不再满足，也称为退出机制。静止准则可应用于 RRC_IDLE、RRC_INACTIVE 和 RRC_CONNECTED 模式。

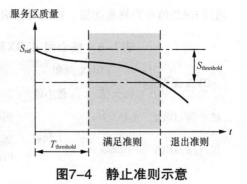

图7-4　静止准则示意

不在小区边缘准则示意如图 7-5 所示。其基本原理是评估终端的服务区质量是否高于给定阈值（$S_{threshold}$），如果高于阈值，则满足不在小区边缘准则。不在小区边缘准则可应用于 RRC_IDLE、RRC_INACTIVE 模式，但 RRC_CONNECTED 模式下，不使用该准则，因为 RRC_CONNECTED 模式下，网络通过终端的测量报告可对终端的服务区质量有一定了解，所以不需要终端自行评估是否满足该准则。

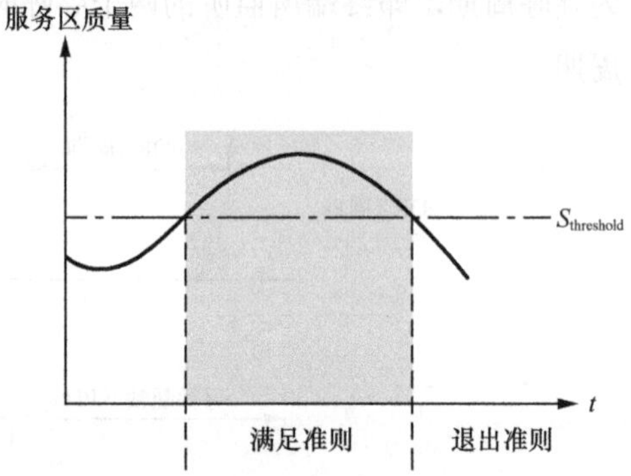

两个准则的配置规则为：如果网络配置终端使用上述测量放松特性，则静止准则为必选配置，不在小区边缘准则为可选配置。当两个准则同时配置时，终端至少要满足静止准则才可以考虑如何进行测量放松。

图7-5　不在小区边缘准则示意

放松行为即终端满足放松准则后采取的测量方法。对于 RRC_IDLE 模式和 RRC_INACTIVE 模式，终端根据网络在系统消息中广播的放松准则（静止准则和 / 或不在小区边缘准则）的配置，自行评估其是否满足准则。在满足准则的情况下，终端可采用标准化的放松测量指标进行测量。如果终端仅满足静止准则，则测量周期可放松为原来的 6 倍；如果终端同时满足静止准则和不在小区边缘准则，则测量周期可最大放松为 4 小时。

对于 RRC-CONNECTED 模式，终端根据网络通过专用信令发送的放松准则（静止准则）的配置，评估其是否满足准则。在满足准则的情况下或不再满足准则的情况下，终端通知网络该情况，后续由网络决定是否给终端重配测量配置，例如，增大 / 减小测量间隔的周期、增加 / 减少待测的频点数量等。

7.2.4　RedCap UE 覆盖增强技术

RedCap UE 采用成本降低的技术后，不可避免地导致覆盖能力的降低。为了提高

RedCap UE 的覆盖能力，需要增强部分信道的覆盖能力。

1. PUSCH 覆盖增强技术

由于终端尺寸的限制，天线的效率降低，对于参考的 NR 终端，PUSCH 和 / 或 Msg3 的性能最差，所以成为覆盖的瓶颈，需要采取覆盖增强技术措施来提高 PUSCH 和 / 或 Msg3 的覆盖，最多需要增强 3dB，对于其他的上行信道，不需要采取覆盖增强技术即可满足覆盖需求。对于 5G RedCap UE，采取降低成本的主要措施是减少天线接收数量，减少接收天线数量后，对覆盖的影响就是减少了接收分集，进而降低了下行覆盖能力。理论上，相对于单个接收天线，2 个接收天线有 3dB 的分集增益，4 个接收天线有 6dB 的分集增益。对于 FR1 FDD，当从 2 个接收天线减少为 1 个接收天线后，理论覆盖能力降低 3dB；对于 FR1 TDD，当从 4 个接收天线减少为 2 个接收天线后，理论覆盖能力降低 3dB，当从 4 个接收天线减少为 1 个接收天线后，理论覆盖能力降低 6dB。当下行覆盖能力降低后，对于 5G RedCap UE，下行覆盖就有可能成为覆盖的瓶颈。

对于具有 2 个接收天线和降低天线效率的 5G RedCap UE，根据频段和假设的下行功率谱密度的不同，需要采用的覆盖增强技术措施也是不同的。对于 4GHz 频段和下行功率谱密度是 24dBm/MHz，需要对下行信道 Msg2 采取覆盖增强技术措施，只需要小的补偿或适度的补偿即可。例如，对于没有传输块尺寸（Transport Block Size，TBS）缩放的 Msg2，需要采取技术措施增加 1dB 的覆盖范围，采用 TBS 缩放技术就可以提供 1dB 的覆盖补偿，TBS 缩放技术是一种已经在 Rel-15 版本定义的技术措施，因此，不需要对现有的规范进行更改，只需通过软件开通 TBS 缩放功能即可。对于其他频段或下行功率谱密度是 33dBm/MHz，如果是基于参考 NR 终端的 PUSCH 信道进行计算，则下行信道不需要采取覆盖增强技术措施即可满足覆盖要求。

对于具有 1 个接收天线和降低天线效率的 5G RedCap UE，根据频段和假设的下行功率谱密度的不同，需要采用的覆盖增强技术措施也是不同的。对于 4GHz 频段和下行功率谱密度是 24dBm/MHz，需要对下行信道的 Msg2、Msg4 和用于公共搜索空间的 PDCCH 采取覆盖增强技术措施，只需较小的补偿或适度的补偿即可。例如，对于用于公共搜索空间的 PDCCH，需要采取技术措施增加 1dB 的覆盖范围；对于 Msg4，需要采取技术措施增加 2 ~ 3dB 的覆盖范围；对于没有 TBS 缩放的 Msg2，需要采取技术措施增加 6dB 的覆盖范围。需要注意的是，只需采取 TBS 缩放技术即可满足覆盖范围为 6dB 的覆盖增强。对于其他频段或下行功率谱密度是 33dBm/MHz，如果基于参考 NR 终端的 PUSCH 信道进行计算，则下行信道不需要采取覆盖增强技术措施即可满足覆盖需求。

2. PDSCH 覆盖增强技术

PDSCH 用于传输数据、Msg2 和 Msg4。对于传输数据的 PDSCH，覆盖增强技术包括使用低阶 MCS 表，PDSCH 重复使用更大的聚合因子，交叉时隙或交叉重复信道估计，增加 PRB 绑定的颗粒度，在系统带宽内采用跳频或 BWP 交叉。其中，低阶 MCS 表和 PDSCH 重复使用更大的聚合因子，这两种技术是 Rel-15 已经定义的技术，可以通过终端能力信令来通知网络。对于传输 Msg2 的 PDSCH，覆盖增强技术包括 TBS 缩放和 Msg2 PDSCH 重复。对于传输 Msg4 的 PDSCH，覆盖增强技术包括确定 TBS 的缩放因子、PDSCH 重复、低阶 MCS 表等。其中，确定 TBS 的缩放因子和 PDSCH 重复是在 Rel-17 的覆盖增强方案中研究的。

对于 PDSCH，采取覆盖增强技术措施后，有可能对规范造成一定的影响。如果 PDSCH 支持交叉时隙或交叉重复信道估计，对规范的潜在影响是时域预编码循环和解调参考信号配置。如果支持在系统带宽内进行跳频或 BWP 交叉，对规范的潜在影响是 PDSCH 跳频配置、更快速的交换 / 射频重调时间、在射频重调期间的传输 / 接收中断。增加 PRB 绑定的颗粒度对规范的潜在影响是重新设计相关信令。如果支持 Msg2 PDSCH 重复，则对规范的潜在影响是 Msg2 PDSCH 重复配置，以及采取一定的机制来区分 RedCap UE 和传统 UE，例如，对 RedCap UE 和传统 UE 采用不同的 PRACH 配置。如果 Msg4 PDSCH 使用低阶 MCS 表，则对规范的潜在影响是重新设计相关信令。

3. PDCCH 覆盖增强技术

对于广播的 PDCCH，覆盖增强技术包括 PDCCH 重复、紧凑的 DCI、新的聚合等级（12、24 或 32）、通过 CORESET 或搜索空间绑定的 PDCCH 传输等。如果 RedCap UE 和普通 UE 共享初始的下行 BWP，则必须考虑兼容性问题。

对于 PDCCH，采取覆盖增强技术后，有可能对规范造成一定的影响。例如，支持 PDCCH 重复，对规范的潜在影响包括重复配置方案（例如，时隙内重复或时隙间重复）、PDCCH 重复之间的解调参考信号设计、PDCCH 重复的搜索空间设计。如果支持紧凑的 DCI，则对规范的潜在影响包括具有小的负荷尺寸的 DCI 格式、通过固定某些 DCI 比特重用现有的格式。如果支持新的聚合等级，则对规范的潜在影响包括码字产生和映射到 CCE 的机制、CORESET 持续扩展、相关的信令设计。如果支持经过 CORESET 绑定的 PDCCH 传输，则对规范的潜在影响包括 CORESET 绑定配置和 CORESET 绑定之间的解调参考信号设计。

●●7.3 5G RedCap UE 的定义、接入和 BWP 选择

7.3.1 RedCap UE 的定义

根据 3GPP TS 38.306 的定义，RedCap UE 是能力缩减的 UE，具有以下特征。

- 在 FR1 的 UE 最大带宽是 20MHz。
- 在 FR2 的 UE 最大带宽是 100MHz。
- 最大强制支持的 DRB 数是 8 个。
- 强制支持的 PDCP SN 长度是 12bit，18bit 是可选的。
- 强制支持的 RLC AM SN 长度是 12bit，18bit 是可选的。
- 如果是 1 个接收支路，则 DL MIMO 层数是 1 层；如果是 2 个接收支路，则 DL MIMO 层数是 2 层。
- RedCap UE 不支持载波聚合、双连接、双激活协议栈、条件主辅小区添加和集成接入回传等功能。

3GPP TS 38.306 协议定义了终端能力上报中与 RedCap 相关的能力参数 RedCapparameters，该参数包含以下两项内容。

- supportOfRedCap：当其值为"supported"时，表示该终端支持 RedCap 这一特性，网络基于此来进行针对 RedCap 的调度。
- supportOf16DRB-RedCap：当其值为"supported"时，表示该终端最多可支持 16 个 DRB，网络可以基于此为 RedCap UE 配置更多的 DRB。

根据 3GPP TR 38.822 协议，RedCap 的专属特性标识为特性群组（Feature Groups，FG）28 系列，以特性组、上报类型和是否为必选项为例，RedCap UE 专属特性见表 7-9。

表7-9 RedCap UE专属特性

序号	特性组	上报类型	是否必选
28-1	RedCap 终端	Per UE	带信令比特的可选能力，但对于声明为 RedCap 的终端，必须上报支持此能力
28-1a	不包括 CD-SSB 和 NCD-SSB 的 RRC 配置的 DL BWP	Per band	带信令比特的可选能力
28-3	半双工 FDD 类型 A 的 RedCap	Per band	带信令比特的可选能力

RedCap 专属特性中最基本的一项能力组是 FG 28-1，即所有声明为 RedCap 终端类型的终端，必须支持 FG 28-1 包含的所有特性或特性成分组。

7.3.2 RedCap UE 的识别

相比 Rel-15/Rel-16 UE 而言，RedCap UE 的能力大幅降低，提前识别 RedCap UE 的重要性在于，在 UE 接入过程中予以限制，或者针对其能力执行特定的调度决策、服务或者收费策略等。另外，尽可能减少 UE 不必要的接入尝试，有利于 UE 能耗的降低，减少对网络的干扰。

RedCap UE 的提前识别主要借助随机接入过程来实现，随机接入过程是 UE 与小区之间建立网络连接，并获得 UE 上行同步的过程。5G 支持的随机接入过程分为 4 步随机接入过程和 2 步随机接入过程。

针对 4 步随机接入过程，RedCap UE 的识别方案如下。

- 通过发送 Msg1 进行提前识别。
- 通过发送 Msg3 进行提前识别。

针对 2 步随机接入过程，通过发送 MsgA 提前识别 RedCap UE。

基于 Msg1（或 MsgA）的提前识别是一种网络可配置的功能，可通过网络是否配置了用于提前识别 RedCap UE 的 RACH 资源，来指示是否采用基于 Msg1（或 MsgA）的方式来进行 RedCap UE 的提前识别。当网络没有配置基于 Msg1（或 MsgA）的识别方式时，仅可以通过基于 Msg3 的方案来让网络提前识别 RedCap UE，也即基于 Msg1（或 MsgA）的提前识别是可选功能，基于 Msg3 的提前识别是必选功能。

1. 基于 Msg1 的提前识别

通过发送 Msg1 进行提前识别主要是指通过为 RedCap UE 配置独立的 RACH 资源（例如，时机和 / 或格式）或 PRACH 前导码来识别 RedCap UE，当基站检测到 RedCap UE 专属配置的 RACH 资源或 PRACH 前导码时，即认为在 RACH 资源上使用该 PRACH 前导码的 UE 为 RedCap UE。

除了 RedCap UE 希望分配专用的 RACH 资源，网络切片、小包传输、Msg3 重复传输等也希望分配专用的 RACH 资源。为了避免 RACH 资源被划分得过于细散而增加网络和 UE 的复杂度，对需要特定 RACH 资源的功能进行了一致性设计。具体方案为，通过在 SIB1 中引入 featurePriorities IE，UE 可以获得各个特性的优先级，当一个随机接入序列被多个特性共享时，UE 可以基于优先级来决定使用顺序。对于 featurePriorities 中所适用或指示的一个或者多个特性通过 FeatureCombination IE 来说明；而对于每个特性可用的序列在 FeatureCombinationPreambles IE 中进行定义。FeatureCombinationPreambles IE 的定义如下。

-- ASN1START
-- TAG-FEATURECOMBINATIONPREAMBLES-START

```
FeatureCombinationPreambles-r17 ::=   SEQUENCE {
    featureCombination-r17                      FeatureCombination-r17,
    startPreambleForThisPartition-r17      INTEGER (0..63),
    numberOfPreamblesPerSSB-ForThisPartition-r17 INTEGER (1..64),
    ssb-SharedRO-MaskIndex-r17                  INTEGER (1..15)
OPTIONAL, -- Need S
    groupBconfigured-r17                        SEQUENCE {
        ra-SizeGroupA-r17                          ENUMERATED {b56，b144，b208，b256，
b282，b480，b640，b800，b1000，b72，spare6，spare5，spare4，spare3，spare2，spare1},
        messagePowerOffsetGroupB-r17               ENUMERATED { minusinfinity，dB0，dB5，
dB8，dB10，dB12，dB15，dB18},
        numberOfRA-PreamblesGroupA-r17      INTEGER (1..64)
    }
OPTIONAL, -- Need R
    separateMsgA-PUSCH-Config-r17      MsgA-PUSCH-Config-r16
OPTIONAL, -- Cond MsgAConfigCommon
    msgA-RSRP-Threshold-r17            RSRP-Range
OPTIONAL, -- Need R
    rsrp-ThresholdSSB-r17              RSRP-Range
OPTIONAL, -- Need R
    deltaPreamble-r17                 INTEGER (-1..6)
OPTIONAL, -- Need R
    ...
}


-- TAG-FEATURECOMBINATIONPREAMBLES-STOP
-- ASN1STOP
```

2. 基于 Msg3 的提前识别

通过发送 Msg3 进行提前识别主要是指通过专用逻辑信道标识（Logical Channel Identification，LCID）来识别 RedCap UE。LCID 位于 MAC 子头中，是用来标识响应 MAC SDU 的逻辑信道实体或响应 MAC CE 或填充的类型，对于下行共享信道和上行共享信道，不同的 LCID 值具有不同的含义。对于这种识别方式，只要当 Msg3 中包含 CCCH 数据，RedCap UE 便可以使用专用 LCID，通过 Msg3 进行提前识别，且专用 LCID 也可以用于基于 MsgA 的提前识别。

由于承载 Msg3 的逻辑信道包括 CCCH 和 CCCH1 两种，所以 3GPP TS 38.321 协议定义了 LCID 值为 35 和 36 的两个逻辑信道来识别 RedCap UE。Rel-17 定义的上行共享信道 LCID 见表 7-10。

表7-10　Rel-17定义的上行共享信道LCID

索引	LCID 值
0	64 比特 CCCH（参考 TS 38.331 的 "CCCH1"），除了 RedCap UE
1～32	DCCH 和 DTCH 的逻辑信道标识
33	扩展的逻辑信道 ID 域（2 字节 eLCID 域）
34	扩展的逻辑信道 ID 域（1 字节 eLCID 域）
35	RedCap UE 的 48 比特 CCCH（参考 TS 38.331 的 "CCCH"）
36	RedCap UE 的 64 比特 CCCH（参考 TS 38.331 的 "CCCH1"）
37～42	保留
43	截断的增强 BFR（1 字节 C_i）
44	定时提前报告
45	截断的直连通信 BSR
46	直连通信的 BSR
47	保留
48	LBT（先听后发）失败（4 字节）
49	LBT 失败（1 字节）
50	BFR（波束失败恢复）（1 字节 C_i）
51	截断的 BFR（1 字节 C_i）
52	48 比特 CCCH（参考 TS 38.331 的 "CCCH"），除了 RedCap UE
53	推荐比特率问询
54	多入口 PHR（4 字节 C_i）
55	配置准许信息
56	多入口 PHR（1 字节 C_i）
57	单入口 PHR
58	C–RNTI
59	短截断 BSR
60	长截断 BSR
61	短 BSR
62	长 BSR
63	填充

RedCap UE 可能有不同的接收天线数，例如，1Rx 和 2Rx 等。无论是基于 Msg1 的提前识别，还是基于 Msg3 的提前识别，都不针对 UE 天线数进行额外的设计，UE 支持的接收天线数通过 UE 能力获知。

两步随机接入过程的识别方案，其工作原理与 4 步随机接入过程类似，二者的区别主要是通过 MsgA 中的 PRACH 识别 RedCap UE，还是通过 MsgA 中的 PUSCH 部分来识别 RedCap UE。

7.3.3　专属初始下行 BWP

由于 RedCap UE 支持的最大带宽降低了，所以在大于其最大带宽的 BWP 上工作会带来额外的复杂度，本着尽可能复用 Rel-15/Rel-16 标准设计的原则，3GPP 讨论初期形成如下结论。

● 在初始接入过程中和初始接入后两个阶段，RedCap 的初始下行 BWP 的带宽不大于 RedCap UE 支持的最大带宽。

● 初始接入过程中，RedCap 的初始下行 BWP 的带宽和位置可以复用 MIB 配置的 CORESET#0 所定义的初始下行 BWP 的相关资源。

在 FR1 内，CORESET#0 的带宽最大为 17.28MHz，小于 RedCap UE 支持的最大带宽 20MHz，因此，在初始接入过程中可以复用 MIB 配置的初始下行 BWP，这也与传统终端的行为一致。终端接收到在 CORESET#0 上传输的 SIB1 消息后，可以应用在 SIB1 中配置的初始下行 BWP 的资源位置和带宽信息，在接收到 RRC 建立 /RRC 重连接 /RRC 重建立之前，终端仍然会使用 CORESET#0。

为了保持初始接入阶段上行和下行的中心频点对齐，避免终端在发送和接收之间需要调谐，初始接入阶段的相关下行接收，例如，Msg2、Msg4、MsgB、寻呼及 RRC 配置信息接收等都需要在专属初始下行 BWP 上进行，因此，需要在专属初始下行 BWP 上配置相应的 CORESET 和公共搜索空间（Common Search Space，CSS），才能进行相应的 PDCCH 的接收。另外，如果初始下行 BWP 配置的目的是接收 RACH，则需要配置相应的 CORESET 和 Type1-PDCCH CSS；如果初始下行 BWP 配置的目的是分流寻呼，则需要配置相应的 CORESET 和 Type2-PDCCH CSS。

当专属初始下行 BWP 配置在载波边缘时，为了避免终端上下行间的调谐，需要初始下行 BWP 与初始上行 BWP 的中心频点对齐，如果初始下行 BWP 包含 CORESET#0，则要求 CORESET#0 的频域资源只能位于载波边缘，因此，限制了网络配置。另外，如果受 RedCap 带宽限制的初始下行 BWP 仍包含 CORESET#0，则会对负载分流的降低作用有限，因此，初始下行 BWP 可以不包含 CORESET#0。

在 RRC_IDLE 态或 RRC_INACTIVE 态，监听寻呼 PDCCH 之前需要先通过 SSB 进行时频同步，以保证 PDCCH 和 PDSCH 的接收性能。在连接态下，寻呼消息只在包括 CD-SSB 的初始 BWP 上配置。

SSB 包括 PSS、SSS 和 PBCH，主要功能包括时间和频率的同步和测量、确定小区标识信息和确定 SSB 波束索引等。SSB 包括小区定义 SSB（Cell Defining SSB，CD-SSB）和非小区定义 SSB（Non Cell Defining SSB，NCD-SSB）。其中，CD-SSB 携带与 SIB1 和其他系统信息关联的 CORESET#0 配置信息，而 NCD-SSB 没有携带 SIB1 和其他系统信息关联的 CORESET#0 配置信息。每个小区仅配置 1 个 CD-SSB，可以配置多个 NCD-SSB。

NCD-SSB 具有以下属性。

NCD-SSB 的周期：终端在初始接入时默认按照 20ms 周期盲检 CD-SSB，在接入之后，网络会通过 SIB1 给终端配置 NCD-SSB 的实际传输周期，候选值包括 5ms、10ms、20ms、40ms、80ms、160ms。NCD-SSB 的周期可以大于或者等于 CD-SSB 的周期，具体值由基站配置。由于 NCD-SSB 是基于 BWP 配置的，所以每个 BWP 上可以配置不同的 NCD-SSB 周期。

NCD-SSB 的功率：为了保证不同 SSB 的覆盖性能一致，NCD-SSB 与 CD-SSB 的发射功率应保持一致。

NCD-SSB 的波束：为了保证不同 SSB 覆盖性能一致，NCD-SSB 实际传输的波束必须与 CD-SSB 保持一致，并且约定相同 SSB 索引的 NCD-SSB 和 CD-SSB 具有准共址关系。

NCD-SSB 的 PCI：NCD-SSB 可用于邻区 RRM 测量，因此，NCD-SSB 的 PCI 需要与 CD-SSB 的 PCI 保持一致。

NCD-SSB 的频域位置：由于 NCD-SSB 基于 BWP 配置，所以每个 NCD-SSB 都会配置自己的 ARFCN。

NCD-SSB 的时域位置：为了降低 NCD-SSB 对网络的影响，NCD-SSB 可以被配置与 CD-SSB 之间的时域偏移，以保证 NCD-SSB 在时域上与 CD-SSB 错开。由于 NCD-SSB 和 CD-SSB 都是以半帧为粒度进行波束扫描，所以 NCD-SSB 和 CD-SSB 之间的时域偏移是以 5ms 为粒度，候选值包括 5ms、10ms、20ms、40ms 和 80ms。

RedCap 终端确定初始下行 BWP 的示意如图 7-6 所示。RedCap UE 确定初始下行 BWP 的流程如下。

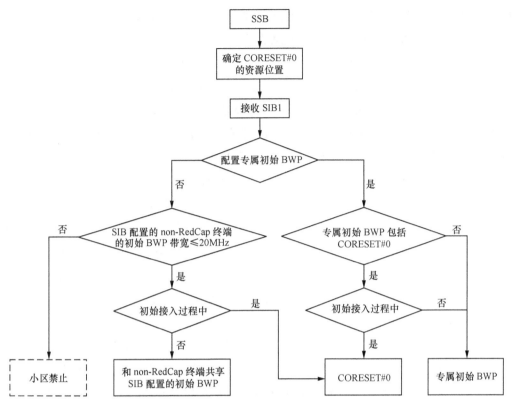

图7-6　RedCap终端确定初始下行BWP的示意

① 通过检测 SSB，进行同步及 MIB 广播消息的获取，RedCap UE 与 non-RedCap UE 共享 SSB，接收方法和 non-RedCap UE 相同。

② 确定 CORESET#0 的资源位置，并接收 SIB1，RedCap UE 与 non-RedCap UE 共享 SIB1，接收方法和 non-RedCap UE 相同。

③ 根据 SIB1 内容确定初始下行 BWP。

④ 如果没有配置专属初始 BWP 且 SIB 配置的 non-RedCap UE 的初始 BWP ≤ 20MHz 带宽，则 RedCap UE 和 non-RedCap UE 共享 SIB 配置对的初始 BWP；如果 SIB 配置的 non-RedCap UE 的初始 BWP > 20MHz 带宽，则小区禁止 RedCap UE 接入。

⑤ 如果 SIB 配置了专属初始 BWP，则 RedCap UE 在专属初始 BWP 上发起随机接入。

7.3.4　专属初始上行 BWP

网络设备可以在 SIB1 中为 RedCap UE 配置专属初始上行 BWP 的各种信息，例如，

BWP 的带宽、位置等。引入专属初始上行 BWP 的主要目的是避免资源碎片化，使网络设备可以将 RedCap UE 的初始上行 BWP 配置在载波的边缘位置。

如果 SIB1 中没有配置 RedCap UE 的专属初始上行 BWP 的信息，则 RedCap UE 会和 non-RedCap UE 共享相同的带宽资源。当 non-RedCap UE 的初始上行 BWP 带宽不大于 RedCap UE 可支持的信道带宽时，网络可以选择是否为 RedCap UE 配置专属的初始上行 BWP。但当 non-RedCap UE 的初始上行 BWP 带宽大于 RedCap UE 可支持的信道带宽时，网络设备必须为 RedCap UE 配置专属的初始上行 BWP。

专属初始上行 BWP 是在 SIB1 消息中配置的，因此，可以用于随机接入过程中的上行传输，包括 Msg1、Msg3 以及 RRC 连接建立之后的上行数据传输。

RedCap UE 的 PUCCH 发送可能导致出现上行资源碎片化的问题，尤其是 RRC 配置用户专属 PUCCH 之前的公共 PUCCH 资源。由于传统 Msg4/MsgB 的 PUCCH 使能跳频传输，且两跳的频域资源分别在初始上行 BWP 的两侧，为了避免 RedCap PUCCH 使能跳频传输导致 non-RedCap 的上行资源碎片化，Rel-17 RedCap 允许网络设备在 SIB1 消息中配置 Msg4/MsgB 的 PUCCH 去使能跳频传输，且公共 PUCCH 资源全部映射在 BWP 的一侧。

当 RedCap UE 的初始上行 BWP 被配置在载波的上边缘时，网络设备可以配置 RedCap UE 的 PUCCH 资源也映射到 BWP 内的上边缘；当 RedCap UE 的初始上行 BWP 被配置在载波的下边缘时，网络设备可以配置 RedCap UE 的 PUCCH 资源也映射到 BWP 内的下边缘。

另外，为了保证 non-RedCap UE 和 RedCap UE 的 PUCCH 频域资源不重叠，Rel-17 在现有起始 PRB 索引可配置的基础上，又引入了额外的 PRB 资源偏移值来确定 RedCap UE 的起始资源索引。

●● 7.4 本章小结

作为"轻量级"5G 技术，在确保应用需求和性能的前提下，RedCap 通过削减设备的能力，降低终端的复杂度，从而降低成本和功耗，适应更多领域的现实需求。RedCap 关键技术包括复杂度减少技术、节能技术以及覆盖增强技术。通过提前识别 RedCap UE，可以尽可能减少 UE 不必要的接入尝试，有利于 UE 能耗的降低，减少对网络的干扰。通过合理配置专属初始下行 BWP 和专属初始上行 BWP，可以避免资源碎片化。

参考文献

[1] 黄宇红，徐晓东，沈祖康，等 . 5G RedCap 技术标准详解：低成本终端设计打开 5G 物联新世界 [M]. 北京：人民邮电出版社，2023.

[2] 李晗阳，翁玮文，李男，等 . 5G NR RedCap 关键技术研究 [J]. 电信科学，2022（3）：93-101.

[3] 洪陈春，严国军，韩春娜，等 . NR 降低能力（NR-RedCap）UE 的关键技术分析 [J]. 移动通信，2022（专刊）：437-441.

[4] 张建国，徐恩，张艺译 . 5G NR 峰值速率分析 [J]. 邮电设计技术，2019（7）：18-22.

[5] 3GPP TS 38.104, NR; Base Station (BS) radio transmission and reception.

[6] 3GPP TS 38.133, NR; Requirements for support of radio resource management.

[7] 3GPP TS 38.211, NR; Physical channels and modulation.

[8] 3GPP TS 38.214, NR; Physical layer procedures for data.

[9] 3GPP TS 38.300, NR; NR and NG-RAN Overall Description ；Stage2.

[10] 3GPP TS 38.306, NR; User Equipment (UE) radio access capabilities.

[11] 3GPP TS 38.321, NR; Medium Access Control (MAC) protocol specification.

[12] 3GPP TS 38.331, NR; Radio Resource Control (RRC) protocol specification.

[13] 3GPP TR 38.822, NR, User Equipment (UE) feature list.

[14] 3GPP TR 38.865, Study on further NR RedCap UE complexity reduction.